高职高专教改系列教材

钢结构工程计量与计价

主　编　何　芳
副主编　满广生　陶继水　李　涛
主　审　胡　慨

中国水利水电出版社
www.waterpub.com.cn

内 容 提 要

本教材为中央财政支持提升专业服务产业发展能力建设专业"建筑钢结构工程技术专业"系列教材之一。作者本着高职高专教育特色，依据提升专业服务能力专业人才培养方案和课程建设的目标及要求，按照校企专家多次研究讨论后制定的课程标准进行编写的。

全书共 5 个项目，内容包括：钢结构工程计量与计价基础知识认知，地下工程计量与计价，主体框架结构计量与计价，主体钢结构计量与计价，措施项目计量与计价。

本书可作为"建筑钢结构工程技术专业"的教学用书，也可作为土建类相关专业和工程技术人员的参考用书。

图书在版编目（CIP）数据

钢结构工程计量与计价 / 何芳主编. -- 北京 : 中国水利水电出版社，2013.8（2019.1重印）
高职高专教改系列教材
ISBN 978-7-5170-1218-4

Ⅰ．①钢… Ⅱ．①何… Ⅲ．①钢结构－建筑工程－工程造价－高等职业教育－教材 Ⅳ．①TU723.3

中国版本图书馆CIP数据核字(2013)第202369号

书　　名	高职高专教改系列教材 **钢结构工程计量与计价**
作　　者	主　编　何芳 副主编　满广生　陶继水　李涛 主　审　胡慨
出版发行	中国水利水电出版社 （北京市海淀区玉渊潭南路1号D座　100038） 网址：www.waterpub.com.cn E-mail：sales@waterpub.com.cn 电话：(010) 68367658（营销中心）
经　　售	北京科水图书销售中心（零售） 电话：(010) 88383994、63202643、68545874 全国各地新华书店和相关出版物销售网点
排　　版	中国水利水电出版社微机排版中心
印　　刷	北京印匠彩色印刷有限公司
规　　格	184mm×260mm　16开本　16.5印张　391千字
版　　次	2013年8月第1版　2019年1月第2次印刷
印　　数	3001—4000册
定　　价	**49.00元**

前　言

本教材是依据中央财政支持提升专业服务产业发展能力建设专业"建筑钢结构工程技术专业"的人才培养方案和课程建设目标进行编写的。

本专业的课程改革是基于以工作过程为导向，以项目为载体进行的。人才培养方案和课程重构建设方案是由校、企等多方面的专家经过多次研讨论证形成的。根据课程教学基本要求，按照以学习情境代替学科为框架体系的编排结构，在教材风格上形成理论与实践相结合的鲜明特色。与以往教材相比，本教材理论知识本着适度的原则，在此基础上大幅度增加计算实例，着重和突出学生实际能力的培养。

本教材共有5个项目，内容包括：钢结构工程计量与计价基础知识认知、地下工程计量与计价、主体框架结构计量与计价、主体钢结构计量与计价、措施项目计量与计价。每个项目按照工作任务分为若干个学习情境。本教材在例题、思考题和习题的安排上，注意引导学生采用理论联系实际的学习方法，以利于培养其分析问题、解决问题的能力。

本教材由安徽水利水电职业技术学院何芳任主编，满广生、陶继水、李涛任副主编，潘祖聪、朱旺成（安徽省第三建筑工程公司）参编。其中陶继水编写项目1，李涛编写项目2，何芳编写项目3，满广生编写项目4，潘祖聪、朱旺成编写项目5。

本教材由胡慨副教授主审。

本教材在编写过程中，得到了安徽省第三建筑工程公司的大力支持，在此表示衷心的感谢。由于作者水平有限，书中难免有不妥和错误之处，敬请读者批评指正。

编者

2013年7月于合肥

目　录

项目1 钢结构工程计量与计价基础知识认知

学习目标： 通过对本项目的学习，了解基本建设的概念及分类、建设项目的划分、基本建设程序、工程造价的相关知识和工程计价的概念及模式；掌握消耗量定额的概念及消耗指标的确定方法；掌握建筑安装工程费用的组成与计算；了解工程量清单计价规范，掌握工程量清单及清单计价的编制方法。

学习情境1.1 工程计价概述

1.1.1 基本建设

1.1.1.1 基本建设的概念

基本建设是国民经济各个部门为了扩大再生产而进行的增加固定资产的建设工作，也就是指建造、购置和安装固定资产的活动以及与此有关的其他工作。

基本建设的内容很广，主要有以下几个方面。

（1）建筑安装工程，包括各种土木建筑、矿井开凿、水利工程建筑、生产、动力、运输、实验等各种需要安装的机械设备的装配，以及与设备相连的工作台等装设工程。

（2）设备购置，即购置设备、工具和器具等。

（3）勘察、设计、科学研究实验、征地、拆迁、试运转、生产职工培训和建设单位管理工作等。

基本建设是形成固定资产的生产活动。固定资产是指在其有效使用期内重复使用而不改变其实物形态的主要劳动资料，它是人们生产和活动的必要物质条件。基本建设是一个物质资料生产的动态过程，概括起来说，这个过程就是指一定的物资、材料、机器设备通过购置、建造和安装等活动把它转化为固定资产，形成新的生产能力或使用效益的建设工作。

1.1.1.2 基本建设的分类

基本建设一般包括以下几个方面。

（1）土木建筑工程，包括矿山、铁路、公路、道路、隧道、桥梁、电站、码头、飞机场、运动场、房屋（如厂房、影剧院、旅馆、商店、学校和住宅）等工程。

（2）线路管道和设备安装工程，包括电力、通信线路、石油、燃气、给水、排水、供热等管道系统和各类机械设备、装置的安装工程。

（3）设备、工具、器具的购置，包括生产应配备的各种设备、工具、器具、家具及实验仪器等的购置。

（4）其他基本建设工作，包括建设单位及其主管部门的投资决策活动以及征用土地、工程勘察设计、工程监理等工作。这些都是工程建设中必不可少的内容。

1.1.1.3　建设项目

1. 建设项目的概念

建设项目又称基本建设项目，是基本建设活动的最终体现。建设项目是指具有设计任务书，按一个总体设计进行施工，经济上实行独立核算，建设和运营中具有独立法人负责的组织机构，并且由一个或一个以上的单项工程组成的新增固定资产投资项目的统称，如一座工厂、一座矿山、一条铁路、一所医院、一所学校等。

2. 建设项目的分类

由于建设项目种类繁多，为了适应科学管理的需要，正确反映建设项目的性质、内容和规模，可以从不同角度对建设项目进行分类。

（1）按建设项目的建设性质不同可分为新建、扩建、改建、迁建和恢复等建设项目。

1）新建项目。它是指根据国民经济和社会发展的近远期规划，按照规定的程序立项，从无到有、"平地起家"建设的工程项目。或对原有项目重新进行总体设计，并使其新增固定资产价值超过原有固定资产价值3倍以上的建设项目。

2）扩建项目。它是指现有企、事业单位在原有场地内或其他地点，为扩大产品的生产能力或增加经济效益而增建的生产车间、独立的生产线或分厂的项目；事业和行政单位在原有业务系统的基础上扩充规模而进行的新增固定资产投资项目。

3）改建工程。它是指现有企、事业单位对原有厂房、设备、工艺流程等进行技术改造或固定资产更新的项目，包括挖潜、节能、安全、环境保护等工程项目。

4）迁建项目。它是指原有企事业单位根据自身生产经营和事业发展的要求，按照国家调整生产力布局的经济发展战略的需要或出于环境保护等其他特殊要求，搬迁到异地而建设的项目。建设项目不论规模是维持原状还是扩大建设，均称作迁建项目。

5）恢复项目。它是指原有企事业单位和行政单位，因自然灾害或战争导致原有固定资产遭受全部或部分报废，需要进行投资重建来恢复生产能力和作业条件、生活福利设施等工程项目。这类项目，不论是按原有规模恢复建设，还是在恢复过程中同时进行扩建，都属于恢复项目。但对尚未建设投产或交付使用的项目，受到破坏后，若仍按原设计重建，原建设性质不变；如果按新设计重建，则根据新设计内容来确定其性质。

工程项目按其性质分为上述五类，一个工程项目只能有一种性质，在项目按总体设计全部建成以前，其建设性质是始终不变的。

（2）按投资作用不同可分为生产性建设项目和非生产性建设项目。

1）生产性建设项目。它是指直接用于物质生产或直接为物质资料生产服务的工程项目。主要包括：①工业建设项目，包括工业、国防和能源建设项目；②农业建设项目，包括农、林、牧、渔、水利建设项目；③基础设施建设项目，包括交通、邮电、通信建设项目以及地质普查、勘探建设项目等；④商业建设项目，包括商业、饮食、仓储、综合技术服务事业的建设项目。

2）非生产性建设项目。它是指用于满足人民物质生活和文化、福利需要的建设和非物质资料生产部门的建设项目。主要包括：①办公用房，国家各级党政机关、社会团体、企业管理机关的办公用房；②居住建筑，住宅、公寓、别墅等；③公共建筑，科学、教育、文化艺术、广播电视、卫生、博览、体育、社会福利事业、公共事业、咨询服务、宗教、金融和保险业等建设项目；④其他工程项目，不属于上述各类的其他非生产性建设项目。

（3）按项目规模不同可划分为大型、中型、小型三类；更新改造项目分为限额以上和限额以下两类。不同等级标准的工程项目，国家规定的审批机关和报建程序也不尽相同。

（4）按项目的效益和市场需求可划分为竞争性项目、基础性项目和公益性项目。

1）竞争性项目。它主要指投资效益比较高、竞争性比较强的一般性建设项目。其投资主体一般为企业，由企业自主决策、自担投资风险。

2）基础性项目。它主要指具有自然垄断性、建设周期长、投资风险大而收益低的基础设施和需要政府重点扶持的一部分基础工业项目，以及直接增强国力的符合经济规模的支柱产业项目。政府应集中必要的财力、物力通过经济实体进行投资，同时，还应广泛吸收企业参与投资，有时还可吸收外商直接投资。

3）公益性项目。它主要包括科技、文教、卫生、体育和环保等设施，以及公、检、法等政权机关以及政府机关、社会团体办公设施、国防建设等项目。公益性项目的投资主要由政府用财政资金来安排。

（5）按项目的投资来源不同可划分为政府投资项目和非政府投资项目。

1）政府投资项目。它是指为了适应和推动国民经济或区域经济的发展，满足社会的文化、生活需要，以及出于政治、国防等因素的考虑，由政府通过财政投资、发行国债或地方财政债券、利用外国政府捐赠款以及国家财政担保的国内外金融组织的贷款等方式独资或合资兴建的工程项目。在国外也称为公共工程。

按照其营利性不同，政府投资项目又可分为经营性政府投资项目和非经营性政府投资项目。经营性政府投资项目应实行项目法人责任制，由项目法人对项目进行策划、资金筹措、建设实施、生产经营、债务偿还和资产的保值增值，实行全过程负责，使项目的建设与建成后的运营实现"一条龙"管理。非经营性政府投资项目应推行"代建制"，即通过招标等方式，选择专业化的项目管理单位负责建设实施，严格控制项目投资、质量和工期，待工程竣工验收后再移交给使用单位，从而使项目的"投资、建设、监管、使用"实现四分离。

2）非政府投资项目。它是指企业、集体单位、外商和私人投资兴建的工程项目。这类项目一般均实行项目法人责任制，使项目的建设与建成后的运营实现"一条龙"管理。

3. 建设项目的划分

我国每年都要进行大量的工程建设，为了准确地确定出每一个建设项目的全部建设费用，必须对整个基本建设工程进行科学的分析、研究以及合理划分，以便计算出工程建设费用。为此，我们必须根据由大到小、从整体到局部的原则对工程建设项目进行多层次的分解和细化。计算工程造价时，按照由小到大、从局部到整体的顺序先求出每一个基本构成要素的费用，然后逐层汇总计算出整个建设项目的工程造价。所以，基本建设项目按照基本建设管理和合理确定工程造价的需要，划分为建设项目、单项工程、单位工程、分部工程、分项工程 5 个项目层次。

（1）建设项目。建设项目一般是指具有设计任务书和总体规划、经济上实行独立核算、管理上具有独立组织形式的基本建设单位。如一座工厂、一所学校、一所医院等均为一个建设项目。

（2）单项工程。单项工程是指在一个工程项目中，具有独立的设计文件，竣工后能独立发挥生产能力或效益的一组配套齐全的工程项目。单项工程是工程项目的组成部分，一个工程项目可能就是一个单项工程，也可能包括若干个单项工程。生产性工程项目的单项工程，一般是指独立生产的车间，它包括厂房建筑、设备的安装及设备、工具、器具、仪器的购置等。非生产性工程项目的单项工程，如一所学校的教学楼、办公楼、图书馆等。

（3）单位工程。单位工程是单项工程的组成部分。单位工程是指具有独立设计文件，可以独立组织施工，但建成后一般不能独立发挥生产能力或使用效益的工程。如办公楼是一个单项工程，该办公楼的土建工程、室内给排水工程、室内电气照明工程等，均属于单位工程。

（4）分部工程。分部工程是单位工程的组成部分。分部工程是指在一个单位工程中，按工程部位及使用的材料和工种进一步划分的工程。如一般土建单位工程的土石方工程、桩基础工程、砌筑工程、脚手架工程、混凝土和钢筋混凝土工程、金属结构工程、构建运输及安装工程、楼地面工程、屋面工程、装饰工程等，均属于分部工程。

（5）分项工程。分项工程是分部工程的组成部分。分项工程是指在一个分部工程中，按不同的施工方法、不同的材料和规格，对分部工程进一步划分的用较为简单的施工过程就能完成，以适当的计量单位就可以计算其工程量的基本单元。如砌筑工程可划分为砖基础、内墙、外墙、空斗砖墙、砖柱等分项工程。

划分建设项目一般是分析它包含几个单项工程，然后按单项工程、单位工程、分部工程、分项工程的顺序逐步细分。一个工程建设项目费用的形成过程，是在确定项目划分的基础上进行的。具体计算工作由分项工程量的计算开始，并以其相应分项工程计价为依据。从分项工程开始，按分项工程、分部工程、单位工程、单项工程、建设项目的顺序计算，最后汇总形成整个建设项目的造价（图 1.1），这就是确定建设项目和建筑产品价格的基本原理。

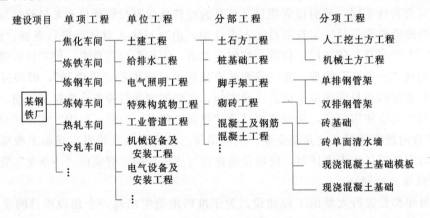

图 1.1　建设项目划分示意图

1.1.1.4　基本建设程序

基本建设程序是指基本建设在整个建设过程中各项工作必须遵循的先后次序。依据我国现行工程建设程序法规的规定，我国工程建设程序由 9 个环节组成，如图 1.2 所示。

1. 提出项目建议书

项目建议书是指根据区域发展和行业发展规划的要求，结合与该项目相关的自然资源、生产力状况和市场预测等信息，经过调查分析，说明拟建项目建设的必要性、条件的可行性、获利的可

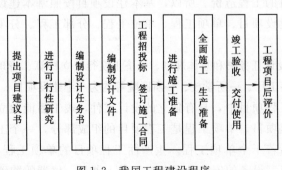

图 1.2　我国工程建设程序

能性，向国家和省、市、地区主管部门提出的立项建议书。

项目建议书的主要内容有：项目提出的依据和必要性；拟建设规模和建设地点的初步设想；资源情况、建设条件、协作关系、引进技术和设备等方面的初步分析；投资估算和资金筹措的设想；项目的进度安排；经济效果和投资效益的分析和初步估价等。

2. 进行可行性研究

有关部门根据国民经济发展规划以及批准的项目建议书，运用多种科学研究方法（政治上、经济上、技术上等），在对建设项目投资进行决策前进行技术经济论证，并得出可行与否的结论即可行性研究报告。其主要任务是研究基本建设项目的必要性、可行性和合理性。

3. 编制设计任务书

设计任务书是工程建设项目编制设计文件的主要依据。设计任务书的编制依据批准的项目建议书和可行性研究报告，由建设单位组织设计单位编制。大中型项目的设计任务书一般包括以下内容：建设目的和依据，建设规模，水文地质资料；资源综合利用和"三废"治理方案；建设地址和拆迁方案；人防及抗震方案；建设工期；投资控制额度；劳动定员数量；达到的技术及经济效益，包括投资回收年限等。

设计任务书必须经有关部门批准。

4. 编制设计文件

设计任务书批准后，设计文件一般由建设单位委托设计单位编制。一般建设项目设计分段进行，有三阶段设计和两阶段设计之分。

（1）三阶段设计。初步设计（编制初步设计概算）、技术设计（编制修正概算）、施工图设计（编制施工图预算）。

（2）两阶段设计。初步设计、施工图设计。

对于技术复杂且缺乏经验的项目，按三阶段设计。一般项目采用两阶段设计，有的小型项目可直接进行施工图设计。

5. 工程招投标、签订施工合同

招投标是市场经济的一种竞争形式，对于缩短基本建设工期，确保工程质量，降低工程造价，提高投资经济效益等具有重要的作用。建设单位根据已批准的设计文件和概算书，对拟建项目实行公开招标或邀请招标，选定具有一定技术、经济实力和管理经验，能胜任承包任务、效率高、价格合理而且信誉好的施工单位承揽招标工程任务。施工单位中标后，应与之签订施工合同，确定承发包关系。

6. 进行施工准备

开工前，应做好各项准备工作。主要内容是：征地拆迁、技术准备、搞好"三通一平"；修建临时生产和生活设施；协调图纸和技术资料的供应；落实建筑材料、设备和施工机械；组织施工力量按时进场。

7. 全面施工、生产准备

施工准备就绪，需办理施工手续，取得当地建设主管部门颁发的施工许可证后方可正式施工。施工前，施工单位要编制施工预算。为确保工程质量，必须严格按施工图纸、施工验收规范等要求进行施工，按照合理的施工顺序组织施工，加强经济核算。

在进行全面施工的同时，建设单位应当根据建设项目或主要单项工程生产技术特点，适时组成专门班子或机构，做好各项生产准备工作，以保证及时投产并尽快达到生产能力。如招收和培训必要的生产人员、组织生产管理机构和做好物资准备工作等。

8. 竣工验收、交付使用

建设项目按批准的设计文件所规定的内容建设完成后，便可以组织竣工验收，这是对建设项目的全面性考核。验收合格后，施工单位应向建设单位办理竣工移交和竣工结算手续，交付建设单位使用。

9. 工程项目后评价

工程项目建设完成并投入生产或使用之后所进行的总结性评价，称为后评价。

后评价是对项目执行过程、项目的效益、作用和影响进行系统的、客观的分析及总结和评价，确定项目目标达到的程度。由此得出经验教训，为将来新的项目决策提供指导与借鉴。

1.1.2　工程造价简述

1.1.2.1　工程造价的含义

工程造价的直意就是指工程的价格。工程泛指一切建设工程，其范围和内涵具有很大的不确定性；造价是指进行某项工程建设所花费的全部费用。

工程造价有以下两种含义。

1. 建设一项工程的全部固定资产投资费用

这一含义是从投资者（业主）的角度来定义的。投资者选定一个投资项目，为了获得预期的效益，就要通过项目评估进行决策，然后进行设计招标、工程招标，直至竣工验收等一系列投资管理活动。在投资活动中所支付的全部费用形成了固定资产。所有这些开支就构成了工程造价。从这个意义上说，工程造价就是工程投资费用，建设项目工程造价就是建设项目固定资产投资。

2. 工程价格

为建成一项工程，在土地市场、设备市场、技术劳务市场，以及承包市场等交易活动中所形成的建设工程价格，可以理解为承发包价格。显然，在这里，工程的范围和内涵既可以是涵盖范围很大的一个建设项目，也可以是一个单项工程，甚至可以是整个建设工程中的某个阶段，如建筑安装工程、装饰工程，或是其中的某个组成部分。随着经济的发展、技术的进步、分工的细化和市场的完善，工程建设的中间产品会越来越多，工程价格的种类和形式也会更加丰富。

本教材所讲的"工程造价"一般指第二种含义。

1.1.2.2　工程造价的特点

根据工程建设的特点，工程造价有以下特点。

1. 工程造价的大额性

能够发挥投资效益的任一项工程，不仅实物形体庞大，而且造价高昂。动辄数百万、数千万，甚至上亿，特大型工程项目的造价可达百亿元、千亿元人民币。工程造价的大额性使其关系到有关各方面的重大经济利益，同时会对宏观经济产生重大影响。

2. 工程造价的个别性、差异性

任何一项工程都有其特定的用途、功能和规模。因此，对每一项工程的结构、造型、空间分割、设备配置和内外装饰都有具体的要求，因而使工程内容和实物形态都具有个别性、差异性。产品的差异性决定了工程造价的个别性差异。同时，每项工程所处地区、地段都不相同，使这一特点得到强化。

3. 工程造价的动态性

任何一项工程从决策到竣工交付使用，都有一个较长的建设期，而且由于不可控因素的影响，在预计工期内，许多影响工程造价的动态因素，如工程变更、设备材料价格、工资标准以及费率、利率、汇率等都会发生变化。这种变化必然会影响到造价的变动。所以，工程造价在整个建设期中处于不确定状态，直至竣工决算后才能最终确定工程的实际造价。

4. 工程造价的层次性

工程造价的层次性取决于工程的层次性。一个建设项目往往含有多个能够独立发挥设计效能的单项工程。一个单项工程由能够各自发挥专业效能的多个单位工程组成。与此相适应，工程造价有三个层次：建设项目总造价、单项工程造价和单位工程造价。如果专业分工进一步细化，单位工程（如土建工程）的组成部分——分部分项工程也可以成为交换对象，如大型土方工程、基础工程、装饰工程等，这样工程造价的层次就增加了分部工程和分项工程而有了 5 个层次。即使从造价的计算和工程管理的角度看，工程造价的层次性也是非常突出的。

1.1.2.3　工程造价的作用

1. 工程造价是项目决策的依据

建设工程投资大、生产和使用周期长等特点决定了项目决策的重要性。工程造价决定着项目的一次投资费用。投资者是否有足够的财务能力来支付这笔费用，是否认为值得去支付这项费用，是进行项目决策时要考虑的主要问题。

2. 工程造价是制订计划和控制投资的依据

工程造价是通过多次预估，最终通过竣工决算确定下来的。每一次预估的过程就是对造价的控制过程，而每一次估算对下一次估算又都是对造价的严格控制。

3. 工程造价是筹集建设资金的依据

工程造价基本决定了建设资金的需求量，从而为筹集资金提供了比较准确的依据。

4. 工程造价是评价投资效果的重要指标

工程造价是一个包含多层次工程造价的体系，就一个工程项目来说，它既是建设项目的总造价，又包含单项工程的造价和单位工程的造价，同时也包含单位生产能力的造价。所有这些，使工程造价自身形成了一个指标体系，它能够为评价投资效果提供多种评价指标，并能够形成新的价格信息，为今后类似项目的投资提供参考依据。

1.1.2.4　基本建设程序与工程造价文件的关系

基本建设项目是一种特殊产品，耗资巨大，其投资目标的实现是一个复杂的综合管理的系统过程，贯穿于基本建设项目实施的全过程，必须严格遵循基本建设的法规、制度和程序，按照（概）预算发生的各个阶段，使"编""管"结合，实行各实施阶段的全面管理与控制，如图 1.3 所示。

图 1.3 所示为基本建设程序、（概）预算编制与管理的总体过程，以及工程（概）预算与基本建设不可分割的关系。工程（概）预算的编制和管理，是一切建设项目管理的重要内容之一，是实施建设工程造价管理，有效地节约建设投资，提高投资效益的最直接的重要手段和方法。在过去的一些项目建设中，常常出现投资高、质量差、经济效益低的问题，在造价管理中的反映是概算超估算、预算超概算、结算超预算（简称"三超"现象）。应当肯定，

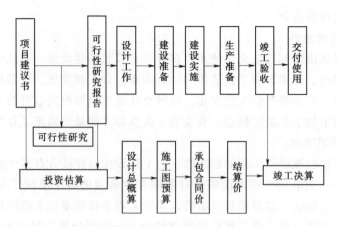

图 1.3　建设工程（概）预算与基本建设程序关系示意图

这种不良结果的影响是多方面的，然而，重编制、轻管理，特别是不注重动态的管理与控制，是最关键、最基本的错误倾向和问题。

工程（概）预算的编制和管理，一开始就应该注重项目建议书和可行性研究阶段的投资估算，以及初步设计完成后编制的设计总概算。如果采用三阶段设计即初步设计、技术设计、施工图设计，应编制相应的总概算、修正总概算和施工图预算。当采用两阶段设计时，则将初步设计与技术设计阶段合并，称为扩大的初步设计阶段。为对应两阶段设计，工程（概）预算也相应简化为总概算和施工图预算两部分。随着建设项目规模、内容的不同，编制和管理过程也随之发生变化，如果某建设项目只有一个单项工程，甚至只是一个单位工程，则其工程总（概）预算的编制和管理过程便分别简化为单项工程（概）预算或单位工程的设计概算（又称设计预算）或施工图预算，或采用施工图预算或工程量清单计价方式计算单位工程预算造价。

1.1.3　工程计价方式概述

1.1.3.1　工程计价概念及原理

1. 建设工程造价计价的概念

建设工程造价计价就是计算和确定建设项目的工程造价，简称工程计价，也称工程估价。具体是指工程造价人员在项目实施的各个阶段，根据各个阶段的不同要求，遵循计价原则和程序，采用科学的计价方法，对投资项目最可能实现的合理价格作出科学的计算，从而确定投资项目的工程造价，编制工程造价的经济文件。

由于工程造价具有大额性、个别差异性、动态性、层次性及兼容性等特点，所以工程计价的内容、方法及表现形式各不相同。业主或其委托的咨询单位编制的工程项目投资估算、设计概算、咨询单位编制的标底、承包商及分包商提出的报价，都是工程计价的不同表现形式。

2. 建设工程造价计价的基本原理——工程项目的分解与组合

由于建设工程项目具有单件性、体积大、生产周期长、价值高以及交易在先、生产在后等技术经济特点，使得建设项目工程造价形成的过程与其他商品不同。

工程项目是单件性与多样性组成的集合体。每一个工程项目的建设都需要按业主的特定需要进行单独设计、单独施工，不能批量生产和按整个工程项目确定价格，只能采用特殊的计价程序和计价方法，将整个项目分解，划分为可以按有关技术经济参数测算价格的基本单元子项或称分部、分项工程。这是既能够用较为简单的施工过程生产出来，又可以用适当的计量单位计算并便于测定或计算的工程的基本构造要素，也称为"假定的建筑安装产品"。工程造价计价的主要特点就是按工程分解结构进行，将某个工程分解至基本项就能很容易地计算出基本子项的费用。一般来说，分解结构层次越多，基本子项就越细，计算就更精确。

任何一个建设项目都可以分解为一个或几个单项工程。单项工程具有独立意义，能够发挥功能要求的完整的建筑安装产品。任何一个单项工程都是由一个或几个单位工程进一步分解而来的。就建筑工程来说，其包括的单位工程有一般土建工程、给排水工程、暖卫工程、电气照明工程、室外环境与道路工程以及单独承包的建筑装饰工程等。若将单位工程进行细分，其又是由许多结构构件、部件、成品与半成品等所组成。以单位工程中的一般土建墙体、楼地面、门窗、楼梯、屋面、内外装修等为例，这些组成部分是由不同的建筑安装工人，利用不同工具和不同材料完成的。从这个意义上来说，一般土建单位工程又可以按照施工顺序细分为土石方工程、砖石砌筑工程、混凝土及钢结构混凝土工程、木结构工程、楼地面工程等分部工程。

上述房屋建筑的一般土建工程分解成分部工程后，虽然每一部分都包括不同的结构和装修内容，但是从建筑工程估价的角度来看，还需要按照不同的施工方法、不同的构造及不同的规格，把分部工程进行更为细致的分解，划分为更为简单细小的部分。经过这样逐步分解到分项工程后，就可以得到基本构造要素了。找到了适当的计量单位，找到了分项工程当时当地的单价，就可以采取一定的计价方法，进行分项分部组合汇总，计算出某工程的工程总造价。

工程造价的计算从分解到组合和建设项目的组合性有关。一个建设项目是一个工程综合体，这个综合体可以分解为许多有内在联系的独立和不能独立的工程，那么建设项目的工程造价计价过程就是一个逐步组合的过程。

1.1.3.2 工程计价的特征

工程造价的特点决定了工程造价有如下的计价特征。

1. 计价的单价性

建设工程产品的个别差异性决定了每项工程都必须单独计算造价。

2. 计价的多次性

建设项目建设周期长、规模大、造价高，因此按建设程序要分阶段进行。相应地，要在不同阶段多次计价，以保证工程造价计算的准确性和控制的有效性。多次性计价是个逐步深化、细化和接近实际造价的过程。其计价过程如图 1.4 所示。

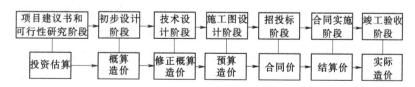

图 1.4 工程多次性计价示意图

（1）投资估算。投资估算是指在项目建议书和可行性研究阶段，根据投资估算指标、类似工程的造价资料、现行的设备材料价格并结合工程的实际情况，对拟建项目的投资进行预测和确定。投资估算是判断项目可行性、进行项目决策的主要依据之一。投资估算又是项目决策筹资和控制造价的主要依据。

（2）概算造价。概算造价是指在初步设计阶段，根据初步设计意图和有关概算定额或概算指标等因素，通过编制工程概算文件，预先测算和限定的工程造价。概算造价与投资估算造价相比准确性有所提高，但应在投资估算造价控制范围之内，并且是控制拟建项目投资的最高限额。概算造价可分为建设项目概算总造价、单项工程概算综合造价和单位工程概算造价三个层次。

（3）修正概算造价。修正概算造价是指采用三阶段设计时，在技术设计阶段，随着对初步设计的深化，建设规模、结构性质、设备类型等方面可能要进行必要的修改和变动的工程造价，因此初步设计概算随之需要做必要的修正和调整。但一般情况下，修正概算造价不能超过概算造价。

（4）预算造价。预算造价又称施工图预算，它是指在施工图设计阶段，根据施工图纸以及各种计价依据和有关规定计算的工程预期造价。它比概算造价或修正概算造价更为详尽和准确，但不能超过设计概算造价。

（5）合同价。合同价是指在工程招投标阶段，在签订总承包合同、建筑安装工程施工承包合同、设备材料采购合同时，由发包方和承包方共同协商一致作为双方结算基础的工程合同价格。合同价属于市场价格的性质，它是由承发包双方根据市场行情共同议定和认可的成交价格，但它并不等同于最终决算的实际工程造价。

（6）结算价。结算价是指在合同实施阶段，以合同价为基础，同时考虑影响工程造价的设备与材料价差、工程变更等因素，按合同规定的调价范围和调价方法对合同价进行必要的修正和调整后确定的价格。结算价是某单项工程的实际造价。

（7）实际造价。实际造价是指在工程竣工验收阶段，根据工程建设过程中实际发生的全部费用，通过编制竣工决算，最终确定的建设项目实际工程造价。

3．计价的组合性

工程造价的计算是分部组合而成的，这一特征和建设项目的组合性有关。一个建设项目是一个工程综合体。这个综合体可以分解为许多有内在联系的独立和不能独立的工程。从计价和工程管理的角度，分部分项工程还可以分解。由此可以看出，建设项目的这种组合性决定了计价的过程是一个逐步组合的过程。这一特征在计算概算造价和预算造价时尤为明显，同时也反映到合同价和结算价中。其计价程序是：分部分项工程费用→单位工程造价→单项工程造价→建设项目总造价。

4．方法的多样性

工程造价的多次性计价有不同的计价依据，对造价的精确度要求也不相同，这就决定了计价方法有多样性的特征。如计算概、预算造价有单价法和实物法等方法，计算投资估算有设备系数法、生产能力指数估算法等方法。不同的方法利弊不同，适应条件也不同，计价时要根据具体情况加以选择。

5．依据的复杂性

由于影响造价的因素多，所以计价依据的种类也多，主要可以分为以下 7 类。

（1）计算设备和工程量的依据。

（2）计算人工、材料、机械等实物消耗量的依据。

（3）计算工程单价的依据。

（4）计算设备单价的依据。

（5）计算其他费用的依据。

（6）政府规定的税、费依据。

（7）物价指数和工程造价指数依据。

依据的复杂性不仅使计算过程复杂，而且要求计价人员能熟悉各类依据，并加以正确应用。

1.1.3.3 工程计价的基本方法与模式

1. 工程计价的基本方法

工程计价的形式和方法有多种，各不相同，但工程计价的基本过程和原理是相同的。如果仅从工程费用计算角度分析，工程计价的顺序是：分部分项工程费用→单位工程造价→单项工程造价→建设项目总造价。

影响工程造价的主要因素有两个，即基本构造要素的单位价格和基本构造要素的实物工程数量，可用下列基本计算式表达

$$工程造价 = \sum（实物工程量 \times 单位价格） \tag{1.1}$$

基本子项的单位价格高，工程造价就高；基本子项的实物工程数量越大，工程造价就越大。

在进行工程造价计价时，实物工程量的计量单位是由单位价格的计量单位决定的。如果单位价格计量单位的对象取得较大，得到的工程估算就较粗；反之，工程估算则较细较准确。基本子项的工程实物量可以通过工程量计算规则和设计图纸计算而得到，它可以直接反映工程项目的规模和内容。

基本子项的单位价格分析，可以有以下两种形式。

（1）直接费单价。如果分部分项工程单位价格仅仅考虑人工、材料、机械资源要素的消耗量和价格形式，即

$$单位价格 = \sum（分部分项工程单位资源要素消耗量 \times 资源要素的价格） \tag{1.2}$$

该单位价格是直接费单价。分部分项工程的单价资源要素消耗量的数据经过长期的收集、整理和积累形成了工程建设定额，它是工程造价计价的重要依据，与劳动生产率、社会生产力水平、技术和管理水平密切相关。业主方工程造价计价的定额反映的是社会平均生产力水平，而工程项目承包方进行计价的定额反映的是该企业技术与管理水平的企业定额。资源要素的价格是影响工程造价的关键因素。在市场经济体制下，工程计价时采用的资源要素的价格应该是市场价格。

（2）综合单价。如果在单位价格中还考虑直接费以外的其他一切费用，则这些费用构成的是综合单价。

不同的单价形式形成不同的计价方式。

（1）直接费单价——定额计价方法。直接费单价只包括人工费、材料费和机械台班使用费，它是分部分项工程的不完全价格。我国现行的计价方式有两种，一是单位估价法，二是实物估价法。单位估价法是运用定额单价计算的，即首先计算工程量，然后查定额单价（基价），与相对应的分部分项工程量相乘，得出各分项工程的人工费、材料费、机械费，再将各分项工程的上述费用相加，得出分部分项工程的直接工程费。实物估算法首先是计算工程

量，然后套用基础定额，计算人工、材料和机械台班消耗量，将所有分部分项工程资源消耗量进行归类汇总，再根据当时当地的人工、材料、机械单价，计算并汇总人工费、材料费、机械使用费，得出分部分项工程直接工程费。在此基础上再计算措施费，进而计算工程直接费、间接费、利润和税金，将直接费与上述费用相加，即可得出单位工程造价，最后依次汇总直到计算出工程总造价。

（2）综合单价法——工程量清单计价法。综合单价法是指分部分项工程量的单价既包括直接工程费、间接费、利润和税金，也包括合同约定的所有工料价格变化风险等一切费用，它是一种完全价格形式。工程量清单计价法是一种国际上通行的工程造价计价方式，所采用的就是分部分项工程的完全单价。按照我国《建筑工程施工发包与承包计价管理办法》（建设部第 107 号令）的规定，综合单价是由分部分项工程的直接费、间接费、利润或包括税金组成的，而直接费是根据人工、材料、机械的消耗量及相应价格确定的。

综合单价的产生是使用工程量清单计价方法的关键。投标报价中使用的综合单价应由企业编制的企业定额产生。由于在每个分项工程上确定利润和税金比较困难，故可以编制含有直接费和间接费的综合单价，在求出单位工程总的直接费和间接费后，再统一计算单位工程的利润和税金，汇总得出单位工程的造价。最后依次汇总直到计算出工程总造价。

2. 工程计价的模式

（1）建设工程定额计价模式。建设工程定额计价是我国长期以来在工程价格形成中采用的计价模式，是国家通过颁布统一的估价指标、概算定额、预算定额和相应的费用定额，对建筑产品价格有计划地进行管理的一种方式。在计价中以定额为依据，按定额规定的分部分项子目，逐项计算工程量，套用定额单价（或单位估价表）确定直接费，然后按规定取费标准确定构成工程价格的其他费用和利税，获得建筑安装工程造价。建设工程概预算书是指根据不同设计阶段设计图纸和国家规定的定额、指标及各项费用取费标准等资料，预先计算的新建、扩建、改建工程的投资额的技术经济文件。由建设工程概预算书所确定的每一个建设项目、单项工程或单位工程的建设费用，实质上就是相应工程的计划价格。

长期以来，我国发承包计价以工程（概）预算定额为主要依据。因为工程概预算定额是我国几十年计价实践的总结，具有一定的科学性和实践性，所以用这种方法计算和确定工程造价过程简单、快速、比较准确，也有利于工程造价管理部门的管理。但预算定额是按照计划经济的要求制定、发布、贯彻执行的，定额中工、料、机的消耗量是根据"社会平均水平"来综合测定的，费用标准是根据不同地区平均测算的，因此企业采用这种模式报价时就会表现为平均主义，企业不能结合项目具体情况、自身技术优势、管理水平和材料采购渠道、价格进行自主报价，不能充分调动企业加强管理的积极性，也不能充分体现公平竞争的基本原则。

（2）工程量清单计价模式。工程量清单计价模式是建设工程招投标中，按照国家统一的工程量清单计价规范，招标人或其委托的有资质的咨询机构编制反映工程实体消耗和措施消耗的工程量清单，并作为招标文件的一部分提供给投标人，由投标人依据工程量清单，根据各种渠道所获得的工程造价信息和经验数据，结合企业定额自主报价的计价方式。

我国现行建设行政主管部门发布的工程预算定额消耗量和有关费用及相应价格是按照社会平均水平编制的，以此为依据形成的工程造价基本上属于社会平均价格。这种平均价格可作为市场竞争的参考价格，但不能充分反映参与竞争企业的实际消耗和技术管理水平，在一定程度上限制了企业的公平竞争。采用工程量清单计价，能够反映出承建企业的工程个别成本，有利于企业自主报价和公平竞争；同时，实行工程量清单计价，工程量清单作为招标文件和合同文件的重要组成部分，对于规范招标人计价行为，在技术上避免招标弄虚作假和暗箱操作及保证工程款的支付结算都会起到重要作用。

目前，我国建设工程造价实行"双轨制"计价管理办法，即定额计价和工程量清单计价方法同时实行。工程量清单计价作为一种市场价格的形成机制，主要使用在工程招投标和结算阶段。

学习情境 1.2　建设工程消耗量定额

1.2.1　建设工程消耗量定额概述

1.2.1.1　建设工程消耗量定额的概念

建筑工程消耗量定额，是指在正常的施工条件下，为了完成质量合格的单位建筑工程产品，所必须消耗的人工、材料（或构配件）、机械台班的数量标准。

1.2.1.2　建设工程消耗量定额的作用

建筑工程消耗量定额在我国工程建设中具有十分重要的地位和作用，主要表现在以下几个方面。

1. 总结先进生产方法的手段

建筑工程消耗量定额比较科学地反映出生产技术和劳动组织的合理程度。我们可以以建筑工程消耗量定额的标定方法为手段，对同一工程产品在同一施工操作条件下的不同生产方式进行观察、分析和总结，从而得出一套比较完整的先进生产方法。

2. 确定工程造价的依据和评价设计方案经济合理性的尺度

根据设计文件的工程规模、工程数量，结合施工方法，采用相应消耗量定额规定的人工、材料、施工机械台班消耗标准，以及人工、材料、机械单价和各种费用标准可以确定分项工程的综合单价。同时，建设项目投资的大小又反映出各种不同设计方案技术经济水平的高低。

3. 施工企业编制工程计划，组织和管理施工的重要依据

为了更好地组织和管理建设工程施工生产，必须编制施工进度计划。在编制计划和组织管理施工生产中，要以各种定额作为计算人工、材料和机械需用量的依据。

4. 施工企业和项目部实行经济责任制的重要依据

工程建设改革的突破口是承包责任制。施工企业根据定额编制投标报价，对外投标承揽工程任务；工程施工项目部进行进度计划的编制和进度控制，进行成本计划的编制和成本控制，均以建筑工程消耗量定额为依据。

此外，建筑工程消耗量定额还有利于建筑市场公平竞争，有利于完善市场的信息系统，既是投资决策依据又是价格决策依据，具有节约社会劳动和提高生产效率的作用。

1.2.1.3　建设工程消耗量定额的特性

1. 科学性

建筑工程消耗量定额是应用科学的方法，在认真研究客观规律的基础上，通过长期观察、测定、总结生产实践和广泛收集资料的基础上制定的。它需要对工时分析、动作研究、

现场布置、工具设备改革以及生产技术与组织的合理配合等各方面进行综合分析研究，具有科学性。

2. 系统性

一种专业定额有一个完整独立的体系，能全面地反映建筑工程所有的工程内容和项目，与建筑工程技术标准、技术规范相配套。定额各项目之间都存在着有机的联系，相互协调，相互补充。

3. 时效性

定额反映了一定时期内的生产技术与管理水平。随着生产力水平的不断发展，工人的劳动生产率和技术装备水平会不断地提高，各种资源的消耗量也会有所下降。因此，必须及时地、不断地修改与调整定额，以保持其与实际生产力水平相一致。

4. 指导性

定额的指导性，是指地区定额具有一定的指导作用。地区定额体现了一定时期内该地区平均的生产力水平，是确定建筑产品地区平均价格的重要依据，具有适用性和指导性。

1.2.1.4　建设工程消耗量定额的分类

1. 按生产要素分类

生产活动包括劳动者、劳动手段、劳动对象三个不可缺少的要素。劳动者是指生产活动中各专业工种的工人，劳动手段是指劳动者使用的生产工具和机械设备，劳动对象是指原材料、半成品和构配件。按照这三要素分类可分为劳动定额、机械台班消耗定额、材料消耗定额。

2. 按专业分类

（1）建筑工程消耗量定额。建筑工程消耗量定额是指建筑工程人工、材料及机械的消耗量标准。

（2）装饰工程消耗量定额。装饰工程是指房屋建筑的装饰装修工程。装饰工程消耗量定额是指建筑装饰装修工程人工、材料及机械的消耗量标准。

（3）安装工程消耗量定额。安装工程是指各种管线、设备等的安装工程。安装工程消耗量定额是指安装工程人工、材料及机械的消耗量标准。

（4）市政工程消耗量定额。市政工程是指城市的道路、桥梁等公共设施及公用设施的建设工程。市政工程消耗量定额是指市政工程人工、材料及机械的消耗量标准。

（5）园林绿化工程消耗量定额。园林绿化工程消耗量定额是指园林绿化工程消耗量定额人工、材料及机械的消耗量标准。

3. 按编制单位及使用范围分类

建筑工程消耗量定额按编制单位及使用范围分类有：全国消耗量定额、地区消耗量定额及企业消耗量定额。

（1）全国消耗量定额。全国消耗量定额是指由国家主管部门编制，作为各地区编制地区消耗量定额依据的消耗量定额。如《全国统一建筑工程基础定额》、《全国统一建筑装饰装修工程消耗量定额》。

（2）地区消耗量定额。地区消耗量定额是指由本地区建设行政主管部门根据合理的施工组织设计，按照正常施工条件下制定的，生产分项工程合格单位产品所需人工、材料、机械台班的社会平均消耗量定额。它是编制投标控制价或标底的依据，在施工企业没有本企业定额的情况下也可作为投标的参考依据。

（3）企业消耗量定额。企业消耗量定额是指施工企业根据本企业的施工技术和管理水平，以及有关工程造价资料制定的，供本企业使用的人工、材料和机械消耗量定额。

全国消耗量定额、地区消耗量定额和企业消耗量定额三者的异同见表 1.1。

表 1.1　　　　　　　　消 耗 量 定 额 比 较 表

定额名称 异同点	全国消耗量定额	地区消耗量定额	企业消耗量定额
编制内容相同	确定分项工程的人工、材料和机械台班消耗量标准		
定额水平不同	全国社会平均水平	本地区社会平均水平	本企业个别水平
编制单位不同	国家主管部门	各省、市、区主管部门	施工企业
使用范围不同	全国	本地区	本企业
定额作用不同	作为各地区编制本地区 消耗量定额的依据	本地区编制标底， 或供施工企业参考	本企业内部管理 及投标使用

注　定额水平是指规定消耗在单位产品上的人工、材料和机械台班数量的多少。定额水平与消耗量成反比，定额水平越高，则定额消耗量越低；定额水平越低，则定额消耗量越高。

1.2.1.5　建设工程消耗量定额的编制

1. 编制原则

（1）定额水平。企业消耗量定额应体现本企业平均先进水平的原则；地区消耗量定额应体现本地区平均先进水平的原则。

所谓平均先进水平，就是在正常施工条件下，多数施工班组和多数工人经过努力才能够达到和超过的水平。它高于一般水平，而低于先进水平。

（2）定额形式简明适用。消耗量定额编制必须便于使用。既要满足施工组织生产的需要，又要简明适用。要能反映现行的施工技术、材料的现状，项目齐全、步距适当、方便使用。

（3）定额编制坚持"以专为主、专群结合"。定额的编制具有很强的技术性、实践性和法规性。不但要有专门的机构和专业人员组织把握方针政策，经常性地积累定额资料，还要专群结合，及时了解定额在执行过程中的情况和存在的问题，以便及时将新工艺、新技术、新材料反映在定额中。

2. 编制依据

（1）现行的劳动定额、材料消耗定额和机械使用台班定额。

（2）现行的设计规范、建筑产品标准、技术操作规程、施工及验收规范、工程质量检查评定标准和安全操作规程。

（3）通用的标准设计和定型设计图集，以及有代表性的设计资料。

（4）有关科学实验、技术测定、统计资料。

（5）有关的建筑工程历史资料及定额测定资料。

（6）新技术、新结构、新材料、新工艺和先进施工经验的资料。

1.2.2　劳动消耗定额的确定

1.2.2.1　劳动消耗定额的概念

劳动消耗定额又称人工消耗定额，简称劳动定额或人工定额，是指在正常施工技术组织条件下，完成单位合格产品所必需的劳动消耗量的标准。劳动定额应反映生产工人劳动生产率的平均水平。

1.2.2.2 劳动消耗定额的表现形式

劳动消耗定额有两种基本的表现形式，即时间定额和产量定额。定额表中有单式、复式两种表示方法，复式表示方法见表1.2。

表 1.2　　　　　　　　　　砖　　墙

每 $1m^3$ 砌体的劳动定额

项　目		双面清水				单面清水					序号
		0.5 砖	1 砖	1.5 砖	2 砖及 2 砖以外	0.5 砖	0.75 砖	1 砖	1.5 砖	2 砖及 2 砖以外	
综合	塔吊	$\frac{1.49}{0.671}$	$\frac{1.2}{0.833}$	$\frac{1.14}{0.877}$	$\frac{1.06}{0.943}$	$\frac{1.45}{0.69}$	$\frac{1.41}{0.709}$	$\frac{1.16}{0.862}$	$\frac{1.08}{0.926}$	$\frac{1.01}{0.99}$	1
	机吊	$\frac{1.69}{0.592}$	$\frac{1.41}{0.709}$	$\frac{1.34}{0.746}$	$\frac{1.26}{0.794}$	$\frac{1.64}{0.61}$	$\frac{1.61}{0.621}$	$\frac{1.37}{0.73}$	$\frac{1.28}{0.781}$	$\frac{1.22}{0.82}$	2
砌砖		$\frac{0.996}{1}$	$\frac{0.69}{1.45}$	$\frac{0.62}{1.62}$	$\frac{0.54}{1.85}$	$\frac{0.952}{1.05}$	$\frac{0.908}{1.1}$	$\frac{0.65}{1.54}$	$\frac{0.563}{1.78}$	$\frac{0.494}{2.02}$	3
运输	塔吊	$\frac{0.412}{2.43}$	$\frac{0.418}{2.39}$	$\frac{0.418}{2.39}$	$\frac{0.418}{2.39}$	$\frac{0.412}{2.43}$	$\frac{0.415}{2.41}$	$\frac{0.418}{2.39}$	$\frac{0.418}{2.39}$	$\frac{0.418}{2.39}$	4
	机吊	$\frac{0.61}{1.64}$	$\frac{0.619}{1.62}$	$\frac{0.619}{1.62}$	$\frac{0.169}{1.62}$	$\frac{0.61}{1.64}$	$\frac{0.613}{1.63}$	$\frac{0.169}{1.62}$	$\frac{0.619}{1.62}$	$\frac{0.169}{1.62}$	5
调制砂浆		$\frac{0.081}{12.3}$	$\frac{0.096}{10.4}$	$\frac{0.101}{9.9}$	$\frac{1.102}{9.8}$	$\frac{0.081}{12.3}$	$\frac{0.085}{11.8}$	$\frac{0.096}{10.4}$	$\frac{0.101}{9.9}$	$\frac{0.102}{9.8}$	6
编号		4	5	6	7	8	9	10	11	12	

注　工作内容包括砌墙面艺术形式、墙垛、平磁及安装平磁模板，梁板头砌砖，梁板下塞砖，楼楞间砌砖，留楼梯踏步斜槽，留孔洞，砌各种凹进处，山墙泛水槽，安放木砖、铁件，安放 60kg 以内的预制混凝土门窗过梁、隔板、垫块以及调整立好后的门窗框等。

1. 时间定额

时间定额又称工时定额，是指某种专业的工人班组或个人，在合理的劳动组织与合理使用材料的条件下，完成质量合格的单位产品所必需的工作时间。

时间定额一般采用工日为计量单位，即工日$/m^3$、工日$/m^2$、工日$/m$、…

每个工日工作时间，按现行制度规定为 8h。

时间定额的计算公式为

$$时间定额 = \frac{工人工作时间}{完成产品数量} \tag{1.3}$$

2. 产量定额

产量定额又称每工产量，是指某种专业的工人班组或个人，在合理的劳动组织与合理使用材料的条件下，单位工日应完成符合质量要求的产品数量。

产量定额的计量单位，通常是以一个工日完成合格产品的数量表示，即 $m^3/$工日、$m^2/$工日、$m/$工日、…

产量定额的计算公式为

$$产量定额 = \frac{完成产品数量}{工人工作时间} \tag{1.4}$$

3．时间定额与产量定额的关系

时间定额与产量定额是互为倒数关系，即

$$时间定额 \times 产量定额 = 1 \tag{1.5}$$

或

$$时间定额 = \frac{1}{产量定额} \tag{1.6}$$

1.2.2.3　劳动消耗定额的编制方法

1．工人工作时间分类

工人工作时间按其消耗的性质，基本可以分为两大类：必需消耗的时间和损失时间。

如图 1.5 所示，必需消耗的时间是编制定额的主要内容，但损失时间中的偶然时间和非施工本身造成的停工时间，在编制定额时应予以适当的考虑。

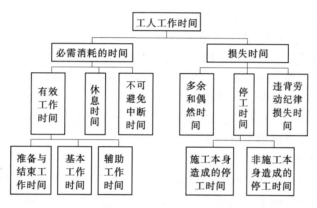

图 1.5　工人工作时间分类图

（1）必需消耗的时间。必需消耗的时间是工人在正常施工条件下，为完成一定合格产品（工作任务）所消耗的时间，包括有效工作时间、休息时间和不可避免中断时间。有效工作时间是从生产效果来看与产品生产直接有关的时间消耗，它又可分为准备与结束工作时间、基本工作时间、辅助工作时间。

1）准备与结束工作时间。准备与结束工作时间是指执行任务前或任务完成后所消耗的工作时间，如工作地点、劳动工具和劳动对象的准备工作时间、工作结束后的整理工作时间等。其时间消耗的多少与任务的复杂程度有关，而与工人接受任务的数量大小无直接关系。

2）基本工作时间。基本工作时间是指工人完成能够生产一定产品的施工工艺过程所消耗的时间。通过这些工艺过程可以使材料改变外形结构与性质，可以使预制构配件安装组合成型，也可以改变产品外部及表面的性质。基本工作时间所包括的内容根据工作性质的不同而不同，其时间消耗的多少与任务量的大小成正比。

3）辅助工作时间，辅助工作时间是指为保证基本工作能够顺利完成所做辅助工作消耗的时间。在辅助工作时间里，辅助工作不能改变产品的形状大小、性质或发生位置。其时间消耗的多少与任务量的大小成正比。

4）休息时间。休息时间是指工人在施工过程中为恢复体力所必需的短暂的间歇及因个人需要而消耗的时间。其目的是保证工人精力充沛地进行工作，但午休时间不包括在休息时间之中。休息时间的长短和劳动条件有关，如果劳动繁重紧张、劳动条件差（如高温天气），则工作休息时间需要长。

5）不可避免中断时间。不可避免中断时间又称法定中断或工艺中断时间，是指在施工过程中由于技术或组织的原因而引起的工作中断时间。

（2）损失时间。损失时间是指和产品生产无关，而和施工组织和技术上的缺点有关，与工人在施工过程中的个人过失或某些偶然因素有关的时间消耗，包括多余和偶然工作时间、停工时间、违背劳动纪律损失时间。

1）多余工作时间和偶然工作时间。多余工作时间，就是工人进行了完成任务以外而又不能增加产品数量的工作时间，如重砌质量合格的墙体的工作时间。多余工作的工时损失，一般都是由于工程技术人员和工人的差错而引起的，不应计入定额时间中。

偶然工作时间是指工人在任务外进行工作的时间，但能够获得一定产品，如抹灰工不得不补上偶然遗漏的墙洞的工作时间等。从偶然工作的性质看，在定额中不应考虑它所占用的时间，但是由于偶然工作能够获得一定产品，拟定定额时要适当考虑它的影响。

2）停工时间。停工时间是指在工作班内停止工作造成的工时损失。停工时间按其性质可分为施工本身造成的停工时间和非施工本身造成的停工时间两种。施工本身造成的停工时间，是由于施工组织不善、材料供应不及时、工作面准备工作做得不好、工作地点组织不良等情况引起的停工时间。非施工本身造成的停工时间，是由于停电等外因引起的停工时间。

3）违背劳动纪律损失时间。违背劳动纪律损失时间是指工人迟到、早退、擅离工作岗位、工作时间内聊天等造成的工时损失。

2. 劳动定额消耗量的确定

基本工作时间是时间定额中的主要时间，通常根据计时观察法的资料确定。其他几项时间可按计时观察法的资料确定，也可按工时规范中规定的占工作日或基本工作时间的百分比计算。利用工时规范计算时间定额的公式如下

$$工序作业时间 = \frac{基本工作时间}{1-辅助工作时间（\%）} \tag{1.7}$$

$$定额时间 = \frac{工序作业时间}{1-规范时间（\%）} \tag{1.8}$$

或

$$定额时间 = \frac{基本工作时间}{1-规范时间（\%）} \tag{1.9}$$

把定额时间换算为以工日为单位，即为劳动定额的时间定额，再根据时间定额算出其产量定额。

【例 1.1】 根据施工现场测定资料和工时规范：人力双轮车运标准砖运距 25m，每运 1 千块所需消耗的基本工作时间为 133.88 分钟，准备与结束时间、辅助工作时间、休息时间各占工作日的 1.5%、3%、15%。试计算运标准砖的时间定额和产量定额。

【解】
$$定额时间 = \frac{13.88}{1-(1.5\%+3\%+15\%)} = 168.40（分钟/千块）$$

$$时间定额 = \frac{168.40}{60 \times 8} = 0.35（工日/千块）$$

$$产量定额 = \frac{1}{时间定额} = 2.849（千块/工时）$$

1.2.3　材料消耗定额的确定

1.2.3.1　材料消耗定额的概念

材料消耗定额，简称材料定额，是指在正常施工和合理使用材料的条件下，生产合格的

单位产品所必须消耗的原材料、成品、半成品等材料的数量标准。

材料消耗定额由两部分组成（图1.6）：一部分是直接构成工程实体的材料用量，称为材料净用量；另一部分是生产操作过程中损耗的材料量，称为材料损耗量。

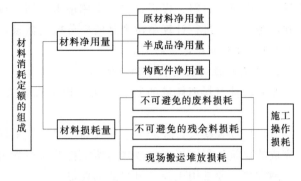

图 1.6　材料消耗定额组成

材料损耗量通常采用材料损耗率表示，即材料的损耗量与材料总消耗量的百分比率表示。其计算公式为

$$材料损耗率=\frac{材料损耗量}{材料净用量}\times100\%$$ (1.10)

$$材料消耗量=材料净用量+材料损耗量$$
$$=材料净用量\times（1+损耗率）$$ (1.11)

一般材料损耗率见表1.3。

表 1.3　　　　工程材料、成品、半成品损耗率参考表

材料名称	工程项目	损耗率（%）	材料名称	工程项目	损耗率（%）
标准砖	基础	0.4	陶瓷锦砖		1
标准砖	实砖墙	1	铺地砖	（缸砖）	0.8
标准砖	方砖柱	3	砂	混凝土工程	1.5
白瓷砖		1.5	砾石		2
生石灰		1	混凝土（现浇）	地面	1
水泥		1	混凝土（现浇）	其余部分	1.5
砌筑砂浆	砖砌体	1	混凝土（预制）	桩基础、梁、柱	1
混合砂浆	抹墙及墙裙	2	混凝土（预制）	其余部分	1.5
混合砂浆	抹顶棚	3	钢筋	现浇、预制混凝土	4
石灰砂浆	抹顶棚	1.5	铁件	成品	1
石灰砂浆	抹墙及墙裙	1	钢材		6
水泥砂浆	抹顶棚	2.5	木材	门窗	6
水泥砂浆	抹墙及墙裙	2	玻璃	安装	3
水泥砂浆	地面、屋面	1	沥青	操作	1

1.2.3.2 材料消耗定额的表现形式

根据材料使用次数的不同，建筑材料可分为非周转性材料和周转性材料两类，因此在定额中的消耗量，也分为非周转性材料消耗量和周转性材料摊销量两种。

1. 非周转性材料消耗量

非周转性材料消耗量又称直接性材料消耗量。非周转性材料是指在建筑工程施工中构成工程实体的一次性消耗材料、半成品，如砖、砂浆、混凝土等。

2. 周转性材料摊销量

周转性材料摊销量是指一次投入，经多次周转使用，分次摊销到每个分项工程上的材料数量，如脚手架材料、模板材料、支撑垫木、挡土板等。它们根据不同材料的耐用期、残值率和周转次数，进行计算单位产品所应分摊的数量。

1.2.3.3 材料消耗定额的编制方法

1. 非周转性材料消耗量的确定

非周转性材料消耗量的制定方法有现场观察法、实验试验法、统计分析法、理论计算法等。

（1）现场观察法。现场观察法指通过对建筑工程实际施工中进行现场观察和测定，并对所完成的建筑工程施工产品数量与所消耗的材料数量进行分析、整理和计算，确定材料损耗的一种方法。通常用于确定材料的损耗量。

（2）实验试验法。实验试验法是指在实验室或施工现场内对测定材料进行材料试验，通过整理计算制定材料消耗定额的方法。此法适用于测定混凝土、砂浆、沥青、油漆涂料等材料的消耗定额。

（3）统计分析法。统计分析法是指通过对各类已完成工程拨付的工程材料数量，竣工后的工程材料剩余数量和完成建筑工程产品数量的统计、分析研究、计算确定建筑工程材料消耗定额的方法。此法不能将施工过程中材料的合理损耗与不合理损耗区别开来，得出的材料消耗量准确性不高。

（4）理论计算法。理论计算法是指根据建筑工程施工图所确定的建筑构件类型和其他技术资料，运用一定的理论计算公式制定材料消耗定额的方法。理论计算法主要适用于按件论块、不易损耗、废品容易确定的现成制品材料消耗量的计算。

1）每立方米砖砌体材料消耗量计算。

a. 砖的消耗量。

$$N_{净}=\frac{墙厚砖数\times2}{墙厚\times（砖长＋灰缝）\times（砖厚＋灰缝）}（块）\tag{1.12}$$

$$N_{消}=砖净用量\times（1＋损耗率）（块）\tag{1.13}$$

b. 砂浆的消耗量。

$$V=（1－砖净用量\times单块砖体积）\times（1＋损耗率）（m^3）\tag{1.14}$$

【例1.2】 计算每立方米120厚标准砖墙砖和砂浆的消耗量（灰缝为10mm）。已知损耗率为：砖1.0%，砂浆1.0%。

【解】 计算砖用量

$$砖净用量=\frac{0.5\times2}{0.115\times（0.24＋0.01）\times（0.053＋0.01）}=552（块）$$

$$砖消耗量=552\times（1＋0.01）=557.52（块）$$

计算砂浆用量

$$砂浆消耗量=（1－552\times0.24\times0.115\times0.053）\times（1＋0.01）=0.194（m^3）$$

2）块料面层材料消耗量计算。块料指瓷砖、锦砖、缸砖、预制水磨石块、大理石、花岗岩板等。块料面层定额以100m² 为计量单位。

$$面层块材用量=\frac{100}{（块料长＋灰缝）\times（块料宽＋灰缝）}\times（1＋损耗率）（块）\tag{1.15}$$

$$灰缝砂浆用量=（100－块料净用量\times块料长\times块料宽）\times块料厚度\times（1＋损耗率）（m^3）$$

$$\tag{1.16}$$

【例 1.3】　釉面砖规格为 $200\text{mm} \times 300\text{mm} \times 8\text{mm}$，灰缝宽度 1mm，釉面砖损耗率为 1.5%，砂浆损耗率 2%。试计算 100m^2 墙面釉面砖及灰缝砂浆的消耗量。

【解】
$$釉面砖消耗量 = \frac{100}{(0.2+0.001) \times (0.3+0.001)} \times (1+0.015)$$
$$= 1652.87 \times (1+0.015)$$
$$= 1677.66（块）$$

$$灰缝砂浆消耗量 = (100 - 1652.87 \times 0.2 \times 0.3) \times 0.008 \times (1+0.02)$$
$$= 0.007（\text{m}^3）$$

2. 周转性材料消耗量的确定

根据现行的工程造价计价方法，周转性材料部分资源消耗支付已列为施工措施项目。按其使用特点制定消耗量时，应当按照多次使用、分期摊销方法进行计算。周转性材料消耗量通常用摊销量表示，计算公式为

$$摊销量 = \frac{一次使用量 \times (1+损耗率)}{周转次数} \tag{1.17}$$

或
$$摊销量 = 一次使用量 \times 摊销率 \tag{1.18}$$

1.2.4　机械台班消耗定额的确定

1.2.4.1　机械台班消耗定额的概念

机械台班消耗定额又称机械台班使用定额，简称机械定额，是指在合理组织施工和合理使用机械的正常施工条件下，完成单位合格产品所需消耗的一定品种、规格的机械台班数量标准。

1.2.4.2　机械台班消耗定额的表现形式

机械定额也有时间定额和产量定额两种基本表现形式，通常以台班产量定额为主。机械定额的表示方法（表 1.4）有以下三种。

$$\frac{时间定额}{台班产量}\bigg|台班工日$$

表 1.4　　　　　　　　　混凝土楼板梁、连系梁、悬臂梁、过梁安装

每 1 台班的劳动定额　　　　　　　　　　　　单位：根

项　　目		施工方法	楼板梁（t 以内）			连系梁、悬臂梁、过梁（t 以内）			序号
			2	4	6	1	2	3	
安装高度（层以内）	三	履带式	$\frac{0.22}{59}$ 13	$\frac{0.271}{48}$ 13	$\frac{0.317}{41}$ 13	$\frac{0.217}{60}$ 13	$\frac{0.245}{53}$ 13	$\frac{0.277}{47}$ 13	1
		轮胎式	$\frac{0.26}{50}$ 13	$\frac{0.317}{41}$ 13	$\frac{0.317}{36}$ 13	$\frac{0.255}{51}$ 13	$\frac{0.289}{45}$ 13	$\frac{0.325}{40}$ 13	2
		塔式	$\frac{0.191}{68}$ 13	$\frac{0.236}{55}$ 13	$\frac{0.277}{47}$ 13	$\frac{0.188}{69}$ 13	$\frac{0.213}{61}$ 13	$\frac{0.241}{61}$ 13	3
	六	塔式	$\frac{0.21}{62}$ 13	$\frac{0.25}{52}$ 13	$\frac{0.302}{43}$ 13	$\frac{0.232}{56}$ 13	$\frac{0.26}{50}$ 13	$\frac{0.31}{42}$ 13	4
	七		$\frac{0.232}{56}$ 13	$\frac{0.283}{46}$ 13	$\frac{0.342}{38}$ 13				5
编　　号			676	677	678	679	680	681	

注　工作内容：包括 15m 以内构件移位、绑扎起吊、对正中心线、安装在设计位置上、校正、垫好垫铁。

1．机械时间定额

机械时间定额是指在合理组织施工和合理使用机械的条件下，某种类型的机械为完成质量合格的单位产品所必须消耗的机械工作时间，单位以"台班"或"台时"表示。一台机械工作8小时为一个台班。

2．机械产量定额

机械产量定额是指在合理组织施工和合理使用机械的条件下，某种类型的机械在单位机械工作时间内，应完成的质量合格产品数量。

3．机械时间定额和机械产量定额的关系

机械时间定额和机械产量定额互为倒数关系。

1.2.4.3　机械台班定额的编制方法

1．机械时间分类

机械工作时间按其消耗的性质，基本可以分为两大类：必需消耗的时间和损失时间，如图1.7所示。制定机械工作定额时，只考虑机械的有效工作时间中的正常负荷下的工作时间、有根据地降低负荷下的工作时间和不可避免的无负荷工作时间、不可避免的中断时间，而不考虑机械的多余工作时间、停工时间、违背劳动纪律引起的机械的时间损失以及低负荷下的工作时间，这就在一定程度上保证了定额的先进性和合理性。

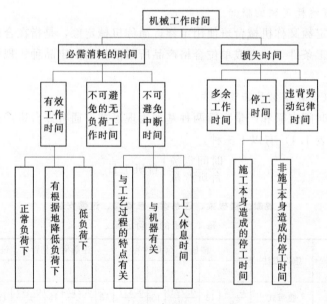

图1.7　机械工作时间分类图

（1）必需消耗的时间。在必需消耗的工作时间里，包括有效工作时间、不可避免的无负荷工作时间和不可避免的中断时间三项时间消耗。机械的有效工作时间是指机械直接为生产产品而进行工作的时间，它又可分为正常负荷下、有根据地降低负荷下和低负荷下工作的工时消耗。

1）正常负荷下的工作时间。正常负荷下的工作时间是指机械在与机械说明书规定的计算负荷相符的情况下进行工作的时间。

2）有根据地降低负荷下的工作时间。有根据地降低负荷下的工作时间是指在个别情况下由于技术上的原因，机械在低于其计算负荷下工作的时间。如汽车运输重量轻而体积大的货物时，不能充分利用汽车的载重吨位，因而不得不降低其计算负荷。

3）低负荷下的工作时间。低负荷下的工作时间是指由于工人或技术人员的过失以及机械的故障等原因所造成的施工机械在降低负荷情况下工作的时间，此项工作时间不能作为计算时间定额的基础。如工人装车的砂石数量不足引起的汽车在低负荷情况下工作所延续的时间。

4）不可避免的无负荷工作时间。不可避免的无负荷工作时间是指由施工过程的特点和机械结构的特点造成的机械无负荷工作时间。如筑路机在工作区末端调头等。

5）不可避免的中断工作时间。不可避免的中断工作时间是指由于工人进行准备与结束工作或辅助工作时，机械停止工作而引起的中断工作时间，它与机械的使用与保养有关。

（2）损失时间。损失的工作时间中，包括多余工作、停工和违背劳动纪律所消耗的工作时间。

1）机械的多余工作时间。机械的多余工作时间是指机械进行任务内和工艺过程内未包括的工作而延续的时间。如工人没有及时供料而使机械空运转的时间。

2）机械的停工时间。机械的停工时间按其性质也可分为施工本身造成的和非施工本身造成的停工。前者是由于施工组织得不好而引起的停工现象，如由于未及时供给机械燃料而引起的停工；后者是由于气候条件所引起的停工现象，如暴雨时压路机的停工。上述停工中延续的时间，均为机械的停工时间。

3）违背劳动纪律引起的机械的时间损失。违背劳动纪律引起的机械的时间损失是指由于工人迟到早退或擅离岗位等原因引起的机械停工时间。

2. 机械台班定额的编制方法

（1）确定正常的施工条件。主要是拟定工作地点的合理组织和合理的工人编制。

1）工作地点的合理组织，是指对机械的放置位置、材料的放置位置、工人的操作场地等作出合理的布置，最大限度地发挥机械的工作性能。

2）拟定合理的工人编制，是指根据施工机械的性能和设计能力，工人的专业分工和劳动工效，合理确定操纵机械的工人和直接参加机械化施工过程的工人的编制人数。应满足保持机械的正常生产率和工人正常的劳动工效的要求。

（2）确定机械1小时纯工作正常生产率。机械纯工作的时间包括：机械的有效工作时间、不可避免的无负荷工作时间和不可避免的中断时间。机械纯工作时间（台班）的正常生产率，就是在机械正常工作条件下，由具备必需的知识与技能的技术工人操作机械工作1h（台班）的生产效率。

$$机械一次循环的正常延续时间 = \sum（循环各组成部分的正常延续时间） \qquad (1.19)$$

$$机械纯工作1h循环次数 = \frac{60 \times 60(s)}{一次循环的正常延续时间} \qquad (1.20)$$

$$机械纯工作1h正常生产率 = 机械纯工作1h正常循环次数 \times 一次循环生产的产品数量$$

$$(1.21)$$

（3）确定施工机械的正常利用系数。施工机械的正常利用系数又称机械时间利用系数，是指机械纯工作时间占工作班延续时间的百分数。

$$施工机械正常利用系数(K_B) = \frac{工作班纯工作时间}{工作班的延续时间} \qquad (1.22)$$

（4）确定施工机械台班定额消耗量。

1）施工机械台班产量定额。

施工机械台班产量定额＝机械纯工作 1 小时正常生产率×工作班纯工作时间（1.23）

或

$$施工机械台班产量定额＝机械纯工作 1 小时正常生产率×工作班延续时间$$
$$×机械正常利用系数 \qquad (1.24)$$

2）施工机械时间定额。

$$施工机械时间定额＝\frac{1}{施工机械台班产量定额} \qquad (1.25)$$

【例 1.4】 某沟槽土方量为 4351m³（密实状态），采用挖斗容量为 0.5m³ 的反铲挖掘机挖土，载重量为 5t 的自卸汽车将开挖土方量的 60％运走，运距为 3km，其余土方就地堆放。经现场测试的有关数据如下。

（1）假设土的松散系数为 1.2，松散状态容重为 1.65t/m³。

（2）假设挖掘机的铲斗充盈系数为 1.0，每循环一次时间为 2 分钟，机械时间利用系数为 0.85。

（3）自卸汽车每次装卸往返需 24 分钟，时间利用系数为 0.80。

试确定所选挖掘机、自卸汽车的台班产量及台班数；如果需 11 天内将土方工程完成，至少需要多少台挖掘机和自卸汽车？

【解】（1）计算挖掘机台班产量、台班数、台数。

每小时循环次数＝60/2＝30（次）

每小时生产率＝30×0.5 ×1.0＝15（m³/h）

台班产量＝15× 8 ×0.85＝102（m³/台班）

台班数＝4351/102＝42.66（台班）

台数＝42.66/11＝3.88（台）……取 4 台

（2）计算自卸汽车台班产量、台班数、台数。

每小时循环次数＝60/24＝2.5（次）

每小时生产率＝2.5×5/1.65＝7.58（m³/h）

台班产量＝7.58×8×0.80＝48.51（m³/台班）

台班数＝4351×60％×1.2/48.51＝64.58（台班）

台数＝64.58/11＝5.87（台）……取 6 台

1.2.5 建筑工程消耗量定额的组成与应用

本部分以《全国统一建筑工程基础定额》（GJD—101—95）、《全国统一建筑装饰装修工程消耗量定额》（GYD—901—2002）为例。

1.2.5.1 建筑工程消耗量定额的组成

在建筑工程消耗量定额中，除了规定各项资源消耗的数量标准外，还规定了它应完成的工程内容和相应的质量标准等。建筑工程消耗量定额的内容，由文字说明、定额项目表、附录三部分组成。

1. 文字说明

文字说明是建筑工程消耗量定额使用的重要依据，包括总说明、分部工程说明及工程量计算规则等。

（1）总说明。总说明主要阐述消耗量定额的用途和适用范围，消耗量定额的编制原则和依据，定额中已考虑和未考虑的因素，使用中应注意的事项和有关问题的规定等。

（2）分部工程说明及工程量计算规则。分部工程说明主要说明本分部所包括的主要分项工程，以及本分部在使用时的一些基本原则，同时在该分部中还包括各分项工程的工程量计算规则。

2. 定额项目表

定额项目表是建筑工程消耗量定额的核心内容，它是以各类定额中各分部工程归类，又以若干不同的分项工程排列的项目表。包括分项工程工作内容，计量单位，分项工程人工、材料、机械消耗量指标等，其表达形式见表 1.5 和表 1.6。

表 1.5 　　　　　　　　　　　　砖基础、砖墙　　　　　　　　　　　　单位：10m³

定额编号			4—1	4—2	4—3	4—4	4—5	4—6
项　目		单位	砖基础	单面清水砖墙				
				$\frac{1}{2}$砖	$\frac{3}{4}$砖	1 砖	1$\frac{1}{2}$砖	2 砖及 2 砖以上
人工	综合工日	工日	12.18	21.97	21.63	18.87	17.88	17.14
材料	水泥砂浆 M5	m³	2.36					
	水泥砂浆 M10	m³		1.95	2.13			
	混合砂浆 M2.5	m³				2.25	2.40	2.45
	烧结普通砖	千块	5.236	5.641	5.510	5.314	5.35	5.31
	水	m³	1.05	1.13	1.10	1.06	1.07	1.06
机械	灰浆搅拌机 200L	台班	0.39	0.33	0.35	0.38	0.40	0.41

注 1. 本表摘自《全国统一建筑工程基础定额》（GJD—101—95）。

　　2. 工作内容：①砖基础：调运砂浆、铺砂浆、运砖、清理基槽坑、砌砖等；②砖墙：调、运、铺砂浆，运砖；砌砖包括窗台虎头砖、腰线、门窗套；安放木砖、铁件等。

表 1.6 　　　　　　　　　　　　水　刷　石　　　　　　　　　　　　单位：m²

定额编号				2—001	2—002	2—003	2—004
项　目				水刷豆石			
				砖、混凝土墙面 12+12	毛石墙面 18+12	柱面	零星项目
名称		单位	代码	数　　量			
人工	综合工人	工日	000001	0.3692	0.3853	0.4922	0.974
材料	水	m³	AV0280	0.0288	0.0300	0.0286	0.0286
	水泥砂浆 1∶3	m³	AX0684	0.0139	0.0208	0.0133	0.0133
	水泥豆石浆 1∶1.25	m³	AX0710	0.0140	0.0140	0.0134	0.0134
	107 胶索水泥浆	m³	AX0841	0.0010	0.0010	0.0010	0.0010
机械	灰浆搅拌机 200L	台班	TM0200	0.0047	0.0056	0.0044	0.0044

注 1. 本表摘自《全国统一建筑装饰工程消耗量定额》（GYD—901—2002）。

　　2. 工作内容：①清理、修补、湿润墙面、堵墙眼、调运砂浆、清扫落地灰；②分层抹灰、刷浆、找平、起线拍平、压实、刷面（包括门、窗侧壁抹灰）。

3. 附录

附录是使用定额的参考资料，通常列在定额的最后，一般包括混凝土配合比表、砂浆配合比表等，可作为定额换算和编制补充定额的基本依据。

1.2.5.2　建筑工程消耗量定额的使用方法

1. 定额项目的排列、编号及查阅方法

（1）排列。定额项目根据建筑结构及施工程序编排章、节、项目、子目等顺序，即章（分部工程）—节—项目—子目。如：砌筑工程—砌砖—砖基础、砖墙—1/2 砖单面清水砖墙。

（2）编号。目的：便于查阅和使用，减少差错。

各地定额的编号方法不尽相同，主要有：按"章（分部工程）—该分部中的序号"编号，如：《全国统一建筑工程基础定额》（GJD—101—95）中砖基础的定额编号为"4—1"（表 1.4）；按"定额册代号＋章（分部工程）代号＋该分部中的序号"编号。

（3）查阅方法。根据要查找的分项工程对应的定额编号，从定额项目表的定额编号栏内对号找到该项目，再从项目栏内找出需查的人工、材料、机械消耗量指标。

以《全国统一建筑工程基础定额》（GJD—101—95）为例（表 1.4），定额编号"4—1"，从该编号可知其是 GJD—101—95 中的砌筑工程分部，从该定额找到编号所对应的项目是砖基础，计量单位为 $10m^3$，每 $10m^3$ 砖基础消耗量指标如下：综合工日 12.18 工日，水泥砂浆（M5）$2.36m^3$，标砖 5.236 千块，水 $1.05m^3$，灰浆搅拌机（200L）0.39 台班。反之，根据项目名称找出定额编号。如：1/2 砖单面清水砖墙的定额编号为"4—2"。

2. 定额的使用方法

（1）认真阅读总说明和分部工程说明，了解附录的使用。这是正确掌握定额的关键。因为它指出了定额编制的指导思想、原则、依据、适用范围、已经考虑和未考虑的因素，以及其他有关问题和使用方法。特别是对于客观条件的变化，一时难以确定的情况下，往往在说明中允许据实加以换算（增或减或乘以系数等），通常称为"活口"，这是十分重要的，要正确掌握。

如：定额中注有"×××以内"或"×××以下"者均包括×××本身，"×××以外"或"×××以上"者，则不包括×××本身。

项目中砂浆系按常用规格、强度等级列出，如与设计不同时，可以换算。

混凝土已按常用强度等级列出，如与设计不同时，可以换算。

（2）逐步掌握定额项目表各栏的内容。弄清定额子目的名称和步距划分，以便能正确列项。

（3）掌握分部分项工程定额包括的工作内容和计量单位。对常用项目的工作内容应通过日常工作实践加深了解，否则会出现重复列项或漏项。

熟记定额的计量单位（m^3、m^2、m、t 或 kg 等）以便正确计算工程量，并注意定额计量单位是否扩大了倍数，如 m^3、$10m^3$、$100m^3$ 等。

（4）要正确理解和熟记建筑面积及工程量计算规则。"规则"就是要求遵照执行的，无论建设、设计或施工方都不能自行其是。按照统一规则计算是十分重要的，它有利于统一口径，便于工程造价审查工作的开展。

（5）掌握定额换算的各项具体规定。通过对定额及说明的阅读，了解定额中哪些允许换算，哪些不允许换算，以及怎样换算等。

1.2.5.3 建筑工程消耗量定额的直接套用

当施工图纸的设计要求与所选套的相应定额项目内容一致时，则可直接套用定额。在确定分项工程人工、材料、机械台班的消耗量时，绝大部分属于这种情况。直接套用定额项目的方法步骤如下。

（1）根据施工图纸设计的工程项目内容，从定额目录中查出该项目所在定额中的部位，选定相应的定额项目与定额编号。

（2）在套用定额前，必须注意核实分项工程的名称、规格、计量单位，与定额规定的名称、规格、计量单位是否一致。施工图纸设计的工程项目与定额规定的内容一致时，可直接套用定额。

（3）将定额编号和定额工料消耗量分别填入工料计算表内。

（4）确定工程项目的人工、材料、机械台班需用量。

计算公式为

$$分项工程工料机需用量＝定额工料机消耗指标×分项工程量 \qquad (1.26)$$

【例1.5】 某工程 M2.5 水泥混合砂浆砌筑 1 砖厚混水砖墙，工程量为 156.80m³，试确定该分项工程的人工、材料、机械台班需用量。

【解】 根据《全国统一建筑工程基础定额》（GJD—101—95）有：

（1）从定额目录中，查得 1 砖厚混水砖墙工程的定额项目在《全国统一建筑工程基础定额》（GJD—101—95）的第四章第一节，其部位为该章的第 10 子项目。

（2）通过分析可知，1 砖厚混水砖墙分项工程内容与定额规定的内容完全相符，即可直接套用定额项目。

（3）从定额项目表中查得该项目定额编号为"4—10"，每 10m³ 砖墙消耗指标如下：综合人工为 16.08 工日、水泥混合砂浆（M2.5）2.25m³、标准砖 5.314 千块、水 1.06m³、灰浆搅拌机（200L）0.38 台班。

（4）确定该工程 1 砖厚混水砖墙分项人工、材料、机械台班的需用量。

综合人工	$16.08×15.80＝254.06$（工日）
水泥混合砂浆（M2.5）	$2.25×15.80＝35.55$（m³）
标准砖	$5.314×15.80＝83.96$（千块）
水	$1.06×15.80＝16.75$（m³）
灰浆搅拌机（200L）	$0.38×15.80＝6.00$（台班）

1.2.5.4 建筑工程消耗量定额的换算

当施工图的设计要求与选套的相应定额项目内容不一致时，应在定额规定的范围内进行换算。对换算后的定额项目，应在其定额编号后注明"换"字以示区别，如"4—10 换"。消耗量定额换算的实质就是按定额规定的换算范围、内容和方法，对消耗量定额中某些分项工程的"三量"消耗指标进行调整。

定额换算的基本思路是：根据设计图纸所示建筑、装饰分项工程的实际内容，选定某一相关定额子目，按定额规定换入应增加的人工、材料和机械，减去应扣除的人工、材料和机械。该思路可以用下式表述

$$换算后的消耗量＝分项定额工料机消耗量＋换入的工料机消耗量－换出的工料机消耗量$$

$$(1.27)$$

下面以《全国统一建筑工程基础定额》（GJD—101—95）、《全国统一建筑装饰装修工程消耗量定额》（GYD—901—2002）为例，说明建筑、装饰工程预算中常见定额的换算方法。

1. 材料配合比不同的换算

配合比材料包括混凝土、砂浆、保温隔热材料等，由于混凝土、砂浆配合比的不同而引起相应消耗量变化时，定额规定必须进行换算。计算公式为

$$换算后的材料消耗量＝分项定额材料消耗量＋配合比材料定额用量$$
$$×（换入配合比材料原材单位用量$$
$$－换出配合比材料原材单位用量） \qquad (1.28)$$

【例1.6】 某工程M5.0水泥混合砂浆砌筑1砖厚混水砖墙，试确定该分项工程的人工、材料、机械台班需用量。

【解】 根据设计说明的工程内容，所采用砌筑砂浆的强度等级不同，则需调整水泥、中砂、石灰膏、水的用量，查《全国统一建筑工程基础定额》（GJD—10—95）得：

确定换算定额编号为："4—10换"。

原定额材料耗量为

水泥	2.25×117＝263.25（kg）
中砂	2.25×1.02＝2.30（m³）
石灰膏	2.25×0.18＝0.41（m³）
水	2.25×0.60＝1.35（m³）

查《全国统一建筑工程基础定额》（GJD—101—95）附录"砌筑砂浆配合比表"得：

M2.5水泥混合砂浆中原材料单位用量：

水泥：	117kg/m³
中砂：	1.02m³/m³
石灰膏：	0.18m³/m³
水：	0.60m³/m³

M5水泥混合砂浆中原材料单位用量：

水泥：	194kg/m³
中砂：	1.02m³/m³
石灰膏：	0.14m³/m³
水：	0.40m³/m³

应用式（1.28）换算定额材料耗量：

定额水泥耗量＝263.25＋2.25×（194－117）＝436.50（kg/10m³）

定额中砂耗量＝2.30＋2.25×（1.02－1.02）＝2.30（m³/10m³）

定额石灰膏耗量＝0.41＋2.25×（0.14－0.18）＝0.32（m³/10m³）

定额水泥耗量＝1.35＋2.25×（0.40－0.60）＝0.90（m³/10m³）

其余工料机消耗量同原定额消耗量。

2. 抹灰厚度不同的换算

对于抹灰砂浆的厚度，如设计与定额取定不同时，除定额有注明厚度的项目可以换算，其他一律不作调整。其换算公式为

$$\text{分项定额换算后的消耗量} = \text{分项定额消耗量} \times \frac{\text{设计厚度}}{\text{定额厚度}} \tag{1.29}$$

【例 1.7】 某工程外墙面水刷石，1：1.25 水泥豆石浆面层厚度为 18mm，工程量为：195.6m²，试确定该分项工程的人工、材料、机械台班需用量。

【解】 （1）根据《全国统一建筑装饰装修工程消耗量定额》（GYD—901—2002）：查定额项目表，定额取定水泥豆石浆面层厚度为 12mm。

（2）分析：根据《全国统一建筑装饰装修工程消耗量定额》（GYD—901—2002）的有关规定，工程墙面装饰设计采用 1：1.25 水泥豆石浆面层厚度 18mm，与分项定额中面层厚度不相同，则分项工程的面层砂浆用量不相同。

（3）分项定额工、料、机消耗量。定额计量单位"m²"。

1）综合人工：0.3692 工日。

2）水泥砂浆（1：3）：0.0139m³。

3）水泥豆石浆（1：1.25）：0.0140m³

4）灰浆搅拌机（200L）：0.0047 台班。

（4）该工程分项工、料、机需用量。

综合人工	$0.3692 \times (18/12) \times 195.6 = 108.32$（工日）
水泥砂浆（1：3）	$0.0139 \times 195.6 = 2.72$（m³）
水泥豆石浆（1：1.25）	$0.0140 \times (18/12) \times 195.6 = 4.11$（m³）
灰浆搅拌机（200L）	$0.0047 \times (18/12) \times 195.6 = 1.38$（台班）

3. 门窗断面积的换算

门窗断面积的换算方法是按断面比例调整材料用量。

《全国统一建筑工程基础定额》（GJD—101—95）门窗及木结构工程说明规定：当设计断面与定额取定的断面不同时，应按比例进行换算。框断面以边框断面为准（框裁口如为钉条者加贴条的断面）；扇料以立梃断面为准。其计算公式为

$$\text{分项定额换算后的材积} = \frac{\text{设计断面（加刨光损耗）}}{\text{定额断面}} \times \text{定额材积} \tag{1.30}$$

4. 乘系数的换算

乘系数的换算是据定额规定的系数，对定额项目中的人工、材料、机械等进行调整的一种方法。此类换算比较多见，方法也较简单，但在使用时应注意以下几个问题。

（1）正确确定项目换算的被调整内容和计算基数。

（2）要按照定额规定的系数进行换算。

（3）要注意正确区分定额换算系数和工程量换算系数。前者是换算定额分项中的人工、材料、机械的消耗量，后者是换算工程量，两者不得混用。

其计算公式为

$$\text{分项定额换算后的消耗量} = \text{分项定额消耗量} \times \text{调整系数} \tag{1.31}$$

5. 其他换算法

其他换算法包括直接增加工料法和实际材料用量换算法等方法。

1.2.5.5 建筑工程消耗量定额的补充

施工图纸中的某些工程项目，由于采用了新结构、新材料和新工艺等原因，没有类似定

额项目可供套用，就必须编制补充定额项目。

编制补充工程计价定额的方法通常有两种：一种是按照本节所述消耗量定额的编制方法，计算人工、材料和机械台班消耗量指标；另一种是参照同类工序、同类型产品消耗量定额的人工、机械台班指标，而材料消耗量则按施工图纸进行计算或实际测定。

学习情境 1.3 建筑工程费用

1.3.1 定额计价的费用构成

根据中华人民共和国建设部及财政部 2003 年 10 月 15 日联合颁发的关于印发《建筑安装工程费用项目组成》的通知（建标〔2003〕206 号），我国现行建筑工程费用由直接费、间接费、利润和税金四部分构成，如图 1.8 所示。

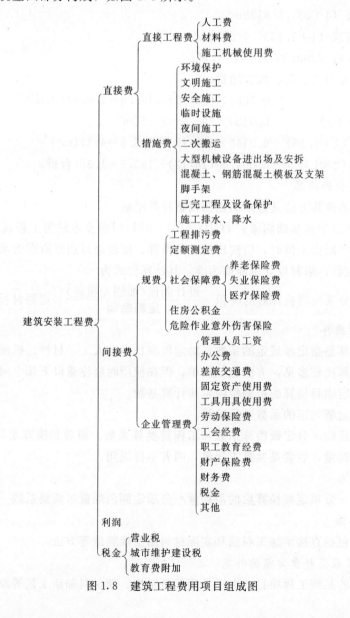

图 1.8 建筑工程费用项目组成图

1.3.1.1　直接费

直接费由直接工程费和措施费组成。

1. 直接工程费

指在施工过程中耗费的构成工程实体的各项费用，包括人工费、材料费、施工机械使用费。

（1）人工费。是指直接从事建筑安装工程施工的生产工人开支的各项费用，内容包括以下几方面。

1）基本工资。是指发放给生产工人的基本工资。

2）工资性补贴。是指按规定标准发放的物价补贴，煤、燃气补贴，交通补贴，住房补贴，流动施工津贴等。

3）生产工人辅助工资。是指生产工人年有效施工天数以外非作业天数的工资，包括职工学习、培训期间的工资，调动工作、探亲、休假期间的工资，因气候影响的停工工资，女工哺乳时间的工资，病假在 6 个月以内的工资及产、婚、丧假期的工资。

4）职工福利费。是指按规定标准计提的职工福利费。

5）生产工人劳动保护费。是指按规定标准发放的劳动保护用品的购置费及修理费，徒工服装补贴，防暑降温费，在有碍身体健康环境中施工的保健费用等。

（2）材料费。是指施工过程中耗费的构成工程实体的原材料、辅助材料、构配件、零件、半成品的费用。内容包括以下几方面。

1）材料原价（或供应价格）。

2）材料运杂费。是指材料自来源地运至工地仓库或指定堆放地点所发生的全部费用。

3）运输损耗费。是指材料在运输装卸过程中不可避免的损耗。

4）采购及保管费。是指为组织采购、供应和保管材料过程中所需要的各项费用，包括采购费、仓储费、工地保管费、仓储损耗。

5）检验试验费。是指对建筑材料、构件和建筑安装物进行一般鉴定、检查所发生的费用，包括自设试验室进行试验所耗用的材料和化学药品等费用，不包括新结构、新材料的试验费和建设单位对具有出厂合格证明的材料进行检验，对构件做破坏性试验及其他特殊要求检验试验的费用。

（3）施工机械使用费。是指施工机械作业所发生的机械使用费以及机械安拆费和场外运费。施工机械台班单价应由下列 7 项费用组成。

1）折旧费。是指施工机械在规定的使用年限内，陆续收回原值及购置资金的时间价值。

2）大修理费。是指施工机械按规定的大修理间隔台班进行必要的大修理，以恢复其正常功能所需的费用。

3）经常修理费。是指施工机械除大修理以外的各级保养和临时故障排除所需的费用，包括为保障机械正常运转所需替换设备与随机配备工具附具的摊销和维护费用，机械运转中日常保养所需润滑与擦拭的材料费用及机械停滞期间的维护和保养费用等。

4）安拆费及场外运费。安拆费是指施工机械在现场进行安装与拆卸所需的人工、材料、机械和试运转费用以及机械辅助设施的折旧、搭设、拆除等费用；场外运费是指施工机械整体或分体自停放地点运至施工现场或由一施工地点运至另一施工地点的运输、装卸、辅助材料及架线等费用。

5）人工费。是指机上司机（司炉）和其他操作人员的工作日人工费及上述人员在施工机械规定的年工作台班以外的人工费。

6）燃料动力费。是指施工机械在运转作业中所消耗的固体燃料（煤、木柴）、液体燃料（汽油、柴油）及水、电等费用。

7）养路费及车船使用税。是指施工机械按照国家规定和有关部门规定应缴纳的养路费、车船使用税、保险费及年检费等。

2. 措施费

措施费是指为完成工程项目施工，发生于该工程施工前和施工过程中非工程实体项目的费用。内容包括以下几方面。

（1）环境保护费。是指施工现场为达到环保部门要求所需要的各项费用。

（2）文明施工费。是指施工现场文明施工所需要的各项费用。

（3）安全施工费。是指施工现场安全施工所需要的各项费用。

（4）临时设施费。是指施工企业为进行建筑工程施工所必须搭设的生活和生产用的临时建筑物、构筑物和其他临时设施费用等。

临时设施包括：临时宿舍、文化福利及公用事业房屋与构筑物，仓库、办公室、加工厂以及规定范围内道路、水、电、管线等临时设施和小型临时设施。临时设施费用包括：临时设施的搭设、维修、拆除费或摊销费。

（5）夜间施工费。是指因夜间施工所发生的夜班补助费、夜间施工降效、夜间施工照明设备摊销及照明用电等费用。

（6）二次搬运费。是指因施工场地狭小等特殊情况而发生的二次搬运费用。

（7）大型机械设备进出场及安拆费。是指机械整体或分体自停放场地运至施工现场或由一个施工地点运至另一个施工地点，所发生的机械进出场运输及转移费用及机械在施工现场进行安装、拆卸所需的人工费、材料费、机械费、试运转费和安装所需的辅助设施的费用。

（8）混凝土、钢筋混凝土模板及支架费。是指混凝土施工过程中需要的各种钢模板、木模板、支架等的支、拆、运输费用及模板、支架的摊销（或租赁）费用。

（9）脚手架费。是指施工需要的各种脚手架搭、拆、运输费用及脚手架的摊销（或租赁）费用。

（10）已完工程及设备保护费。是指竣工验收前，对已完工程及设备进行保护所需费用。

（11）施工排水、降水费。是指为确保工程在正常条件下施工，采取各种抽水、降水措施所发生的各种费用。

1.3.1.2 间接费

间接费由规费、企业管理费组成。

1. 规费

规费是指政府和有关权力部门规定必须缴纳的费用（简称规费），包括以下几方面。

（1）工程排污费。是指施工现场按规定缴纳的工程排污费。

（2）定额测定费。是指按规定支付工程造价（定额）管理部门的定额测定费。

（3）社会保障费。

1）养老保险费。是指企业按规定标准为职工缴纳的基本养老保险费。

2）失业保险费。是指企业按照国家规定标准为职工缴纳的失业保险费。

3）医疗保险费。是指企业按照规定标准为职工缴纳的基本医疗保险费。

（3）住房公积金。是指企业按规定标准为职工缴纳的住房公积金。

（4）危险作业意外伤害保险。是指按照建筑法规定，企业为从事危险作业的建筑安装施工人员支付的意外伤害保险费。

2. 企业管理费

企业管理费是指建筑安装企业组织施工生产和经营管理所需费用。内容包括以下几方面。

（1）管理人员工资。是指管理人员的基本工资、工资性补贴、职工福利费、劳动保护费等。

（2）办公费。是指企业管理办公用的文具、纸张、账表、印刷、邮电、书报、会议、水电、烧水和集体取暖（包括现场临时宿舍取暖）用煤等费用。

（3）差旅交通费。是指职工因公出差、调动工作的差旅费、住勤补助费，市内交通费和午餐补助费，职工探亲路费，劳动力招募费，职工离退休、退职一次性路费，工伤人员就医路费，工地转移费以及管理部门使用的交通工具的油料、燃料、养路费及牌照费。

（4）固定资产使用费。是指管理和试验部门及附属生产单位使用的属于固定资产的房屋、设备仪器等的折旧、大修、维修或租赁费。

（5）工具用具使用费。是指管理使用的不属于固定资产的生产工具、器具、家具、交通工具和检验、试验、测绘、消防用具等的购置、维修和摊销费。

（6）劳动保险费。是指由企业支付离退休职工的易地安家补助费、职工退职金，6个月以上的病假人员工资、职工死亡丧葬补助费、抚恤费、按规定支付给离休干部的各项经费。

（7）工会经费。是指企业按职工工资总额计提的工会经费。

（8）职工教育经费。是指企业为职工学习先进技术和提高文化水平，按职工工资总额计提的费用。

（9）财产保险费。是指施工管理用财产、车辆保险。

（10）财务费。是指企业为筹集资金而发生的各种费用。

（11）税金。是指企业按规定缴纳的房产税、车船使用税、土地使用税、印花税等。

（12）其他。包括技术转让费、技术开发费、业务招待费、绿化费、广告费、公证费、法律顾问费、审计费、咨询费等。

1.3.1.3　利润

利润是指施工企业完成所承包的工程获得的盈利。

1.3.1.4　税金

税金是指按国家规定计入建筑安装工程造价内的营业税、城市建设维护税和教育费附加。

1.3.2　工程量清单计价的费用构成

根据《建设工程工程量清单计价规范》（GB 50500—2008）的规定，工程量清单计价的费用由分部分项工程费、措施项目费、其他项目费、规费和税金组成，如图1.9所示。

1.3.2.1　分部分项工程费

分部分项工程量清单费用采用综合单价计价。综合单价是指完成工程量清单中单位项目所需的人工费、材料费、施工机械使用费、管理费和利润，并考虑风险因素。

（1）人工费。是指直接从事建筑安装工程施工的生产工人开支的各项费用。

（2）材料费。是指施工过程中耗费的构成工程实体的原材料、辅助材料、构配件、零件、半成品的费用。

（3）施工机械使用费。是指使用施工机械作业所发生的费用。

（4）管理费。是指建筑安装企业组织施工生产和经营管理所需费用。

（5）利润。是指按企业经营管理水平和市场的竞争能力，完成工程量清单中各分项工程应获得并计入清单项目中的利润分部分项工程费用中，还应考虑风险因素，计算风险费用。风险费用是指投标企业在确定综合单价时，客观上可能产生的不可避免的误差，以及在施工过程中遇到施工现场条件复杂，自然条件恶劣，施工中意外事故，物价暴涨和其他风险因素所发生的费用。

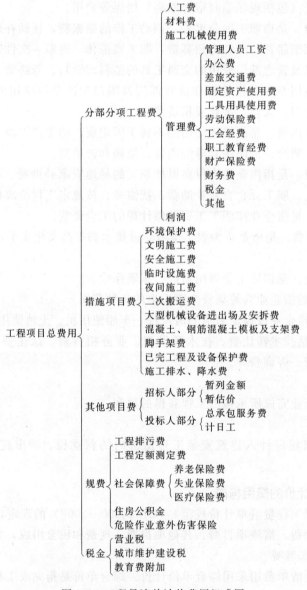

图1.9　工程量清单计价费用组成图

1.3.2.2　措施项目费

措施项目费是指施工企业为完成工程项目施工，应发生于该工程施工前和施工过程中生产、生活、安全等方面的非工程实体费用。内容同前所述。

1.3.2.3　其他项目费

其他项目费包括招标人部分和投标人部分。

1. 招标人部分

（1）暂列金额。是指招标人在工程量清单中暂定并包括在合同价款中的一笔款项。

（2）暂估价。是指招标人在工程量清单中提供的用于支付必然发生但暂时不能确定价格的材料的单价以及专业工程的金额。

2. 投标人部分

（1）总承包服务费。是指投标人为配合协调招标人进行的工程分包管理及其服务和材料采购所发生的费用。一般以中标人的投标报价为准。

（2）计日工。是指在施工过程中，完成发包人提出的施工图纸以外的零星项目或工作，按合同中约定的综合单价计价。

1.3.3　建筑工程费用的计算方法

1.3.3.1　直接费

1. 直接工程费

$$直接工程费＝人工费＋材料费＋施工机械使用费 \tag{1.32}$$

（1）人工费。

$$人工费＝\sum(工日消耗量×日工资单价) \tag{1.33}$$

（2）材料费。

$$材料费＝\sum(材料消耗量×材料基价)＋检验试验费 \tag{1.34}$$

1）材料基价。

$$材料基价＝(供应价格＋运杂费)×[1＋运输损耗率(\%)]×[1＋采购保管费率(\%)] \tag{1.35}$$

$$加权平均材料原价(或材料供应价格)＝\frac{K_1 C_1＋K_2 C_2＋\cdots＋K_n C_n}{K_1＋K_2＋\cdots K_n}$$

式中　K_1，K_2，$\cdots$，K_n——各不同供应地点的供应量或各不同使用地点的需要量；

$\quad$ C_1，C_2，$\cdots$，C_n——各不同供应地点的原价。

$$加权平均材料运杂费＝\frac{K_1 T_1＋K_2 T_2＋\cdots＋K_n T_n}{K_1＋K_2＋\cdots＋K_n}$$

式中　K_1，K_2，$\cdots$，K_n——各不同供应地点的供应量或各不同使用地点的需要量；

$\quad$ T_1，T_2，$\cdots$，T_n——各不同运距的运费。

$$材料运输损耗费＝(材料原价＋材料运杂费)× 运输损耗率(\%)$$

$$材料采购保管费＝(材料原价＋材料运杂费＋材料运输损耗费)×采购保管费费率(\%)$$

【例 1.8】　根据《建筑安装工程费用项目组成》（建标［2003］206 号）文件的规定，已知某材料供应价格为 50000 元，运杂费 5000 元，采购保管费率 1.5％，运输损耗率 2％，计算该材料的基价。

【解】　材料基价＝［(供应价格＋运杂费)×(1＋运输损耗率)］×(1＋采购保管费率)

$$=[(50000+5000)\times(1+2\%)]\times(1+1.5\%)$$
$$=5.694(万元)$$

2）检验试验费。

$$检验试验费=\sum(单位材料量检验试验费\times材料消耗量) \quad (1.36)$$

【例1.9】　某工程用32.5号硅酸盐水泥，由于工期紧张，拟从甲、乙、丙三地进货，甲地水泥出厂价330元/t，运输费30元/t，进货100t；乙地水泥出厂价340元/t，运输费25元/t，进货150t；丙地水泥出厂价320元/t，运输费35元/t，进货250t。已知采购及保管费率为2%，运输损耗费平均每吨5元，水泥检验试验费每吨2元，试确定该批水泥每吨的预算价格。

【解】
$$水泥原价=\frac{330\times100+340\times150+320\times250}{100+150+250}=328(元/t)$$

$$水泥平均运杂费=\frac{30\times100+25\times150+35\times250}{100+150+250}=31(元/t)$$

$$水泥运输损耗费=5\ 元/t$$

$$水泥采购及保管费=(328+31+5)\times2\%=7.28(元/t)$$

$$水泥检验试验费=2(元/t)$$

$$水泥预算价格=328+31+5+7.28+2=373.28(元/t)$$

3）施工机械使用费。

$$施工机械使用费=\sum(施工机械台班消耗量\times机械台班单价)$$

$$台班单价=台班折旧费+台班大修费+台班经常修理费$$
$$+台班安拆费及场外运费+台班人工费+台班燃料动力费$$
$$+台班养路费及车船使用税 \quad (1.37)$$

$$台班折旧费=\frac{机械预算价格\times(1-残值率)\times时间价值系数}{耐用总台班}$$

$$台班大修理费=\frac{一次大修理费\times寿命期大修次数}{耐用总台班}$$

$$台班经常维修费=台班大修费\times K(台班经常修理费系数)$$

$$台班安拆费及场外运费=\frac{一次安拆费及场外运费\times年平均拆次数}{年工作台班}$$

$$台班人工费=\frac{人工消耗量\times(1+年制度工作日\times年工作台班)\times人工单价}{年工作台班}$$

$$台班燃料动力费=\sum(燃料动力消耗量\times燃料动力单价)$$

【例1.10】　某施工运输机械预算价格为100万元，时间价值系数为1.2，该机械大修间隔台班为500台班，大修周期为10，计算该运输机械的台班折旧费。

【解】
$$耐用总台班=大修间隔台班\times大修周期$$
$$=500\times10=5000(台班)$$

该机械是运输机械，残值率为2%。

$$台班折旧费=\frac{机械预算价格\times(1-残值率)\times时间价值系数}{耐用总台班}$$

$$=\frac{1000000\times(1-2\%)\times1.2}{5000}=235.2(元)$$

2. 措施费

本规则中只列通用措施费项目的计算方法，各专业工程的专用措施费项目的计算方法由各地区或国务院有关专业主管部门的工程造价管理机构自行制定。

（1）环境保护。
$$环境保护费＝直接工程费×环境保护费费率(\%) \tag{1.38}$$

（2）文明施工。
$$文明施工费＝直接工程费×文明施工费费率(\%) \tag{1.39}$$

（3）安全施工。
$$安全施工费＝直接工程费×安全施工费费率(\%) \tag{1.40}$$

（4）临时设施费。

临时设施费由以下三部分组成：

1）周转使用临建（如活动房屋）。

2）一次性使用临建（如简易建筑）。

3）其他临时设施（如临时管线）。

（5）夜间施工增加费。
$$夜间施工增加费＝\left(1-\frac{合同工期}{定额工期}\right)×\frac{直接工程费中的人工费合计}{平均日工资单价}×每工日夜间施工费开支 \tag{1.41}$$

（6）二次搬运费。
$$二次搬运费＝直接工程费×二次搬运费费率(\%) \tag{1.42}$$

（7）大型机械进出场及安拆费。
$$大型机械进出场及安拆费＝\frac{一次进出场及安拆费×年平均安拆次数}{年工作台班} \tag{1.43}$$

（8）混凝土、钢筋混凝土模板及支架。
$$模板及支架费＝模板摊销量×模板价格＋支、拆、运输费 \tag{1.44}$$
$$摊销量＝一次使用量×(1＋施工损耗)×[1＋(周转次数-1)$$
$$×补损率/周转次数-(1-补损率)×50\%/周转次数] \tag{1.45}$$
$$租赁费＝模板使用量×使用日期×租赁价格＋支、拆、运输费 \tag{1.46}$$

（9）脚手架搭拆费。
$$脚手架搭拆费＝脚手架摊销量×脚手架价格＋搭、拆、运输费 \tag{1.47}$$
$$租赁费＝脚手架每日租金×搭设周期＋搭、拆、运输费 \tag{1.48}$$

（10）已完工程及设备保护费。
$$已完工程及设备保护费＝成品保护所需机械费＋材料费＋人工费 \tag{1.49}$$

（11）施工排水、降水费。
$$排水降水费＝\sum 排水降水机械台班费×排水降水周期＋排水降水使用材料费、人工费 \tag{1.50}$$

1.3.3.2 间接费

间接费的计算方法按取费基数的不同分为以下三种。

（1）以直接费为计算基础。
$$间接费＝直接费合计×间接费费率(\%) \tag{1.51}$$

（2）以人工费和机械费合计为计算基础。

$$间接费＝人工费和机械费合计×间接费费率（\%）\qquad(1.52)$$

（3）以人工费为计算基础。

$$间接费＝人工费合计×间接费费率（\%）\qquad(1.53)$$

1.3.3.3 利润

（1）以直接费为计算基础。

$$利润 ＝（直接费＋间接费）×利润率（\%）\qquad(1.54)$$

（2）以人工费和机械费为计算基础。

$$利润 ＝直接费中人工费和机械费小计×利润率（\%）\qquad(1.55)$$

（3）以人工费为计算基础。

$$利润 ＝直接费中人工费小计×利润率（\%）\qquad(1.56)$$

1.3.3.4 税金

$$税金＝（直接费＋间接费＋利润）×税率（\%）\qquad(1.57)$$

（1）纳税地点在市区的企业。

$$税率（\%）＝\frac{1}{1-3\%-(3\%×7\%)-(3\%×3\%)}-1\qquad(1.58)$$

（2）纳税地点在县城、镇的企业。

$$税率（\%）＝\frac{1}{1-3\%-(3\%×5\%)-(3\%×3\%)}-1\qquad(1.59)$$

（3）纳税地点不在市区、县城、镇的企业。

$$税率（\%）＝\frac{1}{1-3\%-(3\%×1\%)-(3\%×3\%)}-1\qquad(1.60)$$

将上述三种税率汇总并进行综合税率计算后得：纳税人所在地在市区者综合税率为 3.413\%；纳税人所在地在县镇者综合税率为 3.348\%；纳税人所在地在农村者综合税率为 3.22\%。

学习情境 1.4 工程量清单计价

1.4.1 工程量清单计价规范简介

《建设工程工程量清单计价规范》（Code of valuation with bill quantity of construction works）（以下简称《计价规划》）（GB 50500—2008），主编部门是中华人民共和国住房和城乡建设部，批准部门是中华人民共和国住房和城乡建设部，其施行日期为 2008 年 12 月 1 日。

《计价规范》包括正文和附录两大部分，两者具有同等效力。正文共五章，包括总则、术语、工程量清单编制、工程量清单计价、工程量清单计价表格。附录包括：附录 A、附录 B、附录 C、附录 D、附录 E、附录 F 六大不同专业性质工程的工程量清单项目及计算规则。

1.4.1.1 总则

总则有 8 条，对规范的目的、依据、适用范围、基本原则等加以说明。

1. 为规范工程造价计价行为，统一建设工程工程量清单的编制和计价方法，根据《中华人民共和国建筑法》《中华人民共和国合同法》《中华人民共和国招标投标法》等法律法规，制定本规范。

2. 本规范适用于建设工程工程量清单计价活动。

3. 全部使用国有资金投资或国有资金投资为主（以下两者简称"国有资金投资"）的工程建设项目，必须采用工程量清单计价。

4. 非国有资金投资的工程建设项目，可采用工程量清单计价。

5. 工程量清单、招标控制价、投标报价、工程价款结算等工程造价文件的编制与核对应由具有资格的工程造价专业人员承担。

6. 建设工程工程量清单计价活动应遵循客观、公正、公平的原则。

7. 本规范附录 A、附录 B、附录 C、附录 D、附录 E、附录 F 应作为编制工程量清单的依据。

（1）附录 A 为建筑工程工程量清单项目及计算规则，适用于工业与民用建筑物和构筑物工程。

（2）附录 B 为装饰装修工程工程量清单项目及计算规则，适用于工业与民用建筑物和构筑物的装饰装修工程。

（3）附录 C 为安装工程工程量清单项目及计算规则，适用于工业与民用安装工程。

（4）附录 D 为市政工程工程量清单项目及计算规则，适用于城市市政建设工程。

（5）附录 E 为园林绿化工程工程量清单项目及计算规则，适用于园林绿化工程。

（6）附录 F 为矿山工程工程量清单项目及计算规则，适用于矿山工程。

8. 建设工程工程量清单计价活动，除应遵守本规范外，尚应符合国家现行有关标准的规定。

1.4.1.2　术语

术语有 23 条。对本规范特有的工程量清单、项目编码、项目特征、综合单价、竣工结算价等 23 个术语给予定义或含义。

1. 工程量清单

工程量清单是指建设工程的分部分项工程项目、措施项目、其他项目、规费项目和税金项目的名称和相应数量等的明细清单。

2. 项目编码

项目编码是指分部分项工程量清单项目名称的数字标识。

3. 项目特征

项目特征是指构成分部分项工程量清单项目、措施项目自身价值的本质特征。

4. 综合单价

综合单价是指完成一个规定计量单位的分部分项工程量清单项目或措施清单项目所需的人工费、材料费、施工机械使用费和企业管理费与利润，以及一定范围内的风险费用。

5. 措施项目（措施项目为非实体工程项目）

为完成工程项目施工，发生于该工程施工准备和施工过程中的技术、生活、安全、环境保护等方面的非工程实体项目。

6. 暂列金额

暂列金额是指招标人在工程量清单中暂定并包括在合同价款中的一笔款项。用于施工合同签订时尚未确定或者不可预见的所需材料、设备、服务的采购，施工中可能发生的工程变更、合同约定调整因素出现时的工程价款调整以及发生的索赔、现场签证确认等的费用。

7. 暂估价

暂估价是指招标人在工程量清单中提供的用于支付必然发生但暂时不能确定价格的材料的单价以及专业工程的金额。

8. 计日工

计日工是指在施工过程中，完成发包人提出的施工图纸以外的零星项目或工作，按合同中约定的综合单价计价。

9. 总承包服务费

总承包服务费是指总承包人为配合协调发包人进行的工程分包自行采购的设备、材料等进行管理、服务以及施工现场管理、竣工资料汇总整理等服务所需的费用。

10. 索赔

索赔是指在合同履行过程中，对于非己方的过错而应由对方承担责任的情况造成的损失，向对方提出补偿的要求。

11. 现场签证

现场签证是指发包人现场代表与承包人现场代表就施工过程中涉及的责任事件所作的签认证明。

12. 企业定额

企业定额是指施工企业根据本企业的施工技术和管理水平而编制的人工、材料和施工机械台班等的消耗标准。

13. 规费

规费是指根据省级政府或省级有关权力部门规定必须缴纳的，应计入建筑安装工程造价的费用。

14. 税金

税金是指国家税法规定的应计入建筑安装工程造价内的营业税、城市维护建设税及教育费附加等。

15. 发包人

发包人是指具有工程发包主体资格和支付工程价款能力的当事人以及取得该当事人资格的合法继承人。

16. 承包人

承包人是指被发包人接受的具有工程施工承包主体资格的当事人以及取得该当事人资格的合法继承人。

17. 造价工程师

造价工程师是指取得《造价工程师注册证书》，在一个单位注册从事建设工程造价活动的专业人员。

18. 造价员

造价员是指取得《全国建设工程造价员资格证书》，在一个单位注册从事建设工程造价活动的专业人员。

19. 工程造价咨询人

工程造价咨询人是指取得工程造价咨询资质等级证书，接受委托从事建设工程造价咨询活动的企业。

20. 招标控制价

招标控制价是指招标人根据国家或省级、行业建设主管部门颁发的有关计价依据和办法，按设计施工图纸计算的，对招标工程限定的最高工程造价。

21. 投标价

投标价是指投标人投标时报出的工程造价。

22. 合同价

合同价是指发、承包双方在施工合同中约定的工程造价。

23. 竣工结算价

竣工结算价是指发、承包双方依据国家有关法律、法规和标准规定，按照合同约定确定的最终工程造价。

1.4.1.3 工程量清单编制

工程量清单编制部分的内容共有 6 节 21 条，主要包括工程量清单的编制主体，主体责任，工程量清单的作用、组成、编制依据。

1. 编制主体

工程量清单应由具有编制能力的招标人或受其委托，具有相应资质的工程造价咨询人编制。

2. 主体责任

采用工程量清单方式招标，工程量清单必须作为招标文件的组成部分，其准确性和完整性由招标人负责。

3. 工程量清单的作用

工程量清单是工程量清单计价的基础，应作为标准招标控制价、投标报价、计算工程量、支付工程款、调整合同价款、办理竣工结算以及工程索赔等的依据之一。

4. 工程量清单的组成

工程量清单应由分部分项工程量清单、措施项目清单、其他项目清单组成。

5. 工程量清单的编制依据

（1）本规范。

（2）国家或省级、行业建设主管部门颁发的计价依据和办法。

（3）建设工程设计文件。

（4）与建设工程项目有关的标准、规范、技术资料。

（5）招标文件及其补充通知、答疑纪要。

（6）施工现场情况、工程特点及常规施工方案。

（7）其他相关资料。

1.4.1.4 工程量清单计价

工程量清单计价共有 9 节 72 条，是《计价规范》的主要内容，规定了工程量清单计价从招标控制价的编制、投标报价、合同价款约定、工程计量与价款支付、索赔与现场签证、工程价款调整到工程竣工结算办理及工程造价计价争议处理等全部内容。

项目 1 钢结构工程计量与计价基础知识认知

1. 工程量清单计价的组成

采用工程量清单计价，建设工程造价由分部分项工程费、措施项目费、其他项目费、规费和税金组成。

2. 分部分项工程量清单应采用综合单价计价

工程量清单计价的分部分项工程费，应采用综合单价计算。措施项目清单计价应根据拟建工程的施工组织设计，可以计算工程量的措施项目，应按分部分项工程量清单的方式采用综合单价计价；其余的措施项目可以"项"为单位的方式计价，应包括除规费、税金外的全部费用。措施项目清单中的安全文明施工费应按照国家或省级、行业建设主管部门的规定计价，不得作为竞争性费用。

3. 清单工程量确定

招标文件中的工程量清单标明的工程量是招标人根据拟建工程设计文件预计的工程量，不能作为承包人履行合同义务中应予以完成的实际和准确工程量，招标文件中工程量清单所列的工程量一方面是投标人投标报价的共同基础，另一方面也是对各投标人的投标报价进行评审的共同平台，是招投标活动应遵循公开、公平、公正和诚实、信用原则的具体体现。发、承包双方进行竣工结算的工程量应按发、承包双方认可的实际完成量确定，而非招标文件中工程量清单所列的工程量。

4. 措施项目清单计价

措施项目清单计价应根据拟建工程的施工组织设计，可以计算工程量的措施项目，应按分部分项工程量清单的方式采用综合单价计价；其余的措施项目可以"项"为单位的方式计价，应包括除规费、税金外的全部费用。措施项目清单中的安全文明施工费应按照国家或省级、行业建设主管部门的规定计价，不得作为竞争性费用。

5. 其他项目清单计价

（1）招标人部分的金额可按估算金额确定；投标人部分的总承包服务费应根据招标人提出要求所发生的费用确定，零星工作项目费应根据"零星工作项目计价表"确定；零星工作项目的综合单价应参照本规范规定的综合单价组成填写。

（2）招标人在工程量清单中提供了暂估价的材料和专业工程属于依法必须招标的，由承包人和招标人共同通过招标确定材料单价与专业工程分包价。若材料不属于依法必须招标的，经发、承包双方协商确认单价后计价。若专业工程不属于依法必须招标的，由发包人、总承包人与分包人按有关计价依据进行计价。

6. 规费和税金计价

规费和税金应按国家或省级、行业建设主管部门的规定计算，不得作为竞争性费用。

7. 工程风险的确定原则

采用工程量清单计价的工程，应在招标文件或合同中明确风险内容及其范围（幅度），不得采用无限风险、所有风险或类似语句规定风险内容及其范围（幅度）。

8. 招标控制价

招标控制价应根据招标文件中的工程量清单和有关要求、施工现场实际情况、合理的施工方法以及省、自治区、直辖市建设行政主管部门制定有关工程造价计价办法进行编制。国有资金投资的工程建设项目应实行工程量清单招标，并应编制招标控制价。招标控制价超过批准的概算时，招标人应将其报原概算审批部门审核。投标人的投标报价高于招标控制价的，其投标应予以拒绝。招标控制价应由具有编制能力的招标人，或受其委托具有相应资质的工程造价咨询人编制。

9. 投标价的确定

投标报价应根据招标文件中的工程量清单和有关要求、施工现场实际情况及拟定的施工方案或施工组织设计，依据企业定额和市场价格信息，或参照建设行政主管部门的社会平均消耗量定额进行编制。投标报价必须执行本规范强制性条文，投标价由投标人自主确定，但不得低于成本。

10. 工程合同价款的约定

对合同价款的约定是建设工程合同的主要内容，实行招标工程的合同约定以投标文件为准，实行工程量清单计价的工程，宜采用单价合同。从合同签订时起，就将其纳入工程计价规范的内容，保证工程价款结算依法进行。

11. 工程计量与价款支付

工程量的正确计量是发包人向承包人支付工程进度款的前提和依据。计量和付款周期可采用分段式或按月结算的方式。工程预付款的额度、支付时间、预付款在工程款中的抵扣以及违约责任都应在合同中约定。

12. 索赔与现场签证

索赔是合同双方依据合同约定维护自身合法权益的行为，它的性质属于经济补偿行为，而非惩罚。索赔的条件包括索赔理由、索赔的有效证据、合同约定的时间内提出。索赔必须按照程序办理，合同双方确认的索赔与现场签证的费用与工程进度款同期支付。

13. 工程价款调整

合同中综合单价因工程量变更需要调整时，除合同另有规定外，应按以下办法确定：

（1）工程量清单漏项或设计变更引起新工程量清单项目，其相应综合单价由承包人提出，经发包人确认后作为结算依据。

（2）由于工程量清单的工程数量有误或设计变更引起工程量增减，属于合同约定幅度以内的，应执行原有的合同综合单价；属于合同约定幅度以外的，其增加部分的工程量或减少后剩余部分的工程量的综合单价由承包人提出，经发包人确认后，作为结算的依据。

14. 竣工结算

工程完工后，工程竣工经发包单位验收合格后，发、承包双方应在合同约定时间内办理工程竣工结算。

15. 工程计价争议处理

在工程计价中，对工程造价计价依据、办法以及相关政策规定发生争议事项的，由工程造价管理机构负责解释。

1.4.1.5 工程量清单计价表格

用《计价规范》中对应的表格讲解。

1. 封面

（1）工程量清单见表1.7。

（2）招标控制价见表1.8。

（3）投标总价见表1.9。

（4）竣工结算总价见表1.10。

表 1.7 工程量清单

_____工程

工 程 量 清 单

工程造价

招 标 人：_____　　咨 询 人：_____

　　　　　（单位盖章）　　　　　　　　　　（单位资质专用章）

法定代表人　　　　　　　　　　法定代表人

或其授权人：_____　　或其授权人：_____

　　　　　（签字或盖章）　　　　　　　　　（签字或盖章）

编 制 人：_____　　复 核 人：_____

　　（造价人员签字盖专用章）　　　　（造价人员签字盖专用章）

编制时间：　年　月　日　　　　复核时间：　年　月　日

表 1.8 招 标 控 制 价

_____工程

招 标 控 制 价

招标控制价(小写)：_____

　　　　(大写)：_____

工程造价

招 标 人：_____　　咨 询 人：_____

　　　　　（单位盖章）　　　　　　　　　　（单位资质专用章）

法定代表人　　　　　　　　　　法定代表人

或其授权人：_____　　或其授权人：_____

　　　　　（签字或盖章）　　　　　　　　　（签字或盖章）

编 制 人：_____　　复 核 人：_____

　　（造价人员签字盖专用章）　　　　（造价人员签字盖专用章）

编制时间：　年　月　日　　　　复核时间：　年　月　日

表 1.9 投 标 总 价

投 标 总 价

招 标 人：_____

工 程 名 称：_____

投标总价(小写)：_____

　　　　(大写)：_____

投 标 人：_____

　　　　　　　　　　　　(单位盖章)

法定代表人
或其授权人：_____

　　　　　　　　　　　　(签字或盖章)

编 制 人：_____

　　　　　　　　　(造价人员签字盖专用章)

编 制 时 间： 年 月 日

表 1.10 竣 工 结 算 总 价

_____工程

竣 工 结 算 总 价

中标价（小写）：_____ （大写）：_____

结算价（小写）：_____ （大写）：_____

发 包 人：_____　承 包 人：_____　咨 询 人：_____
　　　(单位盖章)　　　　　　　　(单位盖章)　　　　　　　(单位资质专用章)

法定代表人　　　　　　　　法定代表人　　　　　　　　法定代表人
或其授权人：_____　或其授权人：_____　或其授权人：_____
　　　(签字或盖章)　　　　　　　(签字或盖章)　　　　　　(签字或盖章)

编 制 人：_____　核 对 人：_____
　　(造价人员签字盖专用章)　　　　　(造价工程师签字盖专用章)

编 制 时 间： 年 月 日　　核 对 时 间： 年 月 日

2. 总说明

总说明见表1.11。

表 1.11　　　　　　　　　　　　　　　　**总　说　明**

工程名称：　　　　　　　　　　　　　　　　　　　　　　　　　第　　页　共　　页

3. 汇总表

（1）工程项目招标控制价/投标报价汇总表见表1.12。

（2）单项工程招标控制价/投标报价汇总表见表1.13。

（3）单位工程招标控制价/投标报价汇总表见表1.14。

（4）工程项目竣工结算汇总表见表1.15。

（5）单项工程竣工结算汇总表见表1.16。

（6）单位工程竣工结算汇总表见表1.17。

表 1.12　　　　　　　　　　**工程项目招标控制价/投标报价汇总表**

工程名称：　　　　　　　　　　　　　　　　　　　　　　　　第　　页　共　　页

序号	单 项 工 程 名 称	金额（元）	其　中		
			暂估价（元）	安全文明施工（元）	规费（元）
	合计				

注　本表适用于工程项目招标控制价或投标报价汇总。

表 1.13   **单项工程招标控制价/投标报价汇总表**

工程名称：   第 页 共 页

序号	单项工程名称	金额（元）	其中		
			暂估价（元）	安全文明施工（元）	规费（元）
	合计				

注 本表适用于单项工程项目招标控制价或投标报价汇总。暂估价包括分部分项工程中的暂估价和专业工程暂估价。

表 1.14   **单位工程招标控制价/投标报价汇总表**

工程名称：   第 页 共 页

序号	汇总内容	金额（元）	其中：暂估价（元）
1	分部分项工程		
1.1			
1.2			
1.3			
1.4			
1.5			
2	措施项目		
2.1	安全文明施工费		
3	其他项目		
3.1	暂列金额		
3.2	专业工程暂估价		
3.3	计日工		
3.4	总承包服务费		
4	规费		
5	税金		
招标控制价合计＝1＋2＋3＋4＋5			

注 本表适用于单位工程招标控制价或投标报价的汇总，如无单位工程的划分，单项工程也使用本表的汇总。

表 1.15   **工程项目竣工结算汇总表**

工程名称：   第 页 共 页

序号	单项工程名称	金额（元）	其中	
			安全文明施工费（元）	规费（元）
	合计			

表 1.16 单项工程竣工结算汇总表

工程名称： 第 页 共 页

序号	单项工程名称	金 额（元）	其 中	
			安全文明施工费（元）	规费（元）
合计				

表 1.17 单位工程竣工结算汇总表

工程名称： 标段： 第 页 共 页

序 号	汇 总 内 容	金 额（元）
1	分部分项工程	
1.1		
1.2		
1.3		
2	措施项目	
2.1	安全文明施工费	
3	其他项目	
3.1	专业工程暂估价	
3.2	计日工	
3.3	总承包服务费	
3.4	索赔与现场签证	
4	规费	
5	税金	
竣工结算总价合计＝1＋2＋3＋4＋5		

注 如无单位工程的划分，单项工程也使用本表的汇总。

4. 分部分项工程量清单表

（1）分部分项工程量清单与计价表见表 1.18。

（2）工程量清单综合单价分析表见表 1.19。

5. 措施项目清单表

（1）措施项目清单与计价表（一）见表 1.20。

（2）措施项目清单与计价表（二）见表 1.21。

6. 其他项目清单表

（1）其他项目清单与计价汇总表见表 1.22。

（2）暂列金额明细表见表 1.23。

（3）材料暂估单价表见表 1.24。

（4）专业工程暂估价表见表 1.25。

（5）计日工表见表 1.26。

（6）总承包服务费计价表见表 1.27。

（7）索赔与现场签证计价汇总表见表 1.28。

（8）费用索赔申请（核准）表见表 1.29。

（9）现场签证表见表 1.30。

表 1.18　　　　　　　　　**分部分项工程量清单与计价表**

工程名称：　　　　　　　　　标段：　　　　　　　　　第　　页　共　　页

序号	项目编码	项目名称	项目特征描述	计量单位	工程量	金　额（元）		
						综合单价	合价	其中：暂估价

注　根据建设部、财政部发布的《建筑安装工程费用组成》（建标〔2003〕206 号）的规定，为计取规费等的使用，可在表中增设"直接费""人工费"或"人工费＋机械费"。

表 1.19　　　　　　　　　**工程量清单综合单价分析表**

工程名称：　　　　　　　　　标段：　　　　　　　　　第　　页　共　　页

项目编码		项目名称		计量单位	

清单综合单价组成明细

定额编号	定额名称	定额单位	数量	单　价（元）				合　价（元）			
				人工费	材料费	机械费	管理费和利润	人工费	材料费	机械费	管理费和利润
人工单价		小计									
元/工日		未计价材料费									
清单项目综合单价											

材料费明细	主要材料名称、规格、型号			单位	数量	单价（元）	合价（元）	暂估单价（元）	暂估合价（元）
	其他材料费					—		—	
	材料费小计					—		—	

注　1. 如不使用省级或行业建设主管部门发布的计价依据，可不填定额项目、编号等。

　　2. 招标文件提供了暂估单价的材料，按照暂估的单价填入表内"暂估单价"栏及"暂估合价"栏。

表 1. 20　　　　　　　　　　　措施项目清单与计价表（一）

工程名称：　　　　　　　　　　　标段：　　　　　　　　第　页　共　页

序　号	项　目　名　称	计算基础	费率（%）	金额（元）
1	安全文明施工费			
2	夜间施工费			
3	二次搬运费			
4	冬雨季施工			
5	大型机械设备进出场及安拆费			
6	施工排水			
7	施工降水			
8	地上、地下设施，建筑物的临时保护设施			
9	已完工程及设备保护			
10	各专业工程的措施项目			
11				
12				
合　　计				

注　1. 本表适用于以"项"计价的措施项目。

　　2. 根据建设部、财政部发布的《建筑安装工程费用组成》（建标〔2003〕206 号）的规定，"计算基础"可为"直接费""人工费"或"人工费＋机械费"。

表 1. 21　　　　　　　　　　　措施项目清单与计价表（二）

工程名称：　　　　　　　　　　　标段：　　　　　　　　第　页　共　页

序号	项目编码	项目名称	项目特征描述	计量单位	工程量	金　额（元）	
						综合单价	合价
本页小计							
合　计							

注　本表适用于以"项"计价的措施项目。

表 1.22   **其他项目清单与计价汇总表**

工程名称：   标段：   第 页 共 页

序 号	项目名称	计量单位	金额（元）	备注
1	暂列金额			明细详见表 1.20（1）
2	暂估价			
2.1	材料暂估价			明细详见表 1.20（20）
2.2	专业工程暂估价			明细详见表 1.20（30）
3	计日工			明细详见表 1.20（4）
4	总包服务费			明细详见表 1.20（5）
5				
合计				—

注 材料暂估单价进入清单项目综合单价，此处不汇总。

表 1.23   **暂 列 金 额 明 细 表**

工程名称：   标段：   第 页 共 页

序 号	项 目 名 称	计 量 单 位	暂列金额（元）	备 注
1				
2				
3				
4				
5				
6				
7				
8				
9				
10				
合计				—

注 此表由招标人填写，如不能详列，可只列暂定金额总额，投标人应将上述暂列金额计入投标总价中。

表 1.24   **材 料 暂 估 单 价 表**

工程名称：   标段：   第 页 共 页

序 号	材料名称、规格、型号	计 量 单 位	单 价 （元）	备 注

注 1. 此表由招标人填写，并在备注栏说明暂估价的材料拟用在哪些清单项目上，投标人应将上述材料暂估单价计入工程量清单综合单价报价中。

     2. 材料包括原材料、燃料、构配件以及按规定应计入建筑安装工程造价的设备。

表 1.25　　　　　　　　　专 业 工 程 暂 估 价 表

工程名称：　　　　　　　　　　标段：　　　　　　　　第　页　共　页

序　号	工 程 名 称	工 程 内 容	金 额（元）	备　注
合计				

注　此表由招标人填写，投标人应将上述专业工程暂估价计入投标总价中。

表 1.26　　　　　　　　　　计 日 工 表

工程名称：　　　　　　　　　　标段：　　　　　　　　第　页　共　页

编　　号	项目名称	单　位	暂定数量	综合单价（元）	合　价（元）
一	人工				
1					
2					
3					
人工小计					
二	材料				
1					
2					
3					
材料小计					
三	施工机械				
1					
2					
3					
施工机械小计					
合计					

注　此表项目名称、数量由招标人填写，编制招标控制价时，单价由招标人按有关计价规定确定；投标时，单价由投标人自主报价，计入投标总价中。

表 1.27　　　　　　　　　总 承 包 服 务 费 计 价 表

工程名称：　　　　　　　　　　标段：　　　　　　　　第　页　共　页

序　号	项 目 名 称	项目价值（元）	服务内容	费率（%）	金额（元）
1	发包人发包专业工程				
2	发包人供应材料				
合计					

表 1.28 　　　　　　　　　　　**索赔与现场签证计价汇总表**

工程名称：　　　　　　　　标段：　　　　　　　第　页　共　页

序 号	签证及索赔项目名称	计量单位	数量	单价（元）	合价（元）	索赔及签证依据
本页小计						
合计						

注　索赔及签证依据是指经双方认可的签证单和索赔依据的编号。

表 1.29 　　　　　　　　　　**费用索赔申请（核准）表**

工程名称：　　　　　　　　标段：　　　　　　　编号：

致：＿＿＿＿＿＿＿＿＿＿＿＿＿＿＿＿＿＿＿（发包人全称）

根据施工合同条款第＿＿＿＿＿条的约定，由于＿＿＿＿＿原因，我方要求索赔金额（大写）＿＿＿＿＿元，（小写）＿＿＿元，请予核准。

附：1. 费用索赔的详细理由和依据：

2. 索赔金额的计算：

3. 证明材料：

承包人（章）

承包人代表＿＿＿＿＿＿

日　　期＿＿＿＿＿＿

复核意见： 　　根据施工合同条款第＿＿＿＿＿条的约定，你方提出的费用索赔申请经复核： 　　□不同意此项索赔，具体意见见附件。 　　□同意此项索赔，索赔金额的计算，由造价工程师复核。 监理工程师＿＿＿＿＿＿ 日　　期＿＿＿＿＿＿	复核意见： 　　根据施工合同条款第＿＿＿＿＿条的约定，你方提出的费用索赔申请经复核，索赔金额为（大写）＿＿＿＿＿元，（小写）＿＿＿＿＿元。 造价工程师＿＿＿＿＿＿ 日　　期＿＿＿＿＿＿

审核意见：

□不同意此项索赔。

□同意此项索赔，与本期进度款同期支付。

发包人（章）

发包人代表＿＿＿＿＿＿

日　　期＿＿＿＿＿＿

注　1. 在选择栏中的"□"内作标识"√"。

　　2. 本表一式四份，由承包人填报，发包人、监理人、造价咨询人、承包人各存一份。

表 1.30　　　　　　　　　　　　　现 场 签 证 表

工程名称：　　　　　　　　　　　　　　标段：　　　　　　　　　第　页　共　页

施 工 部 位		日 期	

致：＿＿＿＿＿＿＿＿＿＿＿＿＿＿＿＿（发包人全称）

　　根据＿＿＿＿＿＿＿＿＿（指令人姓名）　年　月　日的口头指令或你方＿＿＿＿＿＿（指令人姓名）

（或监理人）＿＿年＿＿月＿＿日的书面通知，我方要求完成此项工作应支付价款金额为（大写）＿＿＿＿＿＿元，

（小写）＿＿＿＿＿＿元，请予核准。

附：1. 签证事由及原因：

　　2. 附图及计算式：

　　　　　　　　　　　　　　　　　　　　　　　　　承包人（章）

　　　　　　　　　　　　　　　　　　　　　　　　　承包人代表＿＿＿＿＿＿

　　　　　　　　　　　　　　　　　　　　　　　　　日　　　期＿＿＿＿＿＿

复核意见： 你方提出的此项签证申请经复核： □不同意此项签证，具体意见见附件。 □同意此项签证，签证金额的计算，由造价工程师复核。 　　　　　　　　监理工程师＿＿＿＿＿＿ 　　　　　　　　日　　　期＿＿＿＿＿＿	复核意见： □此项签证按承包人中标的计日工单价计算，金额为（大写）＿＿＿＿＿元，（小写）＿＿＿＿＿元。 □此项签证因无计日工单价，金额为（大写）＿＿＿＿元，（小写）＿＿＿＿元。 　　　　　　　　造价工程师＿＿＿＿＿＿ 　　　　　　　　日　　　期＿＿＿＿＿＿

审核意见：

□不同意此项签证。

□同意此项签证，价款与本期进度款同期支付。

发包人（章）

发包人代表＿＿＿＿＿＿

日　　　期＿＿＿＿＿＿

注　1. 在选择栏中的"□"内作标识"√"。

　　　2. 本表一式四份，由承包人填报，发包人、监理人、造价咨询人、承包人各存一份。

7. 规费、税金项目清单与计价表

规费、税金项目清单与计价表见表 1.31。

表 1.31　　　　　　　　　　　规费、税金项目清单与计价表

工程名称：　　　　　　　　　　　　　标段：　　　　　　　　　第　页　共　页

序　号	项目名称	计算基础	费率（%）	金额（元）
1	规费			
1.1	工程排污费			
1.2	社会保障费			
（1）	养老保险费			
（2）	失业保险费			
（3）	医疗保险费			
1.3	住房公积金			
1.4	危险作业意外伤害保险			
1.5	工程定额测定费			
2	税金	分部分项工程费＋措施项目费＋其他项目费＋规费		
合计				

注　根据建设部、财政部发布的《建筑安装工程费用组成》（建标［2003］206 号）的规定，"计算基础"可为"直接费""人工费"或"人工费＋机械费"。

8. 工程款支付申请（核准）表

工程款支付申请（核准）表见表 1.32。

表 1.32　　　　　　　　　**工程款支付申请（核准）表**

工程名称：　　　　　　　　　标段：　　　　　　　　　编号：

致：＿＿＿＿＿＿＿＿＿＿＿＿＿＿＿＿（发包人全称）

　　我方于＿＿＿＿＿至＿＿＿＿＿期间已完成了＿＿＿＿＿工作，根据施工合同的约定，现申请支付本期的工程款额为（大写）＿＿＿＿＿元，（小写）＿＿＿＿＿元，请予核准。

序　　号	名　　称	金　额（元）	备　注
1	累计已完成的工程价款		
2	累计已实际支付的工程价款		
3	本周期已完成的工程价款		
4	本周期完成的计日工金额		
5	本周期应增加和扣减的变更金额		
6	本周期应增加和扣减的索赔金额		
7	本周期应抵扣的预付款		
8	本周期应扣减的质保金		
9	本周期应增加或扣减的其他金额		
10	本周期实际应支付的工程价款		

承包人（章）

承包人代表＿＿＿＿＿＿

日　　期＿＿＿＿＿＿

复核意见：

□与实际施工情况不相符，修改意见见附件。

□与实际施工情况相符，具体金额由造价工程师复核。

监理工程师＿＿＿＿＿＿

日　　期＿＿＿＿＿＿

复核意见：

你方提出的支付申请经复核，本期间已完成工程款额为（大写）＿＿＿＿＿元，（小写）＿＿＿＿＿元。

造价工程师＿＿＿＿＿＿

日　　期＿＿＿＿＿＿

审核意见：

□不同意。

□同意，支付时间为本表签发后的 15 天内。

发包人（章）

发包人代表＿＿＿＿＿＿

日　　期＿＿＿＿＿＿

注　1. 在选择栏中的"□"内作标识"√"。

　　2. 本表一式四份，由承包人填报，发包人、监理人、造价咨询人、承包人各存一份。

1.4.2　工程量清单编制方法

　　工程量清单应由具有编制招标文件能力的招标人或受其委托具有相应资质的中介机构进行编制。工程量清单应作为招标文件的组成部分，由分部分项工程量清单、措施项目清单、其他项目清单组成。

1.4.2.1　工程量清单编制原则

1. 符合国家《计价规范》

项目分项类别、分项名称、清单分项编码、计量单位、分项项目特征和工作内容等，都必须符合《计价规范》的规定和要求。

2. 项目设置要遵循"五统一"原则

编制分部分项工程量清单应满足规定的要求。《计价规范》对工程量清单的编制作了明确的规定。工程量清单的项目设置要遵循"五统一"的原则，即

（1）项目编码要统一。项目编码是为工程造价信息全国共享而设的，因此要求全国统一。

（2）项目名称要统一。项目设置的原则之一是不能重复，一个项目只有一个编码，只有一个对应的综合单价。完全相同的项，只能汇总后列一个项目。

（3）项目特征要统一。项目特征是构成分部分项工程量清单项目、措施项目自身价值的本质特征。

（4）计量单位要统一。附录按照国际惯例，工程量的计量单位均采用基本单位计量，它与定额的计量单位不一样，编制清单或报价时一定要以本附录规定的计量单位计算。

（5）工程量计算规则要统一。工程量计算规则是对分部分项工程实物量的计算规定。招标人必须按该规则计算工程实物量，投标人也应按同一规则校核工程实物量。附录每一个清单项目都有一个相应的工程量计算规则，这个规则全国统一，与全国各省市现行定额中的计算规则不完全一样，即要求全国各省市工程量清单，均要按本附录的计算规则计算工程量。

3. 要满足建设工程施工招投标的要求，能够对工程造价进行合理的确定和有效的控制

4. 符合工程量实物分项与描述准确的原则

招标人向投标人所提供的清单，必须与设计的施工图纸相符合，能充分体现设计意图，充分反映施工现场的现实施工条件，为投标人能够合理报价创造有利条件。

1.4.2.2　分部分项工程量清单的编制

1. 项目编码

工程量清单项目编码共设 12 位阿拉伯数字，采用五级编码制。前四级规范统一到一至九位，为全国统一编码，编制分部分项工程量清单时应按《计价规范》附录中的相应编码设置，不得变动；第五级，即最后三位是具体的清单项目名称编码，由清单编制人员根据具体工程的清单项目特征自行编制，并应自工程 001 起顺序编制。

这样的 12 位数编码就能区分各种类型的项目，各级编码的含义如下。

第一级（第一、二位）为附录顺序码，表示规范规定了的五类工程，即工程类别。01 为建筑工程，见附录 A；02 为装饰装修工程，见附录 B；03 为安装工程，见附录 C；04 为市政工程，见附录 D；05 为园林绿化工程，见附录 E；06 为矿山工程，见附录 F。

第二级（第三、四位）为专业工程顺序码，表示各附录的章顺序。如：在建筑工程中，用 01、03、04 分别表示土（石）方工程、砌筑工程、混凝土及钢筋混凝土工程的顺序码，与前级代码结合表示则分别为 0101、0103、0104。

建筑工程共分八项专业工程，相当于八章，分别为土（石）方工程（编码 0101）、桩与地基基础工程（编码 0102）、砌筑工程（编码 0103）、混凝土及钢筋混凝土工程（编码 0104）、厂库房大门、特种门、木结构工程（编码 0105）、金属结构工程（编码 0106）、屋

面及防水工程（编码 0107）、防腐、隔热、保温工程（编码 0108）。

第三级（第五、六位）为分部工程顺序码，表示各章的节顺序。如：土（石）方工程中又分土方工程与石方工程两类工种工程，其代码分别为 01、02，加上前面代码则分别为 010101、010102。

第四级（第七、八、九位）为分项工程项目名称顺序码，表示清单项目编码。如：土方工程共有六个分项工程，代码为 001~006。其中，平整场地和挖土方两个项目的编码分别为 001、002，加上前面的代码则分别为 010101001、010101002。在建设部的造价信息库里，010101001 就是平整场地的相关信息，包括它的人工费、综合单价、消耗量等信息，可供全国查询。

第五级（第十、十一、十二位）为清单项目名称顺序码，表示具体清单项目编码。供清单编制人依据设计图纸根据项目特征来编码，又称识别码。例如，平整场地按土壤类别，弃土运距、取土运距等项目特征的不同，可逐项编码为 010101001001、010101001002……当同一标段（或合同段）的一份工程量清单中含有多个单位工程且工程量清单是以单位工程为编制对象时，应特别注意对项目编码十至十二位的设置不得有重号的规定。例如，一个标段（或合同段）的工程量清单中含有三个单位工程，每一单位工程中都有项目特征相同的实心砖墙砌体。在工程量清单中又需反映三个不同单位工程的实心砖墙砌体工程量时，则第一个单位工程的实心砖墙的项目编码应为 010302001001，第二个单位工程的实心砖墙的项目编码应为 010302001002，第三个单位工程的实心砖墙的项目编码应为 010302001003，并分别列出各单位工程实心砖墙的工程量。

项目编码结构如图 1.10 所示。

图 1.10　工程量清单编码示意图

2. 项目名称

分部分项工程量清单的项目名称应按《计价规范》附录的项目名称结合拟建工程的实际确定。《计价规范》附录表中的"项目名称"为分项工程项目名称，是形成分部分项工程量清单项目名称的基础，在编制分部分项工程量清单时可予以适当调整或细化，例如"墙面一般抹灰"这一分项工程在形成工程量清单项目名称时可以细化为"外墙面抹灰""内墙面抹灰"等。清单项目名称应表达详细、准确。《计价规范》中的分项工程项目名称如有缺陷，招标人可作补充，并报当地工程造价管理机构（省级）备案。

3. 项目特征

项目特征是对项目的准确描述，是确定一个清单项目综合单价不可缺少的重要依据，是区分清单项目的依据，是履行合同义务的基础。

分部分项工程量清单项目特征应按附录中规定的项目特征，结合拟建工程项目的实际予以描述，满足确定综合单价的需要。在进行项目特征描述时，可掌握以下要点：

（1）必须描述的内容。

1）涉及正确计量的内容：如门窗洞口尺寸或框外围尺寸。

2）涉及结构要求的内容：如混凝土构件的混凝土强度等级。

3）涉及材质要求的内容：如油漆的品种、管材的材质等。

4）涉及安装方式的内容：如管道工程中的钢管的连接方式。

（2）可不描述的内容。

1）对计量计价没有实质影响的内容：如对现浇混凝土柱的高度，断面大小等特征可以不描述。

2）应由投标人根据施工方案确定的内容：如对石方的预裂爆破的单孔深度及装药量的特征规定。

3）应由投标人根据当地材料和施工要求确定的内容：如对混凝土构件中的混凝土拌合料使用的石子种类及粒径、砂的种类的特征规定。

4）应由施工措施解决的内容：如对现浇混凝土板、梁的标高的特征规定。

（3）可不详细描述的内容。

1）无法准确描述的内容：如土壤类别，可考虑将土壤类别描述为综合，注明由投标人根据地勘资料自行确定土壤类别，决定报价。

2）施工图纸、标准图集标注明确的：对这些项目可描述为见××图集××页号及节点大样等。

3）清单编制人在项目特征描述中应注明由投标人自定的：如土方工程中的"取土运距""弃土运距"等。

对项目特征的准确描述还须把握实质意义。例如，《计价规范》在"实心砖墙"的"项目特征"及"工程内容"栏内均包含"勾缝"，但两者的性质完全不同。"项目特征"栏的勾缝体现的是实心砖墙的实体特征，是个名词，体现的是用什么材料勾缝。而"工程内容"栏内的勾缝表述的是操作工序或称操作行为，在此处是个动词，体现的是怎么做。因此，如果需要勾缝，就必须在项目特征中描述，而不能因工程内容中有而不描述，否则，将视为清单项目漏项，而可能在施工中引起索赔。

4．计量单位

计量单位应采用基本单位，除各专业另有特殊规定外均按以下单位计量：

（1）以重量计算的项目——吨或千克（t 或 kg）。

（2）以体积计算的项目——立方米（m³）。

（3）以面积计算的项目——平方米（m²）。

（4）以长度计算的项目——米（m）。

（5）以自然计量单位计算的项目——个、套、块、樘、组、台……

（6）没有具体数量的项目——宗、项……

各专业有特殊计量单位的，另外加以说明，当计量单位有两个或两个以上时，应根据所编工程量清单项目的特征要求，选择最适宜表现该项目特征并方便计量的单位。

分部分项工程量清单的计量单位的有效位数应遵守下列规定：①以"吨"为单位，应保留三位小数，第四位小数四舍五入；②以"立方米""平方米""米"、"千克"为单位，应保留两位小数，第三位小数四舍五入；③以"个"、"项"等为单位，应取整数。

5. 工程数量的计算

工程数量主要通过工程量计算规则计算得到。工程量计算规则是指对清单项目工程量的计算规定。除另有说明外，所有清单项目的工程量应以实体工程量为准，并以完成后的净值计算；投标人投标报价时，应在单价中考虑施工中的各种损耗和需要增加的工程量。

清单计价规范附录中给出了各类别工程的项目设置和工程量计算规则，包括建筑工程、装饰装修工程、安装工程、市政工程、园林绿化工程、矿山工程六个部分。

（1）附录 A 为建筑工程工程量清单项目及计算规则，建筑工程的实体项目包括土（石）方工程，桩与地基基础工程，砌筑工程，混凝土及钢筋混凝土工程，厂库房大门、特种门、木结构工程，金属结构工程，屋面及防水工程，防腐、隔热、保温工程。

（2）附录 B 为装饰装修工程工程量清单项目及计算规则，装饰装修工程的实体项目包括楼地面工程，墙、柱面工程，天棚工程，门窗工程，油漆、涂料、裱糊工程，其他工程。

（3）附录 C 为安装工程工程量清单项目及计算规则，安装工程的实体项目包括机械设备安装工程，电气设备安装工程，热力设备安装工程，炉窑砌筑工程，静置设备与工艺金属结构制作安装工程，工业管道工程，消防工程，给排水、采暖、燃气工程，通风空调工程，自动化控制仪表安装工程，通信设备及线路工程，建筑智能化系统设备安装工程，长距离输送管道工程。

（4）附录 D 为市政工程工程量清单项目及计算规则，市政工程的实体项目包括土石方工程，道路工程，桥涵护岸工程，隧道工程，市政管网工程，地铁工程，钢筋工程，拆除工程。

（5）附录 E 为园林绿化工程工程量清单项目及计算规则，园林绿化工程包括绿化工程，园路、园桥、假山工程，园林景观工程。

（6）附录 F 为矿山工程工程量清单项目及计算规则，矿山工程的实体项目包括露天工程和井巷工程。

6. 项目补充

编制工程量清单出现附录中未包括的项目，编制人应作补充，并报省级或行业工程造价管理机构备案，省级或行业工程造价管理机构应汇总报住房和城乡建设部标准定额研究所。补充项目的编码由附录的顺序码与 B 和三位阿拉伯数字组成，并应从 XB001 起顺序编码，不得重号。工程量清单中需附有补充项目的名称、项目特征、计量单位、工程量计算规则、工作内容。

【例 1.11】　某多层砖混房屋土方工程，土壤类别为三类土；基础为砖大放脚带形基础；垫层宽度为 1200mm；挖土深度为 1.60m，基础总长度为 35.60m。编制其工程量清单。

【解】　（1）清单工程量计算规则见表 1.33。

表 1.33　　　　　　　　　　A.1.1 土方工程（编码：010101）

项目编码	项目名称	项目特征	计量单位	工程量计算规则	工程内容
010101003	挖基础土方	（1）土壤类别； （2）基础类型； （3）垫层底宽、底面积； （4）挖土深度； （5）弃土运距	m³	按设计图示尺寸以基础垫层底面积乘以挖土深度计算	（1）排地表水； （2）土方开挖； （3）挡土板支拆； （4）截桩头； （5）基底钎探； （6）运输

（2）清单工程量计算。业主根据施工图、《计价规范》，计算挖基础土方清单工程量：

基础挖土截面积：$1.20m \times 1.60m = 1.92(m^2)$

基础总长度：35.60m

土方挖方总量：$1.92 \times 35.60 = 68.35(m^3)$

分部分项工程量清单见表 1.34。

表 1.34　　　　　　　　　　　　　　分部分项工程量清单

序　号	项目编码	项目名称	项　目　特　征	计量单位	工程数量
1	010101003001	挖基础土方	土壤类别：三类土 基础类型：砖大放脚 带形基础 垫层宽度：1200mm 挖土深度：1.60m	m^3	68.35

1.4.2.3　措施项目清单的编制

措施项目清单的编制应考虑多种因素，除工程本身的因素外，还涉及水文、气象、环境、安全等和施工企业的实际情况。为此，《计价规范》提供"通用措施项目一览表"（表 1.35），作为列项的参考。

表 1.35　　　　　　　　　　　　　通用措施项目一览表

序　号	项　目　名　称
1	安全文明施工（含环境保护、文明施工、安全施工、临时设施）
2	夜间施工
3	二次搬运
4	冬雨季施工
5	大型机械设备进出场及安拆
6	施工排水
7	施工降水
8	地上、地下设施，建筑物的临时保护设施

措施项目中可以计算工程量的项目清单宜采用分部分项工程量清单的方式编制，列出项目编码、项目名称、项目特征、计量单位和工程量计算规则；不能计算工程量的项目清单，以"项"为计量单位。措施项目清单为可调整清单，投标人要对拟建工程可能发生的措施项目和措施费用作通盘考虑，并可根据企业自身特点，对招标文件中所列的项目作适当的变更增减。清单一经报出，即被认为包括了所有应该发生的措施项目的全部费用。如果报出的清单中没有列项，且施工中又必须发生的项目，业主有权认为，其已经综合在分部分项工程量清单的综合单价中。

1.4.2.4　其他项目清单的编制

其他项目清单主要体现招标人提出的一些与拟建工程有关的特殊要求，这些特殊要求所需的金额计入报价中。

其他项目清单由暂列金额、暂估价（包括材料暂估单价和专业工程暂估价）、计日工、总承包服务费等内容。

1. 暂列金额

暂列金额由招标人填写，如不能详列，可只列暂定金额总额，投标人应将上述暂列金额计入投标总价中。

2. 暂估价

暂估价包括材料暂估单价、专业工程暂估价。

（1）材料暂估单价由招标人填写，并在备注栏说明暂估价的材料拟用在哪些清单项目上，投标人应将上述材料暂估单价计入工程量清单综合单价报价中。材料包括原材料、燃料、构配件以及按规定应计入建筑安装工程造价的设备。

（2）专业工程暂估价由招标人填写，投标人应将上述专业工程暂估价计入投标总价中。

3. 计日工

此表项目名称、数量由招标人填写，编制招标控制价时，单价由招标人按有关计价规定确定；投标时，单价由投标人自主报价，计入投标总价中。

4. 总承包服务费

总承包服务费包括为配合协调招标人进行的工程分包（国家允许范围内）和材料采购所需的费用，由投标人根据分包项目的实际情况按有关规定计取。

招标人填写的内容随招标文件发至投标人，其项目、数量、金额等投标人不得随意改动。

编制其他项目清单，出现规范未列项目时，清单编制人可做补充，补充项目应列在其他项目清单最后，并以"补"字在"序号"栏中表示。

1.4.3　工程量清单计价编制方法

1.4.3.1　计价工程量计算

1. 计价工程量的概念

计价工程量也称为报价工程量，是计算工程投标报价的重要数据。用于报价的实际工程量称为计价工程量。计价工程量是投标人根据拟建工程施工图、施工方案、清单工程量和所采用的定额及相对应的工程量计算规则计算的，用以确定综合单价的重要数据。

清单工程量作为统一各投标人工程报价的口径，是十分重要的，也是十分必要的。但是，投标人不能根据清单工程量直接进行报价。这是因为施工方案不同，其实际发生的工程量是不同的。例如，基础挖方是否要留工作面，留多少，不同的施工方法其实际发生的工程量是不同的；采用的定额不同，其综合单价的综合结果也是不同的。所以在投标报价时，各投标人必然要计算计价工程量。

2. 计价工程量计算方法

计价工程量是根据所采用的定额和相对应的工程量计算规则计算的，所以，承包商一旦确定采用何种定额时，就应完全按其定额所划分的项目内容和工程量计算规则计算工程量。

计价工程量的计算内容一般要多于清单工程量。因为计价工程量不但要计算每个清单项目的主项工程量，而且还要计算所包含的副项工程量。这就要根据清单项目的工程内容和定额项目的划分内容具体确定。例如，M5 水泥砂浆砌砖基础项目，不但要计算主项的砖基础项目，还要计算混凝土垫层的副项工程量。

1.4.3.2 综合单价的分析与确定

1. 综合单价的计算

分部分项工程清单项目综合单价是指给定的清单项目综合单价，即基本单位的清单项目所包括的各个分项工程内容的工程量乘以相应综合单价的小计。

$$分部分项工程量清单项目综合单价＝\sum（清单项目所含分项工程内容的综合单价$$
$$\times其工程量）/清单项目工程量 \qquad (1.61)$$
$$规定计量单位项目人工费＝\sum（人工消耗量\times人口单价） \qquad (1.62)$$
$$规定计量单位项目材料费＝\sum（材料消耗量\times材料单价） \qquad (1.63)$$
$$规定计量单位项目机械使用费＝\sum（机械台班消耗量\times机械台班单价） \qquad (1.64)$$

人工、材料、机械台班的消耗量，可按企业定额或"定额消耗量"并结合工程情况分析确定。

人工、材料、机械台班单价，可根据自行采集的市场价格或省、市工程造价管理机构发布的市场价格信息，并结合工程情况确定。

以《安徽省建设工程工程量清单计价依据》为例，人工费市场单价为 31 元/工日。企业管理费和利润，按确定的建筑工程消耗量定额综合单价中人工费、机械费为计算基数，即

$$企业管理费＝（人工费＋机械费）\times管理费费率 \qquad (1.65)$$
$$利润＝（人工费＋机械费）\times利润率 \qquad (1.66)$$

2. 综合单价的组合方法

由于《计价规范》与定额中的工程量计算规则、计价单位、项目内容不尽相同，所以综合单价的确定时，必须弄清以下问题。

清单项目的工程内容。用《计价规范》规定的内容与相应定额项目的内容作比较，看清单项目应该用哪几个定额项目来组合单价。

例："实心砖墙"清单项目，《计价规范》规定的工程内容是砂浆制作、运输、砌砖、勾缝、砖压顶砌筑、材料运输。定额包括的工程内容与《计价规范》规定的工程内容一致，实心砖墙清单项目直接套砌砖墙定额组价。例："现浇混凝土基础"清单项目，《计价规范》规定的工程内容是铺设垫层、混凝土制作、运输、浇筑、振捣、养护、地脚螺栓二次灌浆。定额分别列有垫层铺设、混凝土基础施工、地脚螺栓二次灌浆，所以"现浇混凝土基础"清单项目由垫层、基础、地脚螺栓二次灌浆预算基价项目复合组价。

《计价规范》的清单工程量与定额工程量计算是否相同。不同时要重新计算计价工程量。例："门窗"清单项目，《计价规范》规定的计量单位是"樘"，规定的计量单位是 m^2，两者工作内容相同，需重新计算工程量组价。再以建筑工程土石方工程中的基础土方工程量的计算为例，清单附录中规定了清单项目的计算规则："按设计图示尺寸以基础垫层底面积乘以挖土深度计算。"招标方就是按照这个计算规则进行清单项目的工程量计算，最终完成招标文件的编制。这个计算规则的优点是计算简便，使工程量的计算和项目编码变得简单而快捷，但这样计算出来的数据是一个虚数。因为在实际工作中，凡是构成大中型项目的基础土方工程，只要不采用基坑支护，一定要考虑工作面和放坡。清单报价时，实方单位体积可以根据现行定额进行计价，也有市场价格可参考。因此投标方在报价时还要进行二次计算，计算出实方体积的定额工程量。按照《建设工程工程量清单计价规范》的要求，招标人只要公布清单工程量，而定额层次的工程量由投标人自行报价计算。

综上所述,综合单价的组合方法有以下几种:直接套用定额组价、重新计算工程量组价、复合组价、重新计算工程量复合组价。

(1)直接套用定额组价。它指一个分项清单项目工程的单价仅由一个定额计价项目组合而成。这种组价方法较简单,定额包括的工程内容与《计价规范》规定的工程内容一致,在一个单位工程中大多数的分项清单工程可利用这种方法。

【例 1.12】 某建筑工程清单项目如下:010403001001 基础地圈梁 3.18m³。已知:梁底标高:—0.6m,梁截面:240×240,混凝土强度等级:C20,混凝土:现场搅拌:石子粒径:40mm。根据企业定额及市场行情确定各分项人工、材料、机械单价(表1.24),计算综合单价。其中管理费费率25%,利润率18%,不考虑风险因素。

根据安徽省消耗量定额及市场行情确定各分项人工、材料、机械单价,见表1.36。

表 1.36 现 浇 混 凝 土 柱

定 额 编 号		A4—13	A4—14	A4—15
定 额 名 称		矩形柱	圆形、多边形异形柱	构造柱
计 量 单 位		m³	m³	m³
其中	人工费(元)	63.67	65.84	75.73
	材料费(元)	183.60	183.55	183.56
	机械费(元)	7.77	7.77	7.77

【解】 根据题意,套用定额编号 A4—13,计算过程如下

企业管理费=(人工费+机械费)×25% =(63.67+7.77)×25%=17.86(元)

利润=(人工费+机械费)×18%=(63.67+7.77)×18%=12.86(元)

分部分项工程工程量清单综合单价计算表见表1.37。

表 1.37 分部分项工程工程量清单综合单价计算表

序号	定额编号	工程内容	单位	数量	人工费	材料费	机械费	管理费	利润	风险费	小计
1	A4—13	矩形柱	m³	3.18	63.67	183.60	7.77	17.86	12.86	0	285.76
		合计	元								285.76

注 ①工程名称:某建筑工程;②计量单位:m³;③项目编号:010403001001;④工程数量:3.18;⑤项目名称:基础地圈梁;⑥综合单价:285.76。

分部分项工程量清单项目综合单价=∑(清单项目所含分项工程内容的综合单价

×计价工程量)/清单项目工程量

=(285.76×3.18)/3.18

=285.76(元/m³)

其中 人工费=63.67 元/m³×3.18 m³/3.18=63.67(元)

材料费=183.60 元/m³×3.18m³/3.18=183.60(元)

机械费=7.77 元/m³×3.18m³/3.18=7.77(元)

管理费=17.86 元/m³×3.18m³/3.18=17.86(元)

利润=12.86 元/m³×3.18m³/3.18=12.86(元)

分部分项工程工程量清单综合单价分析表见表1.38。

表 1. 38 分部分项工程工程量清单综合单价分析表

序号	项目编码	项目名称	项目特征及工程内容	单位	综合单价组成（元）						
					人工费	材料费	机械费	管理费	利润	风险费	综合单价
1	010403001001	基础地圈梁	小计	m³	63.67	183.60	7.77	17.86	12.86		
			梁底标高：-0.6m 梁截面：240×240 混凝土强度等级：C20 混凝土：现场搅拌 石子粒径：40mm	m³	63.67	183.60	7.77	17.86	12.86		285.76

注 ①工程名称：某某建筑工程；②计量单位：m³；③项目编号：010403001001；④工程数量：3.18；⑤项目名称：基础地圈梁；⑥综合单价：285.76。

（2）重新计算工程量组价。重新计算工程量组价，是指工程量清单给出的分项工程项目的单位，与所用的定额的单位不同，或工程量计算规则不同，需要按定额的计算规则重新计算工程量来组价综合单价。重新计算工程量清单项目和定额子目的工程内容一样，只是工程量不同。

重新计算工程量组价主要按照所使用定额中的工程量计算规则计算工程量。

【例 1. 13】 清单项目如下：020406007001 塑钢窗，单层 10 樘，塑钢窗尺寸：1800mm×1800mm，根据《安徽省装饰工程消耗量定额综合单价》，计算综合单价。其中管理费费率 16%，利润率 7.5%，不考虑风险因素。

根据安徽省消耗量定额及市场行情确定各分项人工、材料、机械单价，见表 1. 39。

表 1. 39 定 额 摘 录

定 额 编 号		B4—20	B4—45	B4—55	B4—61
定额名称		铝合金推拉窗双扇带亮	塑钢窗 单层	实木门框	装饰板门扇制作装饰面层
计量单位		100m²	100m²	100m	100m²
其中	人工费（元）	3011.34	1736.00	310.00	1581.00
	材料费（元）	16106.73	23470.87	865.38	3699.34
	机械费（元）	151.96	58.84	0.00	0.00

【解】 根据题意，套用定额编号 B4—45，计算过程如下：

塑钢窗尺寸：1800mm×1800mm，计价工程量：$1.80×1.80×10=32.40(m²)$

企业管理费=（人工费+机械费）×16%=（1736.00+58.84）×16%=287.17（元）

利润=（人工费+机械费）×7.5%=（1736.00+58.84）×7.5%=134.61（元）

分部分项工程工程量清单综合单价计算表见表 1.40。

表 1. 40 分部分项工程工程量清单综合单价计算表

序号	定额编号	工程内容	单位	数量	人工费	材料费	机械费	管理费	利润	风险费	小计
1	B4—45	塑钢窗制作安装	100m²	0.324	1736.00	23470.87	58.84	287.17	134.61		25687.50
		合计	元								832.28

注 ①工程名称：某建筑工程；②计量单位：樘；③项目编号：020406007001；④工程数量：10；⑤项目名称：塑钢窗；⑥综合单价：832.28。

分部分项工程量清单项目综合单价＝∑（清单项目所含分项工程内容的综合单价

×计价工程量）/清单项目工程量

＝（25687.50×0.324）/10＝832.26（元/樘）

其中   人工费＝1736.00 元/樘×0.324 m²/10 樘＝56.25（元）

材料费＝23470.87 元/樘×0.324/10 樘＝760.46（元）

机械费＝58.84 元/樘×0.324/10 樘＝1.91（元）

管理费＝287.17 元/樘×0.324/10 樘＝9.30（元）

利润＝134.61 元/樘×0.324/10 樘＝4.36（元）

分部分项工程工程量清单综合单价分析表见表 1.41。

表 1.41   **分部分项工程工程量清单综合单价分析表**

序号	项目编码	项目名称	项目特征及工程内容	单位	人工费	材料费	机械费	管理费	利润	风险费	综合单价
					\multicolumn{7}{c}{综合单价组成（元）}
1	020406007001	塑钢窗	小计	樘	56.25	760.46	1.91	9.30	4.36		
			窗类型：单层窗尺寸：1800mm×1800mm	樘	56.25	760.46	1.91	9.30	4.36		832.28

注　①工程名称：某建筑工程；②计量单位：樘；③项目编号：020406007001；④工程数量：10；⑤项目名称：塑钢窗；⑥综合单价：832.28。

【例 1.14】 平整场地清单项目如下：010101001001 建筑物首层外墙外边线尺寸如图 1.11 所示。

（1）人工费市场单价为 31 元/工日，企业管理费费率为 19%，利润费率为 15%，不考虑风险因素。

（2）《安徽省建筑工程消耗量定额》见表 1.42。

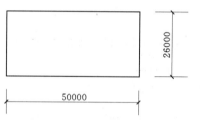

图 1.11　建筑物首层外墙外边线尺寸

表 1.42   **场地平整、回填土、打夯**   单位：m²

\multicolumn{2}{l}{定　额　编　号}	A1—26
\multicolumn{2}{l}{项目名称}	场地平整
名称	单位	消耗量
人工　综合工日	工日	0.032
机械　电动夯实机	台班	—

注　工作内容：场地平整厚度在 30cm 以内地挖、填、找平。

【解】 根据《计价规范》计算规则，平整场地按建筑物首层面积计算：

工程量＝50×26＝1300（m²）

根据预算定额计算规则为周边各加 2m 计算工程量：

工程量＝（50＋4）×（26＋4）＝1620（m²）

$$规定计量单位项目人工费 = \sum(人工消耗量 \times 人工单价)$$
$$= 0.032\ 工日 \times 31\ 元/工日 = 0.992(元)$$
$$规定计量单位项目材料费 = \sum(材料消耗量 \times 材料单价) = 0$$
$$规定计量单位项目机械使用费 = \sum(机械台班消耗量 \times 机械台班单价) = 0$$
$$企业管理费 = (人工费 + 机械费) \times 19\% = (0.992 + 0.00) \times 19\% = 0.19(元)$$
$$利润 = (人工费 + 机械费) \times 15\% = (0.992 + 0.00) \times 15\% = 0.15(元)$$

分部分项工程工程量清单综合单价计算表见表 1.43。

表 1.43　　　　　　　　　　　分部分项工程量清单综合单价计算表

序号	定额编号	工程内容	单位	数量	综合单价组成（元）					小计
					人工费	材料费	机械费	管理费	利润	
1	A1—26	30cm 以内地挖、填、找平	m²	1620	0.992	—	—	0.19	0.15	1.33
		合计								1.67

注　①工程名称：某建筑工程；②计量单位：m²；③项目编号：010101001001；④工程数量：1300；⑤项目名称：平整场地；⑥综合单价：1.67。

$$分部分项工程量清单项目综合单价 = \sum(清单项目所含分项工程内容的综合单价$$
$$\times 计价工程量)/清单项目工程量$$
$$= (1.33 \times 1620)/1300 = 1.67(元/m^2)$$

分部分项工程工程量清单综合单价分析表见表 1.44。

表 1.44　　　　　　　　　　　分部分项工程量清单综合单价分析表

序号	项目编码	项目名称	项目特征及工程内容	综合单价组成（元）					综合单价
				人工费	材料费	机械费	管理费	利润	
1	010101001001	场地平整	30cm 以内地挖、填找平	1.24	—	—	0.24	0.19	1.67

注　①工程名称：某建筑工程；②计量单位：m²；③项目编号：010101001001；④工程数量：1300；⑤项目名称：平整场地；⑥综合单价：1.67。

（3）复合组价。复合组价指工程量清单项目的单位、工程量计算规则与定额子目相同，但两者工程内容不同。这是因为清单项目原则上是按实体设置的，而实体是由多个单一项目综合而成，清单项目的工程内容是由主体项目和相关项目构成的，清单项目的名称是主体项目，主体项目和若干相关项目各为一个定额的子目，复合组价是对清单项目的各组成子目计算出合价并进行汇总后折算出该清单项目的综合单价。

【例 1.15】　清单项目如下：010702001001 屋面卷材防水及找平层 150.24m²，根据《安徽省建筑工程消耗量定额综合单价》，计算综合单价。其中管理费费率 19%，利润率 13%，不考虑风险因素。其清单项目工程内容包括：1：2 水泥砂浆 20mm 厚；SBS 改性沥青防水卷材、热熔法（满铺）、一层。

根据安徽省消耗量定额及市场行情确定各分项人工、材料、机械单价，见表 1.45。

表 1.45 **定 额 摘 录**

定 额 编 号		A7—27	B1—18
定额名称		SBS 改性沥青防水卷材热熔法（满铺）一层	1：2 水泥砂浆 20mm 厚
计量单位		m²	100m²
其中	人工费（元）	2.20	241.80
	材料费（元）	26.63	490.97
	机械费（元）	241.80	8.50

【解】 根据题意，套用定额编号 A7—27、B1—18，计算过程如下：

SBS 改性沥青防水卷材：管理费＝(2.20＋0)×19％＝0.42(元)

利润＝(2.20＋0)×13％＝0.29(元)

小计＝人工费＋材料费＋机械费＋管理费＋利润

＝2.20＋26.63＋0＋0.42＋0.29＝29.54(元)

1：2 水泥砂浆 20mm 厚：管理费＝(241.80＋8.50)×19％＝47.56(元)

利润＝(241.80＋8.50)×13％＝32.54(元)

小计＝人工费＋材料费＋机械费＋管理费＋利润

＝241.80＋490.97＋8.50＋47.56＋32.54＝821.37(元)

分部分项工程工程量清单综合单价计算表见表 1.46。

表 1.46 **分部分项工程工程量清单综合单价计算表**

序号	定额编号	工程内容	单位	数量	人工费	材料费	机械费	管理费	利润	风险费	小计
1	A7—27	SBS 改性沥青防水卷材热熔法（满铺）一层	m²	150.24	2.20	26.63		0.42	0.29		29.54
	B1—18	1：2 水泥砂浆 20mm 厚	100m²	1.50	241.80	490.97	8.50	47.56	32.54		821.37
		合计	元								37.74

注 ①工程名称：某建筑工程；②计量单位：m²；③项目编号：010702001001；④工程数量：150.24；⑤项目名称：屋面卷材防水及找平层；⑥综合单价：37.74。

分部分项工程量清单项目综合单价＝∑（清单项目所含分项工程内容的

综合单价×计价工程量）/清单项目工程量

＝(29.54×150.24＋821.37×1.50)/150.24

＝37.74(元/m²)

分部分项工程工程量清单综合单价分析表见表 1.47。

（4）重新计算工程量复合组价。重新计算工程量复合组价，是指工程量清单给出的分项工程项目的单位，与所用的定额子目的单位不同，或工程量计算规则不同，并且两者工程内容也不同。需要根据清单项目的工程内容确定由哪些定额子目组成，按定额的计算规则重新计算主体项目的计价工程量，各定额子目计价计算出合价并进行汇总后折算出该清单项目的综合单价。

表 1.47　　　　　　　　**分部分项工程工程量清单综合单价分析表**

序号	项目编码	项目名称	项目特征及工程内容	单位	综合单价组成（元）						
					人工费	材料费	机械费	管理费	利润	风险费	综合单价
1	010702001001	屋面卷材防水及找平层	小计	m²	4.61	31.53	0.08	0.90	0.62		37.74
			SBS改性沥青防水卷材热熔法（满铺）一层	m²	2.20	26.63			0.42	0.29	
			1:2 水泥砂浆 20mm 厚	100m²	2.41	4.90	0.08	0.48	0.33		

　　注　①工程名称：某建筑工程；②计量单位：m²；③项目编号：010702001001；④工程数量：150.24；⑤项目名称：屋面卷材防水及找平层；⑥综合单价：37.74。

重新计算工程量复合组价，主要是根据《计价规范》的工作内容和工程量清单文件计算主体项目的计价工程量、相关项目的工程量。

1.4.3.3　分部分项工程量清单计价

工程量清单计价的工程费用均采用综合单价法计算。

分部分项工程量清单计价合计费用计算公式：

综合单价＝规定计量单位的"人工费＋材料费＋机械使用费＋取费基数×（企业管理费费率＋利润率）＋风险费用"

分项清单合价＝综合单价×工程数量

分部清单合价＝∑分项清单合价

分部分项工程量清单计价合计费用＝∑分部清单合价

1.4.3.4　措施项目清单计价

1. 措施项目费概念

措施项目费是指不直接形成工程主体，而有助于工程实体形成的各项费用，包括发生于该工程施工前和施工过程中技术、生活、安全等方面的非工程实体项目费用。

施工措施费分为施工技术措施费和施工组织措施费。施工技术措施费按《安徽省建设工程工程量清单计价规范》和《安徽省建设工程消耗量定额》之规定确定。施工组织措施费按《安徽省建设工程清单计价费用定额》规定，结合工程实际情况确定。

工程量清单文件中列出了与本工程有关的各类施工措施项目名称，没有具体的工程量，是招标人根据一般情况提出的，没有考虑不同投标人的"个性"。编制工程标底时按照各专业预算基价和计价办法中的施工措施项目计价规定计算。投标报价时参照各专业预算基价和计价办法中的施工措施项目计价规定计算，也可根据投标人情况自主计算，报价必须附计算说明。

2. 措施项目清单计价方法

施工措施项目清单计价表中的序号、项目名称应按施工措施项目清单的相应内容填写。施工措施项目清单计价采用综合单价，即包括直接工程费（人、材、机）、管理费和利润，并考虑风险因素。《建设工程计价办法》中提供两种其计算方法，一种是按定额基价计价，另一种是按费率计价。

（1）按定额基价计价的方法。按定额基价计价时一般按下列顺序进行：

1）根据施工措施项目清单和拟建工程的施工组织设计，确定施工措施项目。

2）确定该施工措施项目所包含的工程内容。

3）以现行的建筑和装饰预算基价规定的工程量计算规则，分别计算该施工措施项目所含每项工程内容的工程量。

4）按预算基价的规定确定每项工程内容的人工、材料、机械的消耗量。

5）确定工日单价、材料价格、施工机械台班单价，计算每项工程内容人工费、材料费、施工机械使用费。

$$人工费＝工程量×分项工程每一计量单位的人工费$$

$$材料费＝工程量×分项工程每一计量单位的材料费$$

$$机械费＝工程量×分项工程每一计量单位的机械费$$

6）计算每项工程内容的管理费和利润。

安徽省按式（1.65）、式（1.66）计算。

7）计算每项工程内容的综合价格，汇总形成该项施工措施费的综合单价（施工措施项目以"项"为单位）。

$$综合价格＝人工费＋材料费＋机械费＋企业管理费＋利润$$

$$施工措施费的综合单价＝汇总每项工程内容的综合价格$$

用此种方法计价的施工措施费有：大型机械设备进出场及安拆措施费、混凝土和钢筋混凝土模板及支架措施费、脚手架措施费、施工排水和降水措施费、垂直运输费、超高工程附加费、混凝土泵送费、已完工程及设备保护措施费。

（2）按费率计价的方法。按费率计价的方法是指以直接费、材料费、人工费等为基数乘以相应的费率计算，此方法计算的施工措施费有：文明施工费、临时设施费、二次搬运措施费、总承包服务费、竣工验收存档资料编制费。

措施项目清单计价合计费用：施工技术措施费应按照综合单价法计算。施工组织措施费按照《安徽省建设工程清单计价费用定额》规定计算。

1.4.3.5 *其他项目清单计价*

其他项目清单应根据拟建工程的具体情况，分别参照预留金、材料购置费、总承包服务费、零星工作项目费等项目列项，其中，属招标人的预留金、材料购置费等应列出估算金额；"零星工作项目表"应根据省清单计价规范的要求，结合拟建工程的具体情况，详细列出可能发生的人工（分工种）、材料（分材质、规格）、机械分机型的名称、计量单位和相应数量，并随工程量清单发至投标人。

1. 计日工清单计价

计日工清单标底计价按如下规定计算：

（1）人工综合单价。安徽省人工单价按每工日 31 元，并参考编制期的造价信息发布的参考调整系数计算。

（2）材料综合单价。材料单价参考编制期的造价信息发布的市场价格计算。

（3）施工机械费综合单价。施工机械台班单价参考编制期的造价信息发布的指导价格计算。

2. 不可预见费

不可预见费以分部分项工程量清单计价和施工措施费清单计价的合计为基数乘以估算比例计算，结算比例按工程量清单中的规定执行。

其他项目清单计价合计费用：招标人部分的金额按招标人估算的金额确定；投标人部分的金额应根据招标人提出的要求及所发生的费用确定；零星工作项目费应根据"零星工作项目计价表"的要求，按照规范规定的综合单价的组成填写。

1.4.3.6　规费、税金

规费和税金按当地取费文件的要求计算。一般规费等于分部分项工程费、措施项目费、其他项目费三项费用之和乘以相应费率。税金等于分部分项工程费、措施项目费、其他项目费、规费四项费用之和乘以相应税率。

规费计算公式：规费＝［分部分项工程量清单计价合计费用＋措施项目清单计价合计费用＋其他项目清单计价合计费用］×规定费率或按照《安徽省建设工程清单计价费用定额》规定计算。

税金计算公式：

税金＝［分部分项工程量清单计价合计费用＋措施项目清单计价合计费用＋其他项目清单计价合计费用＋规费］×规定税率

工程量清单计价的工程费用＝分部分项工程量清单计价合计费用＋措施项目清单计价合计费用＋其他项目清单计价合计费用＋规费＋税金

学习情境 1.5　建筑面积计算规则

1.5.1　建筑面积的概念及作用

1. 建筑面积的概念

建筑面积（也称展开面积）是指建筑物各层面积的总和。

$$建筑面积＝使用面积＋辅助面积＋结构面积 \tag{1.67}$$

（1）使用面积是指建筑物各层为生产或生活使用的净面积总和，如办公室、卧室、客厅等。

（2）辅助面积是指建筑物各层为生产或生活起辅助作用的净面积总和，如电梯间、楼梯间等。

（3）结构面积是指各层平面布置中的墙体、柱等结构所占面积总和。其中

$$使用面积＋辅助面积＝有效面积 \tag{1.68}$$

2. 建筑面积的作用

（1）确定建设规模的重要指标。根据项目立项批准文件所核准的建筑面积，是初步设计的重要控制指标。按规定施工图的建筑面积不得超过初步设计的 5%，否则必须重新报批。

（2）确定各项技术经济指标的基础。建筑面积是确定每平方米建筑面积的造价和工程用量的基础性指标，即

$$工程单位面积造价＝\frac{工程造价}{建筑面积} \tag{1.69}$$

$$人工单位消耗指标 = \frac{工程总人工工日消耗量}{建筑面积} \tag{1.70}$$

$$材料单位消耗指标 = \frac{工程某种材料总消耗量}{建筑面积} \tag{1.71}$$

（3）计算有关分项工程量的依据。

（4）选择概算指标和编制概算的主要依据。

1.5.2 计算建筑面积的范围

根据中华人民共和国建设部公告第 326 号公告，建设部和国家质量监督检验检疫总局联合发布了《建筑工程建筑面积计算规范》（GB/T 50353—2005）对建筑面积计算的规定如下：

（1）单层建筑物的建筑面积，应按其外墙勒脚以上结构外围水平面积计算，如图 1.12 所示，并应符合下列规定。

《建筑工程建筑面积计算规范》（GB/T 50353—2005）规定建筑面积的计算是以勒脚以上外墙结构外边线计算的，勒脚是墙根部很矮的一部分墙体加厚，不能代表整个外墙结构，因此要扣除勒脚墙体加厚的部分。

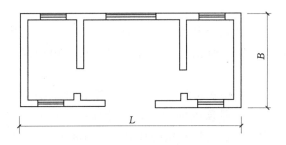

图 1.12　单层建筑物建筑面积示意图

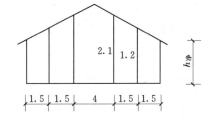

图 1.13　单层坡屋顶建筑示意图（单位：m）

1）单层建筑物高度在 2.20m 及以上者应计算全面积；高度不足 2.20m 者应计算 1/2 面积。

2）利用坡屋顶内空间时，顶板下表面至楼面的净高超过 2.10m 的部位应计算全面积；净高在 1.20～2.10m 的部位应计算 1/2 面积；净高不足 1.20m 的部位不应计算面积。

按高度分块计算（图 1.13）。

（2）单层建筑物内设有局部楼层者，局部楼层的二层及以上楼层，有围护结构的应按其围护结构外围水平面积计算，无围护结构的应按其结构底板水平面积计算。层高在 2.20m 及以上者应计算全面积；层高不足 2.20m 者应计算 1/2 面积，如图 1.14 所示。

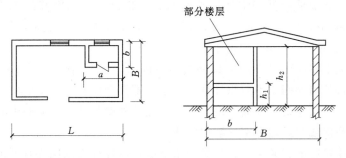

图 1.14　单层建筑物内设有局部楼层者建筑面积示意图

单层建筑物应按不同的高度确定其面积的计算。其高度指室内地面标高至屋面板板面结构标高之间的垂直距离。遇有以屋面板找坡的平屋顶单层建筑物，其高度指室内地面标高至屋面板最低处板面结构标高之间的垂直距离。

关于坡屋顶内空间如何计算建筑面积，我们参照了《住宅设计规范》（GB 50096—2011）的有关规定，将坡屋顶的建筑按不同净高确定其面积的计算。净高指楼面或地面至上部楼板底或吊顶底面之间的垂直距离。

（3）多层建筑物首层应按其外墙勒脚以上结构外围水平面积计算；二层及以上楼层应按其外墙结构外围水平面积计算。层高在2.20m及以上者应计算全面积；层高不足2.20m者应计算1/2面积。（如技术层）。

多层建筑物的建筑面积计算应按不同的层高分别计算。层高是指上下两层楼面结构标高之间的垂直距离。建筑物最底层的层高，有基础底板的按基础底板上表面结构至上层楼面的结构标高之间的垂直距离；没有基础底板指地面标高至上层楼面结构标高之间的垂直距离，最上一层的层高是其楼面结构标高至屋面板板面结构标高之间的垂直距离，遇有以屋面板找坡的屋面，层高指楼面结构标高至屋面板最低处板面结构标高之间的垂直距离。

（4）多层建筑坡屋顶内和场馆看台下，当设计加以利用时净高超过2.10m的部位应计算全面积；净高在1.20～2.10m的部位应计算1/2面积；当设计不利用或室内净高不足1.20m时不应计算面积。

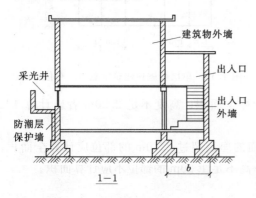

图1.15　地下室建筑面积示意图

多层建筑坡屋顶内和场馆看台下的空间应视为坡屋顶内的空间，设计加以利用时，应按其净高确定其面积的计算。设计不利用的空间，不应计算建筑面积。

（5）地下室、半地下室（车间、商店、车站、车库、仓库等），包括相应的有永久性顶盖的出入口，应按其外墙上口（不包括采光井、外墙防潮层及其保护墙）外边线所围水平面积计算。层高在2.20m及以上者应计算全面积；层高不足2.20m者应计算1/2面积，如图1.15所示。

地下室：房间地平面低于室外地平面的高度超过该房间净高的1/2者。

半地下室：房间地平面低于室外地平面的高度超过该房间净高的1/3者且不超过1/2者。如：房间净高3m，埋在地下1.1m，超过1/3，但不超过3m的一半，属于半地下室；房间净高3m，埋在地下1.7m，超过1/2，属于地下室。

地下室、半地下室应以其外墙上口外边线所围水平面积计算。原计算规则规定按地下室、半地下室上口外墙外围水平面积计算，文字上不甚严密，"上口外墙"容易理解为地下室、半地下室的上一层建筑的外墙。由于上一层建筑外墙与地下室墙的中心线不一定完全重叠，多数情况是凸出或凹进地下室外墙中心线。

（6）坡地的建筑物吊脚架空层、深基础架空层，设计加以利用并有围护结构的，层高在2.20m及以上的部位应计算全面积；层高不足2.20m的部位应计算1/2面积。设计加以利用、无围护结构的建筑吊脚架空层，应按其利用部位水平面积的 1/2 计算；设计不利用的深基础架空层、坡地吊脚架空层、多层建筑坡屋顶内、场馆看台下的空间不应计算面积，如图 1.16 所示。

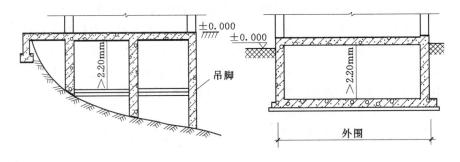

图 1.16　坡地吊脚架空层、深基础架空层示意图

（7）建筑物的门厅、大厅按一层计算建筑面积。门厅、大厅内设有回廊时，应按其结构底板水平面积计算。回廊层高在 2.20m 及以上者应计算全面积；层高不足 2.20m 者应计算 1/2 面积。如图 1.17 所示。

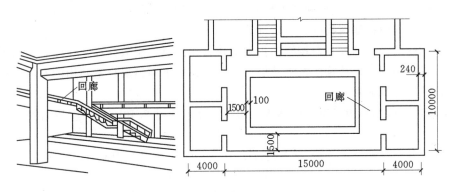

图 1.17　回廊示意图（单位：m）

（8）建筑物间有围护结构的架空走廊，应按其围护结构外围水平面积计算，层高在 2.20m 及以上者应计算全面积；层高不足 2.20m 者应计算 1/2 面积。有永久性顶盖无围护结构的应按其结构底板水平面积的 1/2 计算，如图 1.18 所示（如教学楼之间的走廊）。

（9）立体书库、立体仓库、立体车库，无结构层的应按一层计算，有结构层的应按其结构层面积分别计算。层高在 2.20m 及以上者应计算全面积；层高不足 2.20m 者应计算 1/2 面积。

图 1.18　架空走廊示意图

本条对原规定进行了修订，并增加了立体车库的面积计算。立体车库、立体仓库、立体书库不规定是否有围护结构，均按是否有结构层，应区分不同的层高确定建筑面积计算的范围，改变按书架层和货架层计算面积的规定。

（10）有围护结构的舞台灯光控制室，应按其围护结构外围水平面积计算。层高在

2.20m 及以上者应计算全面积；层高不足 2.20m 者应计算 1/2 面积。

(11) 建筑物外有围护结构的落地橱窗、门斗、挑廊、走廊、檐廊，应按其围护结构外围水平面积计算。层高在 2.20m 及以上者应计算全面积；层高不足 2.20m 者应计算 1/2 面积。有永久性顶盖无围护结构的应按其结构底板水平面积的 1/2 计算。

(12) 有永久性顶盖无围护结构的场馆看台应按其顶盖水平投影面积的 1/2 计算。

本条所称"场馆"实质上是指"场"（如足球场、网球场等），看台上有永久性顶盖部分。"馆"应有永久性顶盖和围护结构，应按单层或多层建筑相关规定计算面积。

(13) 建筑物顶部有围护结构的楼梯间、水箱间、电梯机房等，层高在 2.20m 及以上者应计算全面积；层高不足 2.20m 者应计算 1/2 面积。

如遇建筑物屋顶的楼梯间是坡屋顶，应按坡屋顶的相关条文计算面积。

(14) 设有围护结构不垂直于水平面而超出底板外沿的建筑物，应按其底板面的外围水平面积计算。层高在 2.20m 及以上者应计算全面积；层高不足 2.20m 者应计算 1/2 面积。

设有围护结构不垂直于水平面而超出底板外沿的建筑物是指向建筑物外倾斜的墙体，若遇有向建筑物内倾斜的墙体，应视为坡屋顶，应按坡屋顶有关条文计算面积。

(15) 建筑物内的室内楼梯间、电梯井、观光电梯井、提物井、管道井、通风排气竖井、垃圾道、附墙烟囱应按建筑物的自然层计算。

室内楼梯间的面积计算，应按楼梯依附的建筑物的自然层数计算并在建筑物面积内。遇跃层建筑，其共用的室内楼梯应按自然层计算面积；上下两错层户室共用的室内楼梯，应选上一层的自然层计算面积。

(16) 雨篷结构的外边线至外墙结构外边线的宽度超过 2.10m 者，应按雨篷结构板的水平投影面积的 1/2 计算。

雨篷均以其宽度超过 2.10m 或不超过 2.10m 衡量，超过 2.10m 者应按雨篷的结构板水平投影面积的 1/2 计算。有柱雨篷和无柱雨篷计算应一致。

(17) 有永久性顶盖的室外楼梯，应按建筑物自然层的水平投影面积的 1/2 计算。

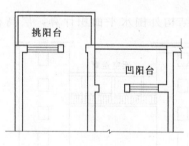

图 1.19　建筑物阳台示意图

室外楼梯，最上层楼梯无永久性顶盖，或不能完全遮盖楼梯的雨篷，上层楼梯不计算面积，上层楼梯可视为下层楼梯的永久性顶盖，下层楼梯应计算面积。

(18) 建筑物的阳台均应按其水平投影面积的 1/2 计算。

建筑物的阳台，不论是凹阳台、挑阳台、封闭阳台、不封闭阳台均按其水平投影面积的一半计算。如图 1.19 所示。

(19) 有永久性顶盖无围护结构的车棚、货棚、站台、加油站、收费站等，应按其顶盖水平投影面积的 1/2 计算。

车棚、货棚、站台、加油站、收费站等场所的面积计算。由于建筑技术的发展，出现许多新型结构，如柱不再是单纯的直立的柱，而出现正 V 形柱、倒 V 形柱等不同类型的柱，给面积计算带来许多争议，为此，我们不以柱来确定面积的计算，而依据顶盖的水平投影面积计算。在车棚、货棚、站台、加油站、收费站内设有有围护结构的管理室、休息室等，另按相关条款计算面积。

（20）高低联跨的建筑物，应以高跨结构外边线为界分别计算建筑面积；其高低跨内部连通时，其变形缝应计算在低跨面积内。如图 1.20 所示。

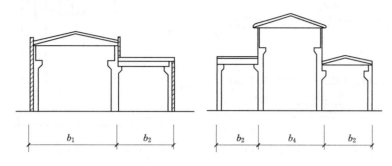

图 1.20　高低联跨的建筑物示意图

（21）以幕墙作为围护结构的建筑物，应按幕墙外边线计算建筑面积。

（22）建筑物外墙外侧有保温隔热层的，应按保温隔热层外边线计算建筑面积。

（23）建筑物内的变形缝，应按其自然层合并在建筑物面积内计算。

本规范所指建筑物内的变形缝是与建筑物相连通的变形缝，即暴露在建筑物内，在建筑物内可以看得见的变形缝。

1.5.3　不计算建筑面积的范围

根据中华人民共和国建设部公告第 326 号发布的《建筑工程建筑面积计算规范》（GB/T 50353—2005）规定，下列项目按照计量规则的规定不应计算面积。

（1）建筑物通道（骑楼、过街楼的底层），如图 1.21 所示。

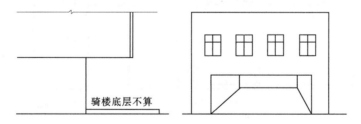

骑楼底层不算

图 1.21　建筑物通道示意图

（2）建筑物内的设备管道夹层。

（3）建筑物内分隔的单层房间，舞台及后台悬挂幕布、布景的天桥、挑台等。

（4）屋顶水箱、花架、凉棚、露台、露天游泳池。

（5）建筑物内的操作平台、上料平台、安装箱和罐体的平台。

（6）勒脚、附墙柱、垛、台阶、墙面抹灰、装饰面、镶贴块料面层、装饰性幕墙、空调室外机搁板（箱）、飘窗、构件、配件、宽度在 2.10m 及以内的雨篷以及与建筑物不相连的装饰性阳台、挑廊，如图 1.22 所示。

注意：突出墙外的勒脚、附墙柱垛、台阶、墙面抹灰、装饰面、镶贴块料面层、装饰性幕墙、空调室外机搁板（箱）、飘窗、构件、配件、宽度在 2.10m 及以内的雨篷以及与建筑物内不相连通的装饰性阳台、挑廊等均不属于建筑结构，不应计算建筑面积。

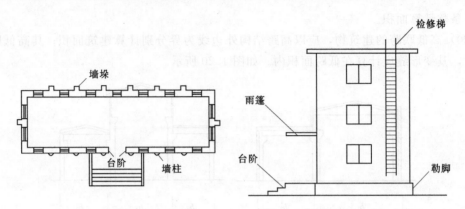

图 1.22 勒脚、附墙柱、垛、台阶、室外钢爬梯、雨篷示意图

（7）无永久性顶盖的架空走廊、室外楼梯和用于检修、消防等的室外钢楼梯、爬梯。

（8）自动扶梯、自动人行道。

注意：自动扶梯（斜步道滚梯），除两端固定在楼层板或梁之外，扶梯本身属于设备，为此扶梯不宜计算建筑面积。水平步道（滚梯）属于安装在楼板上的设备，不应单独计算建筑面积。

（9）独立烟囱、烟道、地沟、油（水）罐、气柜、水塔、储油（水）池、储仓、栈桥、下人防通道、地铁隧道。

1.5.4 建筑面积计算实例

【例 1.16】 如图 1.23 所示，计算该建筑物的建筑面积（墙厚为 240mm）。

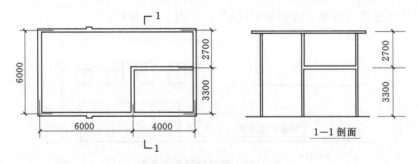

图 1.23 某建筑物示意图（单位：mm）

【解】 底层建筑面积＝(6.0＋4.0＋0.24)×(3.30＋2.70＋0.24)

    ＝10.24×6.24＝63.90(m²)

楼隔层建筑面积＝(4.0＋0.24)×(3.30＋0.24)

    ＝4.24×3.54＝15.01(m²)

【例 1.17】 计算如图 1.24 所示的建筑面积。

【解】 一层：10.14×3.84＋9.24×3.36＋10.74×5.04＋5.94×1.2＝113.24(m²)

二层：同一层 131.24m²

阳台：1/2×(3.36×1.5＋0.6×0.24)＝2.59(m²)

    建筑面积＝131.24＋131.24＋2.59＝265.07(m²)

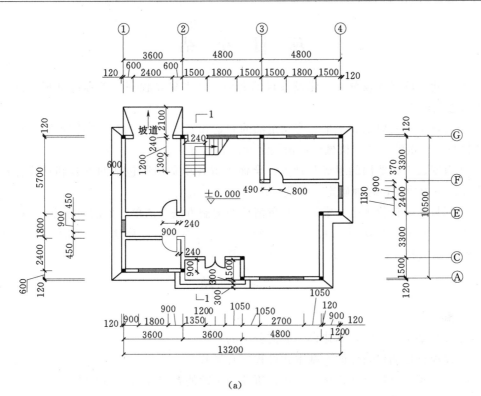

(a)

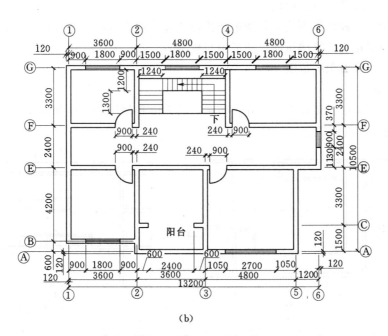

(b)

图 1.24　某建筑物一层、二层平面图（单位：mm）

(a) 一层平面图；(b) 二层平面图

（注：图中所示墙厚均为 240mm，轴线居中。）

项 目 小 结

1. 基本建设的概念及分类、建设项目的划分、基本建设程序、工程造价相关概念和工程计价概念及模式。

2. 消耗量定额的概念和水平、劳动定额的制定和表示方法、材料消耗量的理论计算法、周转性材料摊销量的概念、机械台班消耗定额的表示方法。

3. 建筑安装工程费用的组成与计算。全面了解各项费用所包括的内容和计算方法，才能正确计取各项费用，合理确定工程造价。

4. 工程量清单计价规范，掌握工程量清单的编制方法及清单计价的编制方法。

5. 建筑面积的计算规则。注意计算建筑面积的范围和不计算建筑面积的范围，几个界定计算建筑面积的数据：2.2m、2.1m、1.2m 等。

习　题

一、思考题

1. 什么是基本建设？基本建设是如何分类的？

2. 建设项目是如何划分的？基本建设程序有哪些？

3. 劳动定额、材料消耗定额、机械台班使用定额的各消耗指标如何确定？

4. 综合单价由哪几部分构成？

5. 分别介绍定额计价模式下和清单计价模式下的费用组成，并分析两者的区别与联系。

6. 简述多层建筑计算建筑面积的范围与规则。

7. 不计算建筑面积的范围。

二、计算题

1. 某三层实验综合楼设有大厅并带回廊，其平面和剖面示意图如图 1.25 所示，试计算其大厅和回廊的建筑面积。

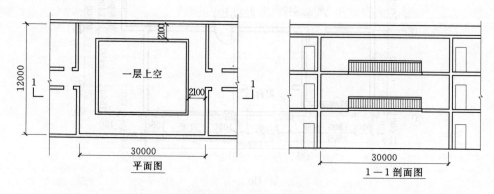

图 1.25　某实验楼大厅、回廊示意图（单位：mm）

2. 某建筑物为一栋七层框混结构房屋。首层为现浇钢筋混凝土框架结构，层高为 6.0m；2 至 7 层为砖混结构，层高均为 2.8m。利用深基础架空层作设备层，其层高为 2.2m，本层外围水平面积 774.19m² 。建筑设计外墙厚均为 240mm，外墙轴线尺寸（墙厚中线）为 15m×50m；第 1 层至第 5 层外围面积均为 765.66m²；第 6 层和第 7 层外墙的轴线尺寸为 6m×50m。第 1 层设有带柱雨篷，柱外边线至外墙结构边线为 4m，雨篷顶盖结构部分水平投影面积为 40m²。另在第 5 层至第 7 层有一带顶盖室外消防楼梯，其每层水平投影面积为 15m²。计算该建筑物的建筑面积。

3. 求如图 1.26 所示的某办公楼的建筑面积（墙厚均为 240mm）。

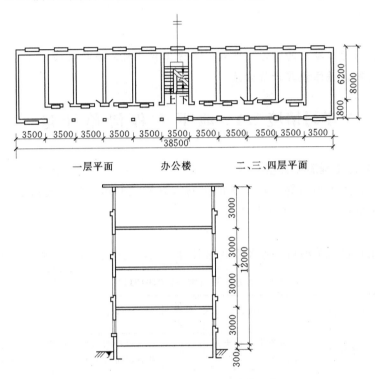

一层平面　　　办公楼　　　二、三、四层平面

图 1.26　某办公楼示意图（单位：mm）

项目 2 地下工程计量与计价

学习目标：通过本项目的学习，掌握土石方工程、桩与地基基础工程清单工程量与定额工程量的计算规则，并掌握其计价方法。

学习情境 2.1 地下工程清单计量

2.1.1 土（石）方工程清单计量

土石方工程适用于建筑物和构筑物的土石方开挖及回填工程，包括土方工程、石方工程、土（石）方回填三节 10 个清单项目。

2.1.1.1 土方工程

土方工程工程量清单项目设置及工程量计算规则，应按表 2.1 的规定执行。

表 2.1　　　　　　　　　　　**土方工程（编码：010101）**

项目编码	项目名称	项目特征	计量单位	工程量计算规则	工程内容
010101001	平整场地	土壤类别；弃土运距；取土运距	m²	按设计图示尺寸以建筑物首层面积计算	土方挖填；场地找平；运输
010101002	挖土方	土壤类别；挖土平均厚度；弃土运距	m³	按设计图示尺寸以体积计算	排地表水；土方开挖；挡土板支拆；截桩头；基底钎探；运输
010101003	挖基础土方	土壤类别；基础类型；垫层底宽、底面积；挖土深度；弃土运距		按设计图示尺寸以基础垫层底面积乘以挖土深度计算	
010101004	冻土开挖	冻土厚度；弃土运距		按设计图示尺寸开挖面积乘以厚度以体积计算	打眼、装药、爆破；开挖；清理；运输
010101005	挖淤泥、流沙	挖掘深度；弃淤泥、流沙距离		按设计图示位置、界限以体积计算	挖淤泥、流沙；弃淤泥、流沙
010101006	管沟土方	土壤类别；管外径；挖沟平均深度；弃土石运距；回填要求	m	按设计图示以管道中心线长度计算	排地表水；土方开挖；挡土板支拆；运输；回填

1. 平整场地（编码 010101001）

平整场地项目适用于建筑场地厚度在 ±30cm 以内的挖土、填土、运土以及找平。应注意：

（1）可能出现 ±30cm 以内的全部是挖方或全部是填方，需外运土方或借土回填时，在工程量清单项目中应描述弃土运距（或弃土地点）或取土运距（或取土地点），这部分的运输应包括在"平整场地"项目报价内。

（2）工程量"按建筑物首层面积计算"，如施工组织设计规定超面积平整场地时，超出部分应包括在报价内。

（3）计算公式：

$$S_{平整场地} = S_{建筑物首层面积} \qquad (2.1)$$

说明："建筑物首层面积"应按建筑物外墙外边线计算。落地阳台计算全面积，悬挑阳台不计算面积。地下室和半地下室的采光井等不计算建筑面积的部位也应计入平整场地的工程量。地上无建筑物的地下停车场按地下停车场外墙外边线外围面积计算，包括出入口、通风竖井和采光井。

2. 挖土方（编码 010101002）

挖土方项目适用于 ±30cm 以外的竖向布置挖土或山坡砌土，是指室外地坪标高以上的挖土，并包括指定范围内的土方运输。应注意：

（1）挖土平均厚度应按自然地面测量标高至设计地坪标高间的平均厚度确定。若地形起伏变化大，不能提供平均厚度，应提供方格网法或断面法施工的设计文件。

（2）设计标高以下的填土应按"土石方回填"项目编码列项。

（3）土方体积按挖掘前的天然密实体积计算。如需按天然密实体积折算时，应乘以表 2.2 中的折算系数计算。

表 2.2　　　　　　　　　　　　　土石方体积折算系数表

天然密实度体积	虚 方 体 积	夯 实 后 体 积	松 填 体 积
1.00	1.30	0.87	1.08
0.77	1.00	0.67	0.83
1.15	1.49	1.00	1.24
0.93	1.20	0.81	1.00

（4）计算公式：

$$V_{挖土方} = 挖土平均厚度 \times 挖土平面面积 \qquad (2.2)$$

3. 挖基础土方（编码 010101003）

挖基础土方项目适用于基础土方开挖（包括人工挖孔桩土方），是指设计室外地坪以下的土方开挖，并包括指定范围内的土方运输。应注意：

（1）挖基础土方包括带形基础、独立基础、满堂基础（包括地下室基础）及设备基础、人工挖孔桩等的挖方，并包括指定范围内的土方运输。带形基础应按不同底宽和深度分别编码列项，独立基础和满堂基础应按不同底面积和深度分别编码列项。

（2）根据清单计价规则，在编制工程量清单时，不考虑放坡和工作面。根据施工方案规定的放坡、操作工作面和由机械挖土进出施工工作面的坡道等增加的挖土量，其挖土增量及相应弃土增量的费用应包括在基础土方的报价内。

（3）指定范围内的土方运输是指由招标人指定的弃土地点或取土地点的运距。若招标文件规定由投标人确定弃土地点或取土地点时，此条件不必在工程量清单中描述，但其运输费用应包含在报价内。

（4）截桩头包括剔打混凝土、钢筋清理、调直弯钩及清运弃渣、桩头。

（5）深基础的支护结构：如钢板桩、H 钢桩、预制钢筋混凝土板桩、钻孔灌注混凝土排桩挡墙、预制钢筋混凝土排桩挡墙、人工挖孔灌注混凝土排桩挡墙、旋喷桩地下连续墙和基坑内的水平钢支撑、水平钢筋混凝土支撑、锚杆拉固、基坑外拉锚、排桩醚圈梁、H 钢桩之间的木挡土板以及施工降水等，应列入工程量清单措施项目费内。

（6）计算公式：

$$V_{挖基础土方} = 基础垫层长 \times 基础垫层宽 \times 挖土深度 \qquad (2.3)$$

当基础为带形基础时，外墙基础垫层长取外墙中心线长，内墙基础垫层长取内墙下垫层净长。挖土深度应按基础垫层底表面标高至交付施工场地标高的高度确定，无交付施工场地标高时，应按自然地面标高确定。

4. 冻土开挖（编码 010101004）

冻土开挖项目适用于土方开挖中的冻土部分开挖。冻土是指 0℃ 以下并含有冰的冻结土。冻土层位于冰冻线上面。

5. 挖淤泥、流沙（编码 010101005）

淤泥、流沙是指一种会造成边坡失稳降低地基承载能力，无法挖深的土质。

（1）淤泥是一种稀软状、不易成型、灰黑色、有臭味，含有半腐朽植物遗体（占 60% 以上）、置于水中有动植物残体渣滓浮出，并常有气泡由水中冒出的泥土。

（2）当土方开挖至地下水位时，有时坑底下面的土层会形成流动状态，随地下水涌入基坑，这种现象称为流沙。

6. 管沟土方（编码 010101006）

管沟土方项目适用于管沟土方开挖、回填。应注意：

（1）管沟土方工程量不论有无管沟设计均按长度计算。其开挖加宽的工作面、放坡和接口处加宽的工作面，均应包括在管沟土方的报价内。

（2）挖沟平均深度按以下规定计算：有管沟设计时，平均深度以沟垫层底表面标高至交付施工场地标高的高度计算；无管沟设计时，直埋管（无沟盖板，管道安装好后，直接回填土）深度应按管底外表面标高至交付施工场地标高的平均高度计算。

（3）计算管道沟槽回填时，当管径在 500mm 以下的不扣除管道所占的体积；当管径超过 500mm 时，按表 2.3 规定，按挖方体积扣除管道所占的体积计算。

表 2.3   管道扣除土方体积表   单位：m³/m

管 道 名 称	管 道 直 径（mm）					
	501～600	601～800	801～1000	1001～1200	1201～1400	1401～1600
钢管	0.21	0.44	0.71			
铸铁管	0.24	0.49	0.77			
钢筋混凝土管	0.33	0.60	0.92	1.15	1.35	1.55

2.1.1.2 石方工程

石方工程工程量清单项目设置及工程量计算规则应按表 2.4 的规定执行。

表 2.4　　　　　　　　　　　　　　石方工程（编码：010102）

项目编码	项目名称	项目特征	计量单位	工程量计算规则	工程内容
010102001	预裂爆破	岩石类别；单孔深度；单孔装药量；炸药品种、规格；雷管品种、规格	m	按设计图示以钻孔总长度计算	打眼、装药、放炮；处理渗水、积水；安全防护、警卫
010102002	石方开挖	岩石类别；开凿深度；弃渣运距；光面爆破要求；基底摊座要求；爆破石块直径要求	m³	按设计图示尺寸以体积计算	打眼、装药、放炮；处理渗水、积水；解小；岩石开凿；摊座；清理；运输；安全防护、警卫
010102003	管沟土方	岩石类别；管外径；开凿深度；弃渣运距；基底摊座要求；爆破石块直径	m³	按设计图示尺寸以管沟中心线长度计算	石方开凿、爆破；处理渗水、积水；解小；摊座；清理、运输、回填；安全防护、警卫

"石方开挖"项目适用于人工凿石、人工打眼爆破、机械打眼爆破等，并包括指定范围内的石方清理运输。应注意：

（1）设计规定需光面爆破的坡面、基底摊座，工程量清单中应进行描述。

（2）石方爆破的超挖工程量，应包括在报价内。

2.1.1.3　土石方回填

土石方回填工程量清单项目设置及工程量计算规则应按表2.5的规定执行。

表 2.5　　　　　　　　　　　　　　土石方运输与回填（编码：010103）

项目编码	项目名称	项目特征	计量单位	工程量计算规则	工程内容
010103001	土（石）方回填	土质要求；密实度要求；粒径要求；夯填（碾压）；松填；运输距离	m³	按设计图示尺寸以体积计算：场地回填：回填面积乘平均回填厚度；室内回填：主墙间面积乘回填厚度；基础回填：挖方体积减去设计室外地坪以下埋设的基础体积（包括基础垫层及其他构筑物）	装卸、运输；回填；分层碾压、夯实

"土石方回填"项目适用于场地回填、室内回填和基础回填，并包括指定范围内的运输以及借土回填的土方开挖。应注意：基础土方放坡等施工的增加量，应包括在报价内。

（1）场地回填。

$$V_{场地回填} = 回填面积 \times 平均回填厚度 \tag{2.4}$$

（2）室内回填。

$$V_{室内回填} = 主墙间净面积 \times 回填厚度 \tag{2.5}$$

式中：主墙是指结构厚度在120mm以上（不含120mm）的各类墙体。

主墙间净面积可按下式计算：

$$主墙间净面积＝底层建筑面积－内、外墙体所占水平平面的面积 \tag{2.6}$$

（3）基础回填。

$$V＝挖土体积－设计室外地坪以下埋设物的体积（包括基础垫层及其他构筑物） \tag{2.7}$$

2.1.1.4　土（石）方工程清单计量案例

【例 2.1】　某单位传达室基础平面图和剖面图如图 2.1 所示。根据地质勘探报告，土壤类别为三类，无地下水。该工程设计室外地坪标高为－0.300m，室内地坪标高为±0.000m，其他相关尺寸如图中所示，计量挖基础土方工程量及回填土工程量清单。

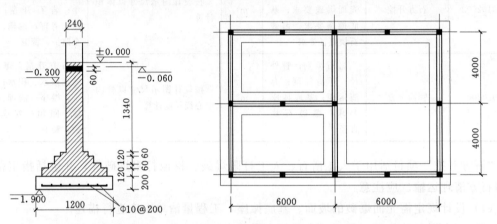

图 2.1　某单位传达室基础剖面及平面图（长度单位：mm；高程单位：m）

【解】　（1）清单工程量计算。

基槽长度：$(4+4+6+6)×2+(8-1.2)+(6-1.2)=51.6(m)$

基槽深度：$1.9-0.3=1.6(m)$

挖基础土方体积：$51.6×1.6×1.2=99.072(m^3)$

垫层体积：$51.6×1.6×0.2=12.384(m^3)$

砌筑工程体积：

高度：$1.34-0.3+0.36+0.525=1.925(m)$

长度：$(12+8)×2+(8-0.24)+(6-0.24)=53.52(m)$

体积：$1.925×53.52×0.24=24.726(m^3)$

回填土工程量：$99.072-12.384-24.726=61.926(m^3)$

（2）工程量清单编制（表 2.6）。

表 2.6　　　　　　　　　　　　　　分部分项工程量清单

序　号	项 目 编 码	项 目 名 称	计量单位	工程量
1	010101003001	挖基础土方 土壤类别：三类土；挖土深度：1.60m；弃土运距：20m	m^3	99.072
2	010103001001	基础土方回填土 土壤类别：三类土；弃土运距：20m	m^3	61.926

【例2.2】 某建筑物为三类工程，地下室基础剖面及平面图如图2.2所示，墙外做涂料防水层，施工组织设计确定用反铲挖掘机挖土，土壤类别为三类土，机械挖土坑内作业，土方外运1km，填土已堆放在距场地150m处，计算挖基础土方工程量及回填土方工程量清单。

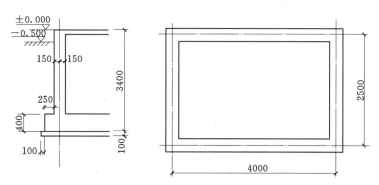

图2.2 某地下室基础剖面及平面图（高程单位：m；
尺寸单位：mm）

【解】 （1）清单工程量计算。

挖土深度：$3.50-0.5=3.00$(m)

垫层面积：$[4.0+(0.15+0.25+0.1)\times2]\times[2.5+(0.15+0.25+0.1)\times2]=17.5$（$m^2$）

挖基础土方体积：$3.0\times17.5=52.5$(m^3)

回填土挖土方体积：

垫层工程量：$5.0\times3.5\times0.1=1.75$($m^3$)

底板工程量：$4.8\times3.3\times0.4=6.336$($m^3$)

地下室所占空间工程量：$4.3\times2.8\times2.5=30.1$($m^3$)

回填土工程量：$52.5-1.75-6.336-30.1=14.314$($m^3$)

（2）工程量清单编制（表2.7）。

表2.7 分部分项工程量清单

序　号	项目编码	项　目　名　称	计量单位	工程量
1	010101003001	挖基础土方：土壤类别：三类土；挖土深度：3.00m；弃土运距：1km	m^3	52.5
2	010103001001	基础土方回填土：土壤类别：三类土；弃土运距：150m	m^3	13.314

【例2.3】 某接待室工程的基础剖面图及平面图如图2.3所示，土壤类别为三类土，无地下水，取土距离3km，弃土距离5km，设计室外地坪−0.300m，室内地面做法为：80mm厚混凝土垫层，400mm×400mm浅色地砖，20mm厚的水泥砂浆防水层。相关尺寸如图中所示，计算场地平整、人工挖土方及回填土工程量清单。

【解】 清单工程量计算表见表2.8。

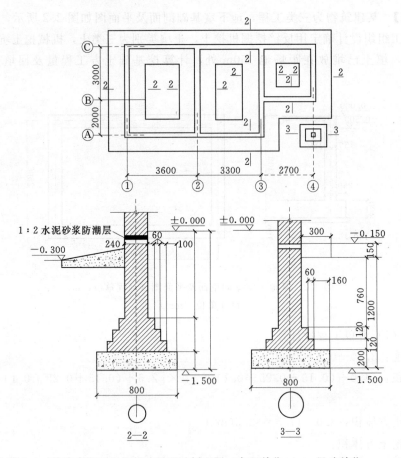

图 2.3 某接待室工程的基础平面及剖面图（高程单位：m；尺寸单位：mm）

表 2.8　　　　　　　　　清 单 工 程 量 计 算 表

序号	项目编码	项目名称	单位	工程数量	计　算　式
1	010101001001	平整场地	m²	51.56	$S=(5.0+0.24)\times(3.6+3.3+2.7+0.24)$ $=5.24\times9.84=51.56$
2	010101003001	挖基础 土方（墙基）	m³	34.18	基础垫层底面积=[(5.0+9.6)×2+(5.0-0.8) 　　+(3.0-0.8)]×0.8=28.48 基础土方工程量=28.48×1.20=34.18
3	010101003002	挖基础 土方（柱基）	m³	0.77	基础垫层底面积=0.8×0.8=0.64 基础土方工程量=0.64×1.20=0.77
4	010301001001	砖基础	m³	15.08	砖墙基础工程量=(29.2+0.5-0.24+3.0-0.24) 　　×[(1.5-0.2)×0.24 　　+0.007875×12]=13.10 砖柱基础工程量=[(0.24+0.0625×4) 　　×(0.24+0.0625×4)+(0.24 　　+0.0625×2)×(0.24+0.0625 　　×2)]×0.126×2+(1.5-0.2 　　-0.126×2)×0.24×0.24 　　=0.15 砖基础工程量=13.10+0.15=13.25

续表

序号	项目编码	项目名称	单位	工程数量	计 算 式
5	010103001001	土(石)方回填	m³	22.53	V = 挖方体积 − 室外地坪以下基础体积 = 34.18 + 0.77 − 13.25 + 36.72 × 0.24 × 0.3 + 0.3 × 0.24 × 0.24 = 24.36
6	010103001002	土(石)方回填	m³	8.11	V = 主墙间净面积 × 回填厚度 = (建筑面积 − 墙柱面积) × 回填厚度 = (51.56 − 36.72 × 0.24 − 0.24 × 0.24) × (0.3 − 0.08 − 0.02 − 0.01) = 8.11

2.1.2 桩与地基基础工程清单计量

桩与地基基础工程适用于地基与边坡的处理、加固,包括混凝土桩、其他桩和地基与边坡处理3节12个清单项目。

2.1.2.1 混凝土桩

混凝土桩的工程量清单项目设置及工程量计算规则应按表2.9的规定执行。

表2.9　　　　　　　　　　混凝土桩(编码:010201)

项目编码	项目名称	项 目 特 征	计量单位	工程量计算规则	工 程 内 容
010201001	预制钢筋混凝土桩	土壤级别;单桩长度、根数;桩截面;板桩面积;管桩填充材料种类;桩倾斜度;混凝土强度等级;防护材料种类	m/根	按设计图示尺寸以桩长(包括桩尖)或根数计算	桩制作、运输;打桩、试验桩、斜桩;送桩;管桩填充材料、刷防护材料;清理、运输
010201002	接桩	桩截面;接头长度;接桩材料	个/m	按设计图示规定以接头数量(板桩按接头长度)计算	桩制作、运输;接桩、材料运输
010201003	混凝土灌注桩	土壤级别;单桩长度、根数;桩截面;成孔方法;混凝土强度等级	m/根	按设计图示尺寸以桩长(包括桩尖)或根数计算	成孔、固壁;混凝土制作、运输、灌注、振捣、养护;泥浆及沟槽砌筑、拆除;泥浆制作、运输;清理、运输

(1)"预制钢筋混凝土桩"项目适用于预制混凝土方桩、管桩和板桩等。应注意:

1)试桩应按"预制钢筋混凝土桩"项目编码单独列项。

2)试桩与打桩之间间歇时间,机械在现场的停滞,应包括在打试桩报价内。

3)打钢筋混凝土预制板桩是指留添置原位(即不拔出)的板桩,板桩应在工程量清单中描述其单桩投影面积。

4)预制桩刷防护材料应包括在报价内。

(2)"接桩"项目适用于预制钢筋混凝土方桩、管桩和板桩的接桩。应注意:

1)方桩、管桩接桩按接头个数计算;板桩按接头长度计算。

2)接桩应在工程量清单中描述接头材料。

（3）"混凝土灌注桩"项目适用于人工挖孔灌注桩、钻孔灌注桩、爆扩灌注桩、打管灌注桩、振动管灌注桩等。应注意：

1）人工挖孔时采用的护壁（如砖砌护壁、预制钢筋混凝土护壁、现浇钢筋混凝土护壁、钢模周转护壁、竹笼护壁等），应包括在报价内。

2）钻孔固壁泥浆的搅拌运输，泥渔产沟槽的砌筑、拆除，应包括在报价内。

2.1.2.2 其他桩

其他桩工程量清单项目设置及工程量计算规则应按表 2.10 的规定执行。

表 2.10　　　　　其他桩（编码：010202）

项目编码	项目名称	项 目 特 征	计量单位	工程量计算规则	工程内容
010202001	砂石灌注桩	土壤级别；桩长；桩截面；成孔方法；砂石级配	m	按设计图示尺寸以桩长（包括桩尖）计算	成孔；砂石运输；填充；振实
010202002	灰土挤密桩	土壤级别；桩长；桩截面；成孔方法；灰土级配			成孔；灰土拌和、运输；填充；夯实
010202003	旋喷桩	桩长；桩截面；水泥强度等级			成孔；水泥浆制作、运输；水泥浆旋喷
010202004	喷粉桩	桩长；桩截面；粉体种类；水泥强度等级；石灰粉要求			成孔；粉体运输；喷粉固化

（1）"砂石灌注桩"适用于各种成孔方式（振动沉管、锤击沉管等）的砂石灌注桩。应注意：灌注桩的砂石级配、密实系数均应包括在报价内。

（2）"挤密桩"项目适用于各种成孔方式的灰土、石灰、水泥粉、煤灰、碎石等挤密桩。应注意：挤密桩的灰土级配、密实系数均应包括在报价内。

（3）"旋喷桩"项目适用于水泥浆旋喷桩。

（4）"喷粉桩"项目适用于水泥、生石灰粉等喷粉桩。

2.1.2.3 地基与边坡处理

地基与边坡处理工程量清单项目设置及工程量计算规则应按表 2.11 的规定执行。

表 2.11　　　　　地基与边坡处理（编码：010203）

项目编码	项目名称	项 目 特 征	计量单位	工程量计算规则	工程内容
010203001	地下连续墙	墙体厚度；成倍深度；混凝土强度等级	m³	按设计图示墙中心线长乘以厚度乘以槽深以体积计算	挖土成槽；余土运输；导墙制作、安装；锁口管吊拔；浇注混凝土连续墙；材料运输
010203002	振冲灌注碎石	振冲深度；成孔直径；碎石级配		按设计图示孔深乘以孔截面积以体积计算	成孔；碎石运输；灌注、振实

续表

项目编码	项目名称	项 目 特 征	计量单位	工程量计算规则	工程内容
010203003	地基强夯	夯击能量；夯击遍数；地耐力要求；夯填材料种类	m^2	按设计图示尺寸以面积计算	铺夯填材料；强夯；夯填材料运输
010203004	锚杆支护	锚孔直径；锚孔平均深度；锚固方法、浆液种类；支护厚度、材料种类；混凝土强度等；砂浆强度等级		按设计图示尺寸以支护面积计算	钻孔；浆液制作、运输、压浆；张拉锚固；混凝土制作、运输、喷射、养护；砂浆制作、运输、喷射、养护
010203005	土钉支护	支护厚度、材料种类；混凝土强度等级；砂浆强度等级		按设计图示尺寸以支护面积计算	钉土钉；挂网；混凝土制作、运输、喷射、养护；砂浆制作、运输、喷射、养护

（1）"地下连续墙"项目适用于各种导墙施工的复合型地下连续墙工程。

（2）"振冲灌注碎石"项目适用于振冲法成孔，灌注填料加以振密所形成的桩体。

（3）"地基强夯"项目适用于各种夯击能量的地基夯击工程。

（4）"锚杆支护"项目适用于岩石高削坡混凝土支护挡墙和风化岩石混凝土、砂浆护坡。应注意：

1）钻孔、布筋、锚杆安装、灌浆、张拉等搭设的脚手架，应列入措施项目费内。

2）锚杆土钉应按混凝土及钢筋混凝土相关项目编码列项。

（5）"土钉支护"项目适用于土层的锚固（注意事项同锚杆支护）。

注意：

1）本部分各项目适用于工程实体，如地下连续墙适用于建筑物、构筑物地下结构的永久性复合型地下连续墙（即复合型地下连续墙应列在分部分项工程量清单项目中）。作为深基础支护结构，应列入措施项目清单费内，在分部分项工程量清单中则不反映其项目。

2）锚杆、土钉支护项目中的钻孔、布筋、锚杆安装、灌浆、张拉等需要搭设的脚手架，应列入措施项目清单费内。

3）混凝土灌注桩的钢筋笼，地下连续墙、锚杆支护及土钉支护的钢筋网制作、安装，应按钢筋工程项目编码列项。

2.1.2.4 桩与地基基础工程清单编制案例

【例 2.4】某工程采用现场制作截面 400mm×400mm、长 12m 的预制钢筋混凝土方桩 280 根，设计桩长 24m（包括桩尖），采用轨道式柴油打桩机施工，土壤级别为一级土，采用包钢板焊接接桩，已知口桩顶标高为-4.1m，室外设计地面标高为-0.3m，编制该工程工程量清单。

【解】（1）清单工程量计算。

$$预制钢筋混凝土桩 L = 24 \times 280 = 6720(m)$$

$$接桩 N = 280 \times 1 = 280(个)$$

（2）工程量清单编制（表 2.12）。

表 2.12　　　　　　　　　　　　分部分项工程量清单

序　号	项目编码	项　目　名　称	计量单位	工程量
1	010201001001	打压预制混凝土桩 土壤类别：一级土；单桩长 24m，280 根；桩截面 400mm×400mm；混凝土强度 C30	m	6720
2	010201002001	接桩 桩截面 400mm×400mm 焊接接桩	个	280

【例 2.5】　某工程桩基础是钻孔灌注混凝土桩，如图 2.4 所示，C25 混凝土现场搅拌，一级土，土孔中混凝土充盈系数为 1.25，自然地面标高−0.45m，桩顶标高−3.0m，设计桩长 12.3m，桩进入岩层 1m，桩直径 600mm，共计 100 根，泥浆外运 5km，编制工程量清单。

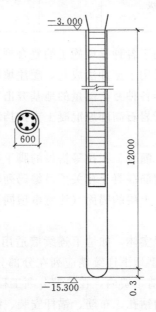

图 2.4　灌注桩剖面图（长度单位：mm；高程单位：m）

【解】　（1）清单工程量计算。设计桩长为 12.3m 工程量 $L=12.3\times100=1230$（m）
（2）工程量清单编制（表 2.13）。

表 2.13　　　　　　　　　　　　分部分项工程量清单

序　号	项目编码	项　目　名　称	计量单位	工程量
1	010201003001	混凝土灌注桩 土壤类别：一级土，进入岩层 1m；单桩长 12.3m，100 根；泥浆护壁成孔，泥浆外运 5km；桩直径 600mm；混凝土强度 C25	m	1230

学习情境 2.2 地 下 工 程 计 价

2.2.1 土（石）方工程计价

2.2.1.1 有关说明

（1）土壤及岩石类别的确定。

（2）对下水位标高及排（降）水方法。土壤及岩石类别的划分，依据工程地质勘察资料与"土壤及岩石分类表"对照后确定。

（3）土方、沟槽、基坑挖（填）起止标高，施工方法及运距。

（4）岩石开凿、爆破方法、石渣清运方法及运距。

（5）其他有关资料。

2.2.1.2 工程量计算一般规定

（1）土方体积，均以开挖前的天然密实体积为准计算，如遇有必须以天然密实体积折算时，可按表 2.14 折算。

表 2.14 土 方 体 积 折 算 表

虚 方 体 积	天然密实体积	夯实后体积	松 填 体 积
1.00	0.77	0.67	0.83
1.20	0.92	0.80	1.00
1.30	1.00	0.87	1.08
1.50	1.15	1.00	1.25

（2）挖土一律以设计室外地坪标高为准计算。如实际自然标高与设计地面标高不同，其工程量可以调整。

（3）按不同的土壤类别，挖土深度，干、湿土分别以体积计算。

（4）在同一槽、坑内或沟内，有干、湿土时，应分别计算，使用定额时，按槽、坑或沟的全深计算。

2.2.1.3 计价工程量计算规则

（1）平整场地。平整场地是指厚度在 ±300mm 以内的就地挖、填、找平，挖填土方厚度在 ±30cm 以外时，按场地土方平衡竖向布置图（挖土方工程量）计算。

平整场地工程量按建筑物首层外墙外边线每边各加 2m 所围成的面积，以 m^2 计算。

【例 2.6】 如图 2.5 所示，计算平整场地工程量。

【解】 工程量＝(15.24＋4)×(30.24＋4)＝658.78(m^2)

对于规则矩形及不规则的多边矩形图形的工程量，均可用下列公式计算：

$$S_{平整场地} = S_底 + 2L_外 + 16$$

式中 $S_{平整场地}$——场地平整工程量；

$\quad\quad S_底$——建筑物底层建筑面积；

$\quad\quad L_外$——建筑物外墙外边线；

$\quad\quad 16$——没有计算到的四个角的面积，即 2m×2m×4＝16m^2。图 2.6 所示的多边

矩形，其阴阳角面积抵消后的拐角总面积仍为 $16m^2$。

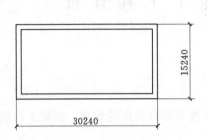

图 2.5　规则建筑物底层示意图
（单位：mm）

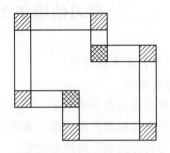

图 2.6　不规则建筑物
底层示意图

图 2.5 所示的多边矩形，也可以用通用公式计算平整场地工程量，即

$$S_{平整场地} = S_底 + 2L_外 + 16$$
$$= 15.24 \times 30.24 + (15.24 \times 2 + 30.24 \times 2) \times 2 + 16 = 658.78(m^2)$$

（2）沟槽、基坑、土方工程量。

1）沟槽、基坑划分：凡图示沟槽底宽在 3m 以内，且沟槽长大于槽底宽 3 倍以上的为沟槽；凡图示基坑地面积在 $20m^2$ 以内为基坑；凡图示沟槽底宽在 3m 以上，基坑地面积在 $20m^2$ 以上，平整场地挖土方厚度在 30cm 以上均按挖土方计算。

2）挖沟槽、基坑、土方需放坡时，按《施工组织设计》规定计算，《施工组织设计》无明确规定时，放坡系数按表 2.15 规定计算。

表 2.15　　　　　　　　　　　放 坡 系 数 表

土壤类别	放坡起点（m）	人工挖土	机 械 挖 土	
			坑内作业	坑上作业
一、二类土	1.20	1：0.5	1：0.33	1：0.75
三类土	1.50	1：0.33	1：0.25	1：0.67
四类土	2.00	1：0.25	1：0.10	1：0.33

注　1. 沟槽、基坑中，土壤类别不同时，分别按其放坡起点，放坡系数，依不同土壤厚度加权平均计算。
　　2. 计算放坡时，在交接处的重复工作量不予扣除，原槽、坑有基础垫层时，放坡自垫层上表面开始计算。

3）沟槽、基坑需支挡土板时，挡土板面积按槽、坑边实际支挡板面积计算。

4）基础施工所需工作面按表 2.16 规定计算。

5）计算方法主要包括以下几种。

a. 沟槽土方工程量。按沟槽长度乘以沟槽截面（m^2）计算。沟槽长度：外墙按图示基础中心线长度计算，内墙按图示基础宽度加工作面宽度之间净长度计算。沟槽宽：按图示宽度加基础施工所需工作面宽度计算，突出墙外的附墙烟囱、垛等挖土体积并入沟槽土方工程量内计算。

表 2.16　　基础施工所需工作面

基 础 材 料	每边各增加工作面宽度（mm）
砖基础	200
浆砌毛石、条石基础	150
混凝土基础垫层支模板	300
混凝土基础支模板	300
基础垂直面做防水层	800（防水层面）

由于挖沟槽的施工方法很多，其计算公式也不相同，主要有以下几种。

有工作面、不放坡（图 2.7）。

$$V=(B+2C)HL \tag{2.8}$$

由垫层下表面放坡（图 2.8）。

$$V=(B+2C+KH)HL \tag{2.9}$$

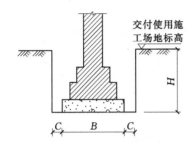

图 2.7 有工作面、不放坡

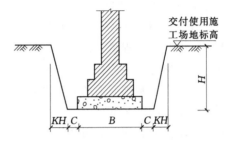

图 2.8 由垫层下表面放坡

由垫层上表面放坡（图 2.9）。

$$V=BH_1L+(B_1+2C+KH_2)H_2L \tag{2.10}$$

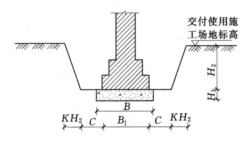

图 2.9 由垫层上表面放坡

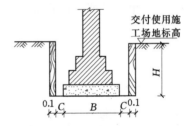

图 2.10 有工作面、支挡土板

有工作面、支挡土板（图 2.10）。

$$V=(B+2C+2\times0.1)HL \tag{2.11}$$

以上式中　V——沟槽的挖方体积，m^3；

　　　　　L——沟槽的长度，m；

　　　　　B——垫层底面宽度，m；

　　　　　B_1——基础底面宽度，m；

　　　　　H——挖土深度，m；

　　　　　H_1——垫层高，m；

　　　　　H_2——垫层上表面至交付使用施工场地标高之间高度，m；

　　　　　C——工作面宽度，m；

　　　　　K——放坡系数。

b. 基坑工程量按设计图示尺寸以 m^3 计算。其中，基坑深度按图示槽底面积至室外地坪深度计算。

由于挖基坑的施工方法很多，其计算公式也不相同，主要有以下几种：

有工作面、不放坡。

$$矩形基坑:V=(a+2C)(b+2C)H \tag{2.12}$$

有工作面、支挡土板。

$$矩形基坑:V=(a+2C+2\times0.1)(b+2C+2\times0.1)H \tag{2.13}$$

由垫层下表面放坡（图 2.11）。

$$矩形基坑:V=(a+2C+KH)(b+2C+KH)H+1/3K^2H^3 \tag{2.14}$$

由垫层上表面放坡矩形基坑：

$$V=abH_2+(a_2+2C+KH_1)(b_2+2C+KH_2)H_1+1/3K^2H_1^3 \tag{2.15}$$

以上式中　V——挖基坑工程量，m^3；

　a、b——分别为垫层的长和宽，m；

　a_2、b_2——分别为基础底面的长和宽，m；

　　H——挖土深度，m；

　　H_1——垫层上表面至交付使用施工场地标高之间高度，m；

　　H_2——垫层的高，m；

$1/3K^2H^3$——坑四角锥体的土方体积，m^3；

　　K——放坡系数；

　　C——工作面宽度；

　0.1——单面支挡土板的厚度，m。

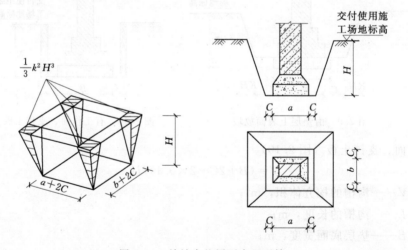

图 2.11　放坡自垫层下表面开始

对于放坡自垫层下表面开始的圆形基坑（图 2.12）计算方法如下：

$$圆形基坑:\qquad V=1/3\pi H(R_1^2+R_2^2+R_1R_2) \tag{2.16}$$

式中　V——挖基坑工程量，m^3；

　　H——挖土深度，m；

　　R_1——坑底半径，m；

　　R_2——坑上口半径，m。

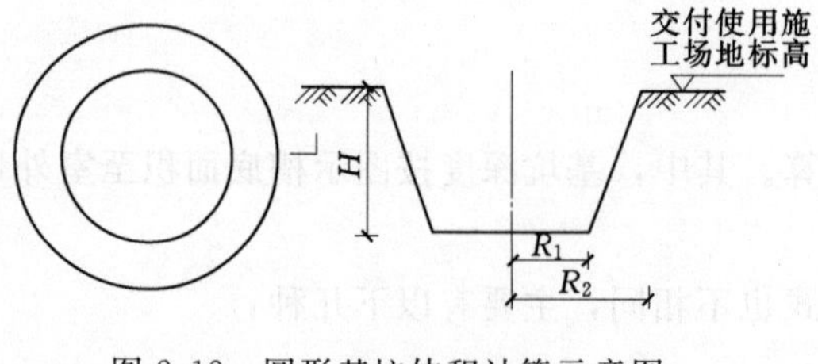

c. 挖土方。挖土方是指平整场地厚度在 ±300mm 以外、沟槽底宽在 3m 以上、坑底面积在 20m^2 以上的挖土工程。

图 2.12　圆形基坑体积计算示意图

其工程量按设计图示尺寸以 m³ 计算。具体计算方法同沟槽（基坑）的计算方法。

d. 管道沟槽长度按图示尺寸中心线长度计算，沟底宽度设计有规定的按设计规定计算；设计无规定的，按表 2.17 计算。

表 2.17　　　　　　　　　　　　管道地沟底宽度计算表　　　　　　　　　　单位：mm

管　　径	铸铁管、管道、石棉水泥管	混凝土、钢筋混凝土、预应力混凝土管	陶　土　管
50～70	600	800	700
100～200	700	900	800
250～350	800	1000	900
400～450	1000	1300	1100
500～600	1300	1500	1400
700～800	1600	1800	—
900～1000	1800	2000	—
1100～1200	2000	2300	—
1300～1400	2200	2600	—

注　按表 2.17 计算管道沟土方工程量时，各种井类及管道接口等处需加宽而增加的土方量不另行计算。地面积大于 20m² 的井类，其增加工程量并入管沟土方内计算。

（3）岩石开凿及爆破工程量，区分石质，按下列规定计算。

1）人工凿岩石按图示尺寸以 m³ 计算。

2）爆破岩石按图示尺寸以 m³ 计算，沟槽、基坑深、宽允许超挖：

次坚石：200mm；特坚石：150mm。超挖部分岩石并入相应工程量内。

（4）就地回填土区分夯填、松填（以 m³ 计算）。

1）沟槽、基坑回填土体积＝挖土体积－设计室外地坪以下埋设的基础体积（包括基础垫层、管道及其他构筑物）。

2）室内回填土体积按主墙间的净面积乘以回填土厚度计算。

3）管径在 500mm 以内的不扣除管道所占体积，管径在 500mm 以上时，按表 2.18 计算扣除管道所占体积。

表 2.18　　　　　　　　　　　　管道扣除土方体积表　　　　　　　　　　单位：m³/m

管道名称	管　道　直　径（mm）					
	500～600	601～800	801～1000	1001～1200	1201～1400	1401～1600
钢管	0.21	0.44	0.71	—	—	—
铸铁管	0.24	0.49	0.77	—	—	—
混凝土管	0.33	0.60	0.92	1.15	1.35	1.55

（5）余土外运、缺土内运工程量应按《施工组织设计》规定计算，《施工组织设计》无规定时按式（2.17）计算：

$$运土工程量＝挖土工程量－回填土工程量 \qquad (2.17)$$

计算结果正值为余土外运，负值为缺土内运。

（6）运土回填如运浮土，不能另计挖土人工，但遇到已近压实的浮土，可另加 I 、Ⅱ类挖土用工乘0.8系数（其工程量按实方计算，若为虚方按计算规则折算成实方），如挖自然土用作回填土时，可另列挖土子目，凡运土回填的均不重套就地回填子目。

2.2.1.4　计价案例分析

【**例2.7**】　如图2.13所示为某单位传达室基础剖面图和平面图。根据地质勘探报告，土壤类别为三类，无地下水。该工程设计室外地坪标高为一0.300m，室内地坪标高为±0.000m，其他相关尺寸如图中所示，对该工程进行计价工程量计算并进行计价分析。

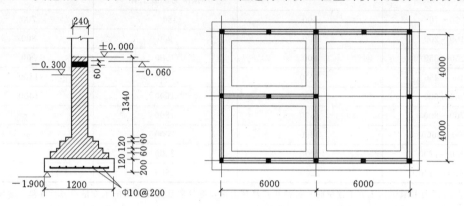

图2.13　基础剖面及平面图（高程单位：m；尺寸单位：mm）

【**解**】　（1）挖土深度：$h=1.90-0.30=1.60$（m）>1.50m，所以放坡开挖，放坡系数$K=0.33$。

（2）沟槽尺寸：工作面宽度为300mm，槽底宽度：$a=1.20+2\times0.30=1.80$（m）

沟槽上部宽度：$A=1.80+2\times0.33\times1.60=2.856$（m）

沟槽截面积：$S=(1.80+2.856)\times1.60/2=3.7248$（m²）

（3）沟槽长度：$L=(6.0+6.0+4.0+4.0)\times2+(6.0-1.80)+(4.0+4.0-1.80)=50.4$（m）

（4）土方体积：$V=SL=3.7248\times50.4=187.73$（m³）

（5）回填土体积：

1）垫层体积：$1.20\times0.20\times[40+(6.0-1.2)+(8.0-1.2)]=12.384$（m³）

2）室外地坪以下基础体积：

$0.24\times(1.34-0.3+0.36+0.525)\times[(12+8)\times2+(8-0.24+6-0.24)]=24.726$（m³）

3）回填土体积：$187.73-12.384-24.726=150.62$（m³）

（6）余土外运：人工运土，运距20m，工程量$=12.384+24.726=37.11$（m³）

定额计价表见表2.19。

表2.19　　　　　　　　　　**定额计价表**

序号	项目名称	定额编号	综合单价（元）	工程数量	合价（元）
1	人工挖沟槽，三类干土，深度1.60m	1—24	16.77	187.73	3148.23
2	人工回填沟槽，夯填	1—104	10.70	150.62	1611.63
3	人工单轮车运土，运距20m	1—92	6.25	37.11	231.94

工程量清单计价表见表2.20。

表 2.20　　　　　　　　　**工 程 量 清 单 计 价 表**

序号	项目编码	项 目 名 称	计量单位	工程数量	金　额（元）综合单价	合价
1	010101003001	挖基础土方：土壤类别：三类土；挖土深度：1.60m；弃土运距：20m	m³	99.072	29.08	2880.59
2	010103001001	基础土方回填：土壤类别：三类土；弃土运距：20m	m³	61.926	20.88	1292.88

【例2.8】　某建筑物为三类工程，地下室基本平面及剖面图如图2.14所示，墙外做涂料防水层，施工组织设计确定用反铲挖掘机挖土，土壤类别为三类土，机械挖土坑内作业，土方外运1km，填土已堆放在距场地150m处，对该工程进行计价工程量计算与计价分析。

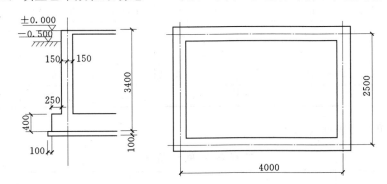

图 2.14　某地下室基础平面及剖面图（长度单位：mm；高程单位：m）

【解】　（1）挖土深度：$h=3.5-0.5=3.0$（m）

（2）坑底尺寸（加工作面，从墙防水层外表面至坑边）。

$$4.0+0.50×2+0.80×2=6.6（m）$$
$$2.5+0.50×2+0.80×2=5.1（m）$$

（3）坑顶尺寸（加放坡长度）。

$$6.6+3×0.25×2=8.1（m）$$
$$5.1+3×0.25×2=6.6（m）$$

（4）体积。

$$6.6×5.1+8.1×6.6+(8.1+6.6)×(5.1+6.6)×3.0/6=129.555（m^3）$$

其中，人工挖土方量：

坑底整平：$0.2×6.6×5.1=6.732（m^3）$

修边坡：$0.10×(8.1+6.6)×3.14/2=2.308（m^3）$

$$0.10×(5.1+6.6)×3.14/2=1.837（m^3）$$

小计：

人工挖土方：$10.877（m^3）$

机械挖土方：$129.555-10.877=118.678（m^3）$

（5）回填土。

垫层量：$0.10×5.0×3.5＝1.75(m^3)$

减底板：$0.40×0.48×3.3＝6.336(m^3)$

减地下室：$2.5×4.3×2.8＝30.1(m^3)$

回填土量：$129.555-1.75-6.336-30.1＝91.369(m^3)$

定额计价表见表 2.21。

表 2.21　　　　　　　　　定 额 计 价 表

序号	项 目 名 称	定额编号	计量单位	综合单价（元）	工程量	合价（元）
1	斗容量 1m³ 内反铲挖掘机挖土装车	1—202	1000m³	2657.21	0.119	9111.57
2	自卸汽车运土 1km（反铲挖掘机装车）	1—239 换	1000m³	7811.31	0.119	26784.982
3	人工修边坡，三类干土，深度 3.0m	1—3＋1—11	m³	29.58	10.877	7621.879
4	人工运土 20m	1—86	m³	7.23	10.877	1855.724
5	反铲挖掘机挖一类土装车	1—202 换	1000m³	2247.84	0.038	685.591
6	自卸汽车运土 1km，反铲挖掘机装车	1—239 换	1000m³	7811.31	0.038	2390.261
7	人工挖土方	1—1	m³	23.95	91.369	14629.834
8	双轮车运回填土 150m	1—92＋1—95×2	m³	8.61	91.369	5259.152
9	基坑回填土	1—104	m³	10.70	91.369	6536.084

工程量清单计价表见表 2.22。

表 2.22　　　　　　　　　工 程 量 清 单 计 价 表

序 号	项目编码	项 目 名 称	计量单位	工程数量	金　额（元）	
					综合单价	合价
1	010101003001	挖基础土方 1. 土壤类别：三类土； 2. 挖土深度：3.0m； 3. 弃土运距：1km	m³	52.5	15.15	795.38
2	010103001001	基础土方回填 1. 土壤类别：三类土； 2. 弃土运距：150m	m³	13.314	121.60	1618.98

2.2.2　桩与地基基础工程计价

2.2.2.1　计价工程量计算规则

1. 混凝土桩

（1）预制钢筋混凝土桩。

1）打（压）预制钢筋混凝土桩，按设计桩长（包括桩尖，不扣除虚体积）乘以桩截面面积，以 m³ 计算；管桩的空心体积应扣除，管桩的空心部分设计要求灌注混凝土或其他填充材料时，另行计算。

2）送桩：以送桩长度（自桩顶面至自然地坪另加 50cm）乘以桩截面面积，以 m³ 计算。

（2）方桩、管桩接桩：按接头数以"个"计算。

（3）灌注混凝土桩。

1）沉管灌注混凝土桩，按设计桩长（包括桩尖，不扣除虚体积）加 50cm，乘以标准管的外径截面面积，以 m³ 计算。

2）复打沉管灌注混凝土桩，按单打体积乘以复打次数，以 m³ 计算。

3）夯扩沉管灌注混凝土桩，按设计桩长（包括桩尖，不扣除虚体积）加 50cm 乘以标准管的外径截面面积，再加投料长度乘以标准管内径截面面积，以 m³ 计算。

4）长螺旋或旋挖法钻孔灌注混凝土桩，按设计桩长加 50cm 乘以螺旋外径或设计截面面积，以 m³ 计算。

5）钻孔灌注混凝土桩。①钻土孔与钻岩孔分别计算，钻土孔以地面至岩石表面之间深度乘以设计桩截面面积，以 m³ 计算；钻岩孔以入岩深度乘以设计桩截面面积，以 m³ 计算。②混凝土桩身，按设计桩长加 50cm 乘设计桩截面面积，以 m³ 计算；③泥浆运输工程量按钻孔体积，以 m³ 计算。

6）人工挖孔桩。①挖坑井土方和坑井石方分别计算。挖坑井土方按图示尺寸从井口顶面至岩石表面，以 m³ 计算；挖坑井石方按图示尺寸从岩石表面至桩底，以 m³ 计算；②护壁按图示尺寸以井口顶面至扩大头处（或桩底），以 m³ 计算；③桩身混凝土按图示尺寸从桩顶至桩底加 50cm，以 m³ 计算。

2.其他桩

（1）沉管灌注砂石（碎石、砂）桩，按设计桩长（不包括桩尖）加 15cm 乘标准管的外径截面面积，以 m³ 计算。

（2）灰土挤密桩，按设计桩长（不扣除桩尖虚体积）乘以钢管下端最大外径的截面面积，以 m³ 计算。

（3）高压旋喷桩，钻孔按自然地面至桩底的长度，以 m 计算；喷浆按设计桩长乘以桩的截面面积，以 m³ 计算。

（4）深层水泥搅拌加固地基的喷浆和喷粉，按设计桩长加 50cm 乘以桩的截面面积，以 m 计算；空搅工程量按地面至桩顶减 50cm 长度乘以桩截面面积，以 m³ 计算。

3.地基与边坡处理

（1）地下连续墙。

1）导墙开挖按设计长度乘开挖宽度及深度，以 m³ 计算；导墙浇注按图示尺寸，以 m³ 计算。

2）连续墙挖槽按设计深度加 50cm 乘以设计长度及墙厚，以 m³ 计算；泥浆外运量按成槽工程量，以 m³ 计算。

3）连续墙混凝土浇筑按设计深度加 50cm 乘以设计长度及墙厚，以 m³ 计算。

4）清底置换、接头管，按分段施工的槽壁单元以"段"计算。

（2）振冲碎石桩，按设计桩长加 25cm，乘以设计截面面积，以 m³ 计算。

（3）压密注浆钻孔按设计深度以 m 计算，注浆按下列规定，以 m³ 计算。

1）设计图示明确加固土体体积的，按图注体积计算。

2）设计图示以布点形式图示加固范围的，则以两孔间距作为扩散直径，乘以布点连线长度，加 1 个扩散直径，以 m³ 计算（如是闭合布点，则不需要增加扩散直径）。

3）设计图示注浆点在钻孔桩或挖孔桩之间，以两孔间距作为扩散直径，以圆柱体体积计算。

（4）地基强夯按设计图示强夯面积，区分夯击能量，夯击遍数以 m² 计算。

（5）锚杆支护，锚杆和土钉的钻孔注浆按设计图示和孔径以延长米计算。

（6）土钉支护。

1）土钉锚杆按设计图示以 t 计算。

2）喷射混凝土护坡按设计图示以 m² 计算。

（7）打（拔）钢板桩，按设计长度以"根"计算。

4．基础垫层

基础垫层按图示尺寸以 m³ 计算；外墙基础垫层长度按外墙中心线长度计算；内墙基础垫层长度按内墙基础垫层净长计算。

2.2.2.2 计价案例分析

【例 2.9】 某工程采用现场制作截面 400mm×400mm、长 12m 的预制钢筋混凝土方桩 280 根，设计桩长 24m（包括桩尖），采用轨道式柴油打桩机施工，土壤级别为一级土，采用包钢板焊接接桩，已知桩顶标高为 −4.1m，室外设计地面标高为 −0.3m，对该工程进行计价工程量计算与计价分析。

【解】 （1）一级土，桩长 12m，柴油打桩机打预制方桩：

$$V = 0.4 \times 0.4 \times 24 \times 280 = 1075.2 (\text{m}^3)$$

（2）柴油机送桩（桩长 12m，送桩深度 4m 以外）：

$$V = 0.4 \times 0.4 \times (4.1 - 0.3 + 0.5) \times 280 = 192.64 (\text{m}^3)$$

（3）预制桩包钢板焊接接桩：$N = 280 \times 1 = 280 (\text{个})$

定额计价表见表 2.23。

表 2.23　　　　　　定 额 计 价 表

序　号	项 目 名 称	定额编号	综合单价（元）	工程数量	合价（元）
1	打预制方桩，桩长 12m	2—1	166.58	1075.2	179106.8
2	方桩送桩，长度 4.3m	2—5	144.96	192.64	27952.1
3	焊接接桩，包角钢	2—25	364.92	280	102177.6

工程量清单计价表见表 2.24。

表 2.24　　　　　　工 程 量 清 单 计 价 表

序号	项目编码	项 目 名 称	计量单位	工程数量	金　额（元）综合单价	合价
1	010201001001	打预制钢筋混凝土桩 1. 土壤类别：一级土； 2. 单桩长 24m，280 根； 3. 桩截面 400mm×400mm； 4. 混凝土强度 C30	m	6720	30.81	207058.9
2	010201002001	接桩 1. 桩截面 400mm×400mm； 2. 焊接接桩	个	280	364.92	102177.6

【例2.10】 某工程桩基础是钻孔灌注混凝土桩，如图2.4所示，C25混凝土现场搅拌，一级土，土孔中混凝土充盈系数为1.25，自然地面标高−0.45m，桩顶标高−3.0m，设计桩长12.30m，桩进入岩层1m，桩直径600mm，共计100根，泥浆外运5km，对该工程进行计价工程量计算与计价分析。

【解】 （1）钻土孔：深度＝15.3−0.45−1.0＝13.85(m)

$$0.3×0.3×3.14×13.85×100＝391.4(m^3)$$

（2）钻岩孔：深度＝1.0m

$$0.3×0.3×3.14×1.0×100＝28.26(m^3)$$

（3）灌注混凝土桩（土孔）：桩长＝12.3＋0.6−1.0＝11.9(m)

$$0.3×0.3×3.14×11.9×100＝336.29(m^3)$$

（4）灌注混凝土桩（岩孔）：桩长＝1.0m

$$0.3×0.3×3.14×1.0×100＝28.26(m^3)$$

（5）泥浆外运＝钻孔体积＝391.4＋28.26＝419.66(m^3)

（6）砖砌泥浆池＝桩体积＝336.29＋28.26＝364.55(m^3)

（7）凿桩头：0.3×0.3×3.14×0.6×100＝16.96(m^3)

定额计价表见表2.25。

表2.25　　　　　　　　　　　　定 额 计 价 表

序号	项 目 名 称	定额编号	综合单价（元）	工程数量（m³）	合价（元）
1	钻土孔，一级土，孔径600mm	2—29	177.38	391.40	69426.53
2	钻岩孔，深度1m，直径600mm	2—32	749.58	28.26	21183.13
3	自拌混凝土灌注桩，土孔	2—35 换	307.13	336.29	103284.75
4	自拌混凝土灌注桩，岩孔	2—36 换	272.07	28.26	7688.70
5	泥浆外运5km	2—37	76.45	419.66	32083.01
6	灌注桩凿桩头	2—101	66.83	16.96	1133.44
7	泥浆池费用	—	1.00	465.55	364.55

工程量清单计价表见表2.26。

表2.26　　　　　　　　　　工 程 量 清 单 计 价 表

序号	项目编码	项 目 名 称	计量单位	工程数量	金 额（元）	
					综合单价	合价
1	010201003001	混凝土灌注桩 1. 土壤类别：一级土，入岩1m； 2. 单桩长12.3m，100根； 3. 泥浆护壁成孔，泥浆外运5km； 4. 桩直径600mm； 5. 混凝土强度C25	m	1230	191.19	235164.11

项 目 小 结

本项目主要讲述了一般工业与民用建筑工程中常见的土（石）方工程与桩基础工程清单计量规则，摘录了常见项目的清单项目列表，并结合本地区定额内容介绍了计价工程量计算规则及计价方法。通过案例的引导，分析了定额计价与清单计价的内在关系。

习　　题

一、思考题

1. 本地区定额的计算规则中是如何规定计算场地平整工程量的？

2. 本地区定额计算规则中关于地槽与地坑的区别是如何界定的？

二、计算题

1. 某建筑物基础平面及剖面图如图 2.15 所示。已知土壤类别为Ⅱ类土，土方运距 3km，混凝土条形基础下设 C10 素混凝土垫层。试计算挖基础土方，编制基础土方工程量清单。

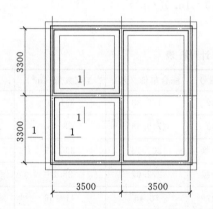
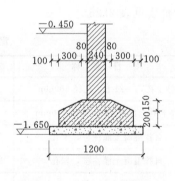

图 2.15　某建筑物基础平面图及剖面图
（高程单位：m；尺寸单位：mm）

2. 某建筑物平面图如图 2.16 所示。已知条形基础下设 C15 素混凝土垫层；混凝土垫层体积为 4.19m³，钢筋混凝土基础体积为 10.83m³，室外地坪以下的砖基础体积为 6.63m³；室内地面标高为 ±0.00m，地面厚 220mm。试计算土方回填清单工程量，编制基础土方回填工程量清单。

3. 某工程采用潜水钻机钻孔混凝土灌注桩，土壤级别为二级土，单根桩设计长度为 8.5m，总根数为 156 根，桩截面直径 800mm，混凝土等级 C30，泥浆运输 5km 以内，试计算钻孔混凝土灌注桩工程量并编制工程量清单。

4. 如图 2.17 所示，计算室内回填土工程量。

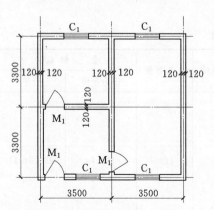

图 2.16　某建筑物平面图（单位：mm）

5. 某单位传达室基础平面图及基础详图如图 2.18

所示，土壤为三类土、干土，场内运土，计算人工挖地槽的计价工程量。

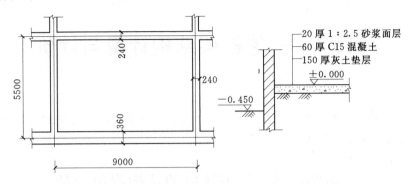

图 2.17　室内回填土示意图（高程单位：m；尺寸单位：mm）

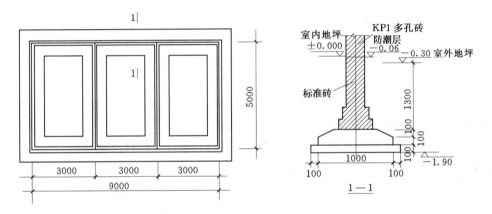

图 2.18　某单位传达室基础平面图及基础详图（高程单位：m；尺寸单位：mm）

项目 3　主体框架结构计量与计价

学习目标： 通过本项目的学习，掌握砌筑工程、混凝土及钢筋混凝土工程清单工程量计算规则，并掌握其清单计价方法。

学习情境 3.1　主体框架结构清单计量

3.1.1　砌筑工程清单计量

砌筑工程适用于建筑物、构筑物的砌筑工程，包括砖基础，砖砌体，砖构筑物，砌块砌体，石砌体，砖散水、地坪、地沟六节 25 个清单项目。

3.1.1.1　砖基础

砖基础项目适用于柱基础、墙基础、烟囱基础、水塔基础、管道基础等各种类型砖基础。包含砖基础（编码 010301001）1 个清单项目。

砖基础工程量清单项目设置及工程量计算规则应按表 3.1 的规定执行。

表 3.1　　　　　　　　　　　　　砖基础（编码：010301）

项目编码	项目名称	项目特征	计量单位	工程量计算规则	工程内容
010301001	砖基础	砖品种、规格、强度等级；基础类型；基础深度；砂浆强度等级	m³	按设计图示尺寸以体积计算。包括附墙垛基础宽出部分体积，扣除地梁（圈梁）、构造柱所占体积，不扣除基础大放脚T形接头处的重叠部分及嵌入基础内的钢筋、铁件、管道、基础砂浆防潮层和单个面积 0.3m² 以内的孔洞所占体积，靠墙暖气沟的挑檐不增加。 基础长度：外墙按中心线计算，内墙按净长线计算	砂浆制作、运输；砌砖；防潮层铺设；材料运输

1. 基础垫层

基础垫层包括在基础项目内。

2. 标准砖墙厚度

标准砖尺寸应为 240mm×115mm×53mm。标准砖墙厚度应按表 3.2 计算。

表 3.2　　　　　　　　　　　标 准 墙 计 算 厚 度 表

砖数（厚度）	1/4	1/2	3/4	1	$1\frac{1}{2}$	2	$2\frac{1}{2}$	3
计算厚度（mm）	53	115	180	240	365	490	615	740

3. 基础与墙身的划分

砖基础与砖墙（身）划分（表 3.3）应以设计室内地坪为界（有地下室的按地下室室内

设计地坪为界），以下为基础，以上为墙（柱）身。基础与墙身使用不同材料，位于设计室内地坪±300mm 以内时以不同材料为界，超过±300mm 时，应以设计室内地坪为界。砖围墙应以设计室外地坪为界，以下为基础，以上为墙身。

表 3.3　　　　　　　　　　　　　　　基 础 与 墙 身 划 分

砖	基础与墙身	基础与墙身使用同一种材料	以设计室内地坪为界（有地下室的以地下室室内设计地坪为界），以下为基础，以上为墙身
		基础与墙身使用不同材料	材料分界线位于设计室内地坪±300mm 以内时，以不同材料为界；超过±300mm 时，以设计室内地坪为界，以下为基础，以上为墙身
	基础与围墙		以设计室外地坪为界，以下为基础，以上为墙身
石	基础与勒脚		以设计室外地坪为界，以下为基础，以上为勒脚
	勒脚与墙身		以设计室内地坪为界，以下为勒脚，以上为墙身
	基础与围墙		围墙内外地坪标高不同时，应以较低地坪标高为界，以下为基础；围墙内外标高之差为挡土墙时，挡土墙以上为墙身

4. 大放脚

砖基础的基础墙与墙身同厚。大放脚是墙基下面的扩大部分，分等高和不等高两种。

等高放脚，每步放脚层数相等，高度为 126mm（两皮砖加两灰缝）；每步放脚宽度相等，为 62.5mm（一砖长加一灰缝的 1/4），如图 3.1 所示。

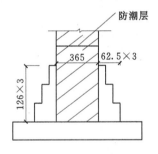

图 3.1　等高式大放脚基础
（单位：mm）

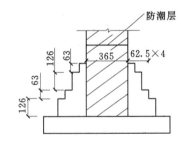

图 3.2　不等高式大放脚基础
（单位：mm）

不等高放脚，每步放脚高度不等，为 63mm 与 126mm 互相交替间隔放脚；每步放脚宽度相等，为 62.5mm。如图 3.2 所示。

5. 基础垫层

基础垫层是位于基础大放脚下面将建筑物荷载均匀地传给地基的找平层，它是基础的一部分。包括在各类基础项目内，垫层的材料种类、厚度、材料的强度等级配合比，应在工程量清单中进行描述。

垫层多用素土、灰土、碎砖三合土、级配砂石及低标号混凝土制作。

素土垫层：挖去基槽的软弱土层，分层回填素土，并分层夯实，一般适用于处理湿润性黄土或杂填土地基。

灰土垫层：一般采用 3：7 灰土或 2：8 灰土夯实。

砖品种、规格、强度等级：砖的品种、强度必须符合设计要求，并应规格一致，有出厂证明和进厂复验报告。

烧结普通砖的强度等级有 MU30、MU25、MU20、MUl5、MUl0 和 MU7.5。

承重黏土空心砖的强度等级有 MU20、MU15、MU10、MU7.5。

（1）砖基础工程量计算公式：

$$砖基础体积＝基础墙体积＋大放脚体积（m^3）\tag{3.1}$$

（2）带形基础计算公式：

$$外墙基础体积＝外墙中心线×基础断面积\tag{3.2}$$

$$内墙基础体积＝内墙净长线×基础断面积\tag{3.3}$$

基础断面按图示尺寸计算。

（3）标准砖墙厚度，按表 3.2 计算。

（4）基础大放脚增加断面积和折加高度。由于等高式与不等高式大放脚是有规律的，因此，可以预先将各种形式和不同层次的大放脚增加断面积计算出来，然后按不同墙厚折成其高度（简称为折加高度）加在砖基础的高度内计算，以加快计算速度。现将大放脚增加断面积和折加高度列表 3.4，以备查用。

按基础放脚折算为断面法计算砖基础体积：

$$砖基础体积＝长度×（基础墙高度×基础墙厚度＋大放脚增加断面积）\tag{3.4}$$

表 3.4 　　　　　等高不等高砖墙基大放脚折加高度和大放脚增加断面积表

| 放脚层高 | 折 加 高 度（m） | | | | | | | | | | | | 增加断面（m^2） | |
| | $\frac{1}{2}$砖（0.115） | | 1 砖（0.24） | | $1\frac{1}{2}$砖（0.365） | | 2 砖（0.49） | | $2\frac{1}{2}$砖（0.615） | | 3 砖（0.74） | | | |
	等高	不等高	等高	不等高	等高	不等高	等高	不等高	等高	不等高	等高	不等高	等高	不等高
一	0.137	0.137	0.066	0.066	0.043	0.043	0.032	0.032	0.026	0.026	0.021	0.021	0.01575	0.01575
二	0.411	0.342	0.197	0.164	0.129	0.108	0.096	0.080	0.077	0.064	0.064	0.053	0.04725	0.03938
三	0.822	0.685	0.394	0.328	0.259	0.216	0.193	0.161	0.154	0.128	0.128	0.106	0.0945	0.07875
四	1.396	1.096	0.656	0.525	0.432	0.345	0.321	0.253	0.256	0.205	0.213	0.170	0.1575	0.126
五	2.054	1.643	0.984	0.788	0.647	0.518	0.482	0.380	0.384	0.307	0.319	0.255	0.2363	0.189
六	2.876	2.260	1.378	1.083	0.906	0.712	0.672	0.530	0.538	0.419	0.447	0.315	0.3308	0.2599
七		3.013	1.838	1.444	1.208	0.949	0.900	0.707	0.717	0.563	0.596	0.468	0.441	0.3465
八		3.835	2.363	1.838	1.553	1.208	1.157	0.900	0.922	0.717	0.766	0.596	0.567	0.4411
九			2.953	2.297	1.942	1.510	1.447	1.125	1.153	0.896	0.958	0.745	0.7088	0.5513
十			3.610	2.789	2.372	1.834	1.768	1.366	1.409	1.088	1.717	0.905	0.8663	0.6694

注　1. 基础放脚折加高度是按双面计算的，当为平面放脚时，折加高度应乘 0.5 的系数。

　　2. 该表是以标准砖 240mm×115mm×53mm 为准，灰缝为 10mm 为准编制的。

【例 3.1】　如图 3.3 所示为某工程 M7.5 水泥砂浆砌筑 MU15 水泥实心砖墙基（砖规格 240nnm×115mm×53mm）。编制该砖基础砌筑项目清单。（提示：砖砌体内无混凝土构件）

【解】　该工程砖基础有两种截面规格，为避免工程局部变更引起整个砖基础报价调整的纠纷，应分别列项。工程量计算：

Ⅰ—Ⅰ截面砖基础高度：$H＝1.2\text{m}$

砖基础长度：　　$L＝7×3－0.24＋2×（0.365－0.24）×0.365/0.24＝21.14（\text{m}）$

其中，$（0.365－0.24）×0.365/0.24$ 为砖垛折加长度。

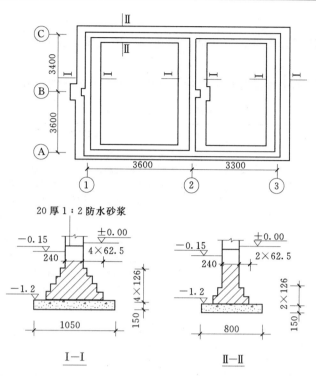

图 3.3 某工程砖基础的剖面及截面图

（长度单位：mm；高程单位：m）

大放脚增加截面：$S = 0.1575m^2$

砖基础工程量：

$$砖基础体积 = 长度 \times (基础墙高度 \times 基础墙厚度 + 大放脚增加断面积)$$
$$= 21.14 \times (1.2 \times 0.24 + 0.1575) = 9.42(m^3)$$

Ⅱ—Ⅱ 截面：砖基础高度：$H = 1.2m$，$L = (3.6 + 3.3) \times 2 = 13.8(m)$

大放脚增加截面：$S = 0.04725m^2$

砖基础工程量：$V = 13.8 \times (1.2 \times 0.24 + 0.04725) = 4.63(m^3)$

分部分项工程量清单见表 3.5。

表 3.5   **分部分项工程量清单**

序号	项目编码	项 目 名 称	计量单位	工程数量
1	010301001001	Ⅰ—Ⅰ砖墙基础：M7.5 水泥砂浆砌筑（240×115×53）MU15 水泥实心砖一砖条形基础，四层等高式大放脚；−1.2m 基底下 C10 混凝土垫层，长 20.58m，宽 1.05m，厚 150mm；−0.06m 标高处 1：2 防水砂浆 20 厚防潮层	m³	9.42
2	010301001002	Ⅱ—Ⅱ砖墙基础：M7.5 水泥砂浆砌筑（240×115×53）MU15 水泥实心砖一砖条形基础，二层等高式大放脚；−1.2m 基底下 C10 混凝土垫层，长 13.8m，宽 0.8m，厚 150mm；−0.06m 标高处 1：2 防水砂浆 20 厚防潮层	m³	4.63

3.1.1.2 砖砌体

砖砌体项目包括实心砖墙、空斗墙、空花墙、填充墙、实心砖柱、零星砌砖 6 个清单项目。

砖砌体工程量清单项目设置及工程量计算规则应按表 3.6 的规定执行。

表 3.6　　　　　　　　　　　　　　　　**砖砌体（编码：010302）**

项目编码	项目名称	项目特征	计量单位	工程量计算规则	工程内容
010302001	实心砖墙	1. 砖品种、规格、强度等级； 2. 墙体类型； 3. 墙体厚度； 4. 墙体高度； 5. 勾缝要求； 6. 砂浆强度等级、配合比	m³	按设计图示尺寸以体积计算。扣除门窗洞口、过人洞、空圈、嵌入墙内的钢筋混凝土柱、梁、圈梁、挑梁、过梁及凹进墙内的壁龛、管槽、暖气槽、消火栓箱所占体积。不扣除梁头、板头、檩头、垫木、木楞头、沿缘木、木砖、门窗走头、砖墙内加固钢筋、木筋、铁件、钢管及单个面积 0.3m² 以内的孔洞所占体积。凸出墙面的腰线、挑檐、压顶、窗台线、虎头砖、门窗套的体积亦不增加。凸出墙面的砖垛并入墙体体积内计算。 　1. 墙长度：外墙按中心线、内墙按净长计算。 　2. 墙高度： 　（1）外墙：斜（坡）屋面无檐口天棚者算至屋面板底；有屋架且室内外均有天棚者算至屋架下弦底另加 200mm；无天棚者算至屋架下弦底另加 300mm，出檐宽度超过 600mm 时按实砌高度计算；平屋面算至钢筋混凝土板底。 　（2）内墙：位于屋架下弦者，算至屋架下弦底；无屋架者算至天棚底另加 100mm；有钢筋混凝土楼板隔层者算至楼板顶；有框架梁时算至梁底。 　（3）女儿墙：从屋面板上表面算至女儿墙顶面（如有混凝土压顶时算至压顶下表面）。 　（4）内、外山墙：按其平均高度计算。 　3. 围墙：高度算至压顶上表面（如有混凝土压顶时算至压顶下表面），围墙柱并入围墙体积内	1. 土方挖填； 2. 场地找平； 3. 运输
010302002	空斗墙	1. 砖品种、规格、强度等级； 2. 墙体类型； 3. 墙体厚度； 4. 勾缝要求； 5. 砂浆强度等级、配合比	m³	按设计图示尺寸以空斗墙外形体积计算，墙角、内外墙交接处、门窗洞口立边、窗台砖、屋檐处的实砌部分体积并入空斗墙体积内	1. 砂浆制作、运输； 2. 砌砖； 3. 装填充料； 4. 勾缝； 5. 材料运输
010302003	空花墙	1. 砖品种、规格、强度等级； 2. 墙体类型； 3. 墙体厚度； 4. 勾缝要求； 5. 砂浆强度等级	m³	按设计图示尺寸以空花部分外形体积计算，不扣除空洞部分体积	1. 砂浆制作、运输； 2. 砌砖； 3. 装填充料； 4. 勾缝； 5. 材料运输

项目编码	项目名称	项目特征	计量单位	工程量计算规则	工程内容
010302004	填充墙	1. 砖品种、规格、强度等级； 2. 墙体厚度； 3. 填充材料种类； 4. 勾缝要求； 5. 砂浆强度等级	m³	按设计图示尺寸以填充墙外形体积计算	1. 砂浆制作、运输； 2. 砌砖； 3. 装填充料； 4. 勾缝； 5. 材料运输
010302005	实心砖柱	1. 砖品种、规格、强度等级； 2. 柱类型； 3. 柱截面； 4. 柱高； 5. 勾缝要求； 6. 砂浆强度等级、配合比	m³	按设计图示尺寸以体积计算。扣除混凝土及钢筋混凝土梁垫、梁头、板头所占体积	1. 砂浆制作、运输； 2. 砌砖； 3. 勾缝； 4. 材料运输
010302006	零星砌砖	1. 零星砌砖名称、部位； 2. 勾缝要求； 3. 砂浆强度等级、配合比	m³ (m²、m、个)	按设计图示尺寸以体积计算。扣除混凝土及钢筋混凝土梁垫、梁头、板头所占体积	1. 砂浆制作、运输； 2. 砌砖； 3. 勾缝； 4. 材料运输

1. 实心砖墙

实心砖墙项目适用于各种类型的实心砖墙，包括外墙、内墙、围墙、弧形墙等。

注意：

（1）当实心砖墙类型不同时，其报价就不同，因而清单编制人在描述项目特征时必须详细，以便投标人准确报价。

（2）工程量计算。按设计图示尺寸以体积计算，计量单位 m³。即

$$V = 墙长 \times 墙厚 \times 墙高 - 应扣除的体积 + 应增加的体积$$

式中，墙长外墙按外墙中心线长，内墙按内墙净长线长，女儿墙按女儿墙中心线长计算。

1）墙厚按表 3.7 计算。

表 3.7　　　　　　　　　　　　标准砖墙体厚度计算表

砖　　数	1/4砖	1/2砖	3/4砖	1砖	1.5砖	2砖	2.5砖	3砖
厚度（mm）	53	115	180	240	365	490	615	740

2）墙身高度按图示尺寸计算。如设计无规定时，可按下列规定计算：

a. 外墙。斜（坡）屋面无檐口天棚者算至屋面板底；有屋架且室内外均有天棚者算至屋架下弦底另加 200mm；无天棚者算至屋架下弦另加 300mm［图 3.4（a）］，出檐宽度超过 600mm 时按实砌高度计算；平屋面算至钢筋混凝土板底如图 3.4（b）所示。

b. 内墙。位于屋架下弦者算至屋架下弦底；无屋架者算至天棚底另加 100mm［图 3.4（c）］；有钢筋混凝土楼板隔层者算至楼板顶［图 3.4（d）］；有框架梁时算至梁底。

c. 女儿墙。从屋面板上表面算至女儿墙顶面（如有混凝土压顶时算至压顶下表面）。

d. 内外山墙。按其平均高度计算。

3）实心砖墙应扣除、不扣除和应增加、不增加的体积按表 3.8 规定执行。

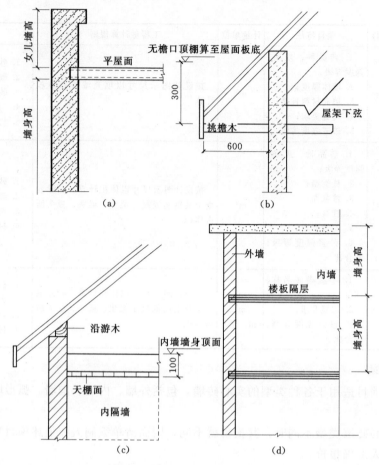

图 3.4　实心砖墙（单位：mm）

（a）无檐口顶棚时，外墙高度示意图；（b）平屋面外墙墙身高度；（c）无屋架时，

内墙墙身高度示意图；（d）有混凝土楼楼板隔层时的内墙墙身结构示意图

2. 空斗墙

空斗墙项目适用于各种砌法（如一斗一眠、无眠空斗等）的空斗墙。注意：窗间墙、窗台下、楼板下等实砌部分另行计算，按零星砌砖项目编码列项。

表 3.8　　　　　　　　　　　　　　　　墙体体积计算中的加扣规定

增加体积	凸出墙面的砖垛及附墙烟囱、通风道、垃圾道应按设计图示尺寸以体积（扣除孔洞所占体积）计算，并入所附的墙体体积内
扣除体积	门窗口、过人洞、空圈、嵌入墙内的钢筋混凝土柱、梁、圈梁、挑梁、过梁及凹进墙内的壁龛、管槽、暖气槽、消火栓箱所占的体积
不增加体积	凸出墙面的腰线、挑檐、压顶、窗台线、虎头砖、门窗套的体积
不扣除体积	梁头、板头、檩头、垫木、木楞头、檐缘木、木砖、门窗走头、砖墙内加固钢筋、木筋、铁件、钢管及单个面积 0.3m² 以内的孔洞所占的体积

注　1. 附墙烟囱、通风道、垃圾道的孔洞内，当设计规定需抹灰时，应单独按装饰工程清单项目编码列项。

　　2. 不论三皮砖以上或以下的腰线、挑檐，其体积都不计算。压顶凸出墙面的部分不计算体积，凹进墙面的部分也不扣除。

　　3. 砌体内加筋的制作、安装，应按混凝土及钢筋混凝土工程中相关项目编码列项。

　　4. 墙内砖过梁体积不扣除，其费用包含在墙体报价中。

3. 空花墙清单编制

空花墙项目适用于各种类型的砖砌空花墙。注意：使用混凝土花格砌筑的空花墙，应分实砌墙体和混凝土花格计算工程量，混凝土花格按混凝土及钢筋混凝土预制零星构件编码列项。

4. 填充墙

填充墙项目适用于以砖砌筑，墙体中形成空腔，填充轻质材料的墙体。

5. 实心砖柱

实心砖柱项目适用于以砖砌筑的实心柱体，如矩形柱、异形柱、圆柱、包柱等。

6. 零星砌砖清单编制

零星砌砖项目适用于砖砌的台阶、台阶挡墙、梯带、锅台、炉灶、蹲台、花台、花池、屋面隔热板下的砖墩、单个面积 0.3m² 以内空洞填塞。

注意：

（1）台阶按水平投影面积计算（不包括梯带或台阶挡墙），计量单位 m²。如图 3.5 所示。

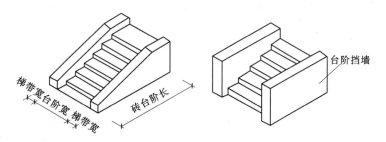

图 3.5　台阶示意图

（2）小型池槽、锅台、炉灶，按数量计算，计量单位"个"，并以"长×宽×高"的顺序标明其外形尺寸。

（3）小便槽、地垄墙，按长度计算，计量单位 m。

（4）其他零星项目（如梯带、台阶挡墙），按图示尺寸以体积计算，计量单位 m³。

【例 3.2】　如图 3.6 所示为某一层建筑物平面图，屋面为平屋面，屋面板厚 100mm，外墙、内墙均采用承重多孔砖，尺寸为 240mm×115mm×90mm。求砖墙工程量为并列出清单。

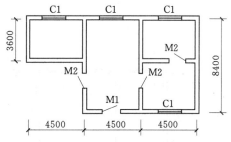

图 3.6　某一层建筑物平面图（单位：mm）

注：1. 墙厚 240mm；2. 层高 3.0m；3. M1：1500mm×2700mm　M2：900mm×2100mm　C1：1500mm×1800mm；4. 不考虑圈梁和门窗过梁。

【解】　根据工程量计算规则：

外墙高度算至板底，外墙高度为 $H=3.0-0.1=2.9$（m）

内墙高度算至板顶，内墙高度为 $H=3.0$m

L 中长度按中心线长度计算：$L_外=9+8.4+13.5+3.6+4.5+4.8=43.8$（m）

L 内长度按净长线长度计算：$L_内=3.6-0.24+8.4-0.24+4.5-0.24=15.78$（m）

内外墙厚度均为 240mm。

$$V_外=(43.8\times2.9-1.5\times2.7-0.9\times2.1-1.5\times1.8\times4)\times0.24=28.41（m^3）$$

$$V_内=(15.78\times3-0.9\times2.1\times2)\times0.24=10.45（m^3）$$

分部分项工程量清单见表 3.9。

表 3.9　　　　　　　　　　　　　　分部分项工程量清单

序　号	项目编码	项　目　名　称	计量单位	工程数量
1	010304001001	空心砖墙（外墙） 墙体高度 H＝2.9m； 承重多孔砖：240mm×115mm×90mm 墙体厚度为 240mm	m³	28.41
2	010304001002	空心砖墙（内墙） 墙体高度 H＝3.0m； 采用标准砖：240mm×115mm×90mm 墙体厚度为 240mm	m³	10.45

【例 3.3】　某单层建筑物如图 3.7、图 3.8 所示，墙身为 M5.0 混合砂浆砌筑，MU7.5 标准黏土砖，内外墙厚均为 240mm，外墙瓷砖贴面，GZ 从基础圈梁到女儿墙顶，门窗洞口上全部采用预制钢筋混凝土过梁。M1：1500mm×2700mm；M2：1000mm×2700mm；C1：1800mm×1800mm；C2：1500mm×1800mm。试计算该工程砖砌体的工程量。

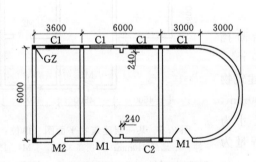

图 3.7　单层建筑物平面图（单位：mm）

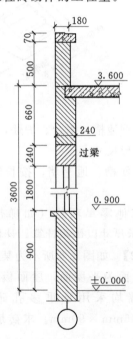

图 3.8　单层建筑物墙体剖面图
（长度单位：mm；高程单位：m）

【解】　实心砖墙的工程数量计算公式：

（1）外墙：$V_{外}＝(H_{外}×L_{中}-F_{洞})×b+V_{增减}$

（2）内墙：$V_{内}＝(H_{内}×L_{净}-F_{洞})×b+V_{增减}$

（3）女儿墙：$V_{女}＝H_{女}×L_{中}×b+V_{增减}$

（4）砖围墙：高度算至压顶上表面（如有混凝土压顶时算至压顶下表面），围墙柱并入围墙体积内计算。

则实心砖墙的工程数量计算如下：

（1）240mm 厚，3.6m 高，M5.0 混合砂浆砌筑 MU7.5 标准黏土砖，原浆勾缝外墙工程数量：

$$H_{外} = 3.6m$$
$$L_{中} = 6 + (3.6 + 9) \times 2 + \pi \times 3 - 0.24 \times 6 + 0.26 \times 2 = 39.66(m)$$

扣门窗洞口：

$$F_{洞} = 1.5 \times 2.7 \times 2 + 1 \times 2.7 \times 1 + 1.8 \times 1.8 \times 4 + 1.5 \times 1.8 \times 1 = 26.46(m^2)$$

扣钢筋混凝土过梁体积：

$$V_{减} = [(1.5 + 0.5) \times 2 + (1.0 + 0.5) \times 1 + (1.8 + 0.5) \times 4 + (1.5 + 0.5) \times 1]$$
$$\times 0.24 \times 0.24 = 0.96(m^3)$$

外墙工程量：$V = (3.6 \times 39.66 - 26.46) \times 0.24 - 0.96 = 26.96(m^3)$

其中弧形墙工程量：$3.6 \times \pi \times 3 \times 0.24 = 8.14(m^3)$

（2）240mm 厚，3.6m 高，M5.0 混合砂浆砌筑 MU7.5 标准黏土砖，原浆勾缝内墙工程数量：

$$H_{内} = 3.6m$$
$$L_{净} = (6 - 0.24) \times 2 = 11.52(m)$$
$$V = 3.6 \times 11.52 \times 0.24 = 9.95(m^3)$$

（3）180mm 厚，0.5m 高，M5.0 混合砂浆砌筑 MU7.5 标准黏土砖，原浆勾缝女儿墙工程数量：

$$H_{女} = 0.5m$$
$$L_{中} = 6.06 + (3.63 + 9) \times 2 + \pi \times 3.03 - 0.24 \times 6 = 39.40(m)$$
$$V_{女} = 0.5 \times 39.40 \times 0.18 = 3.55(m^3)$$

3.1.1.3　砖构筑物

砖构筑物项目包括砖砌烟囱、水塔，砖烟道，砖窨井、检查井，砖水池、化粪池 4 个清单项目。

砖构筑物工程量清单项目设置及工程量计算规则应按表 3.10 的规定执行。

表 3.10　　　　　　　　　　砖构筑物（编码：010303）

项目编码	项目名称	项目特征	计量单位	工程量计算规则	工程内容
010303001	砖烟囱、水塔	1. 筒身高度； 2. 砖品种、规格、强度等级； 3. 耐火砖品种、规格； 4. 耐火泥品种； 5. 隔热材料种类； 6. 勾缝要求； 7. 砂浆强度等级、配合比	m³	按设计图示筒壁平均中心线周长乘以厚度乘以高度以体积计算。扣除各种孔洞、钢筋混凝土圈梁、过梁等的体积	1. 砂浆制作、运输； 2. 砌砖； 3. 涂隔热层； 4. 装填充料； 5. 砌内衬； 6. 勾缝； 7. 材料运输

项目编码	项目名称	项目特征	计量单位	工程量计算规则	工程内容
010303002	砖烟道	1. 烟道截面形状、长度； 2. 砖品种、规格、强度等级； 3. 耐火砖品种规格； 4. 耐火泥品种； 5. 勾缝要求； 6. 砂浆强度等级、配合比	m³	按图示尺寸以体积计算	1. 砂浆制作、运输； 2. 砌砖； 3. 涂隔热层； 4. 装填充料； 5. 砌内衬； 6. 勾缝； 7. 材料运输
010303003	砖窨井、检查井	1. 井截面； 2. 垫层材料种类、厚度； 3. 底板厚度； 4. 勾缝要求； 5. 混凝土强度等级； 6. 砂浆强度等级、配合比； 7. 防潮层材料种类	座	按设计图示数量计算	1. 土方挖运； 2. 砂浆制作、运输； 3. 铺设垫层； 4. 底板混凝土制作、运输、浇筑、振捣、养护； 5. 砌砖； 6. 勾缝； 7. 井池底、壁抹灰； 8. 抹防潮层； 9. 回填； 10. 材料运输
010303004	砖水池、化粪池	1. 池截面； 2. 垫层材料种类、厚度； 3. 底板厚度； 4. 勾缝要求； 5. 混凝土强度等级； 6. 砂浆强度等级、配合比	座	按设计图示数量计算	1. 土方挖运； 2. 砂浆制作、运输； 3. 铺设垫层； 4. 底板混凝土制作、运输、浇筑、振捣、养护； 5. 砌砖； 6. 勾缝； 7. 井池底、壁抹灰； 8. 抹防潮层； 9. 回填； 10. 材料运输

　　砖砌烟囱、水塔项目适用于以砖砌筑的各种类型的烟囱、水塔。注意：砖烟囱以设计室外地坪为界，以下为基础，以上为筒身。水塔基础与塔身划分以砖砌体的扩大部分顶面为界，以上为塔身，以下为基础。

3.1.1.4　砌块砌体

　　砌块砌体项目包括空心砖墙、砌块墙，空心砖柱、砌块柱两个清单项目。

　　砌块砌体工程量清单项目设置及工程量计算规则应按表3.11的规定执行。

表 3.11 　　　　　　　　　　　　砌块砌体（编码：010304）

项目编码	项目名称	项目特征	计量单位	工程量计算规则	工程内容
010304001	空心砖墙、砌块墙	1. 墙体类型； 2. 墙体厚度； 3. 空心砖、砌块品种、规格、强度等级； 4. 勾缝要求； 5. 砂浆强度等级、配合比	m³	按设计图示尺寸以体积计算。扣除门窗洞口、过人洞、空圈、嵌入墙内的钢筋混凝土柱、梁、圈梁、挑梁、过梁及凹进墙内的壁龛、管槽、暖气槽、消火栓箱所占体积，不扣除梁头、板头、檩头、垫木、木楞头、沿缘木、木砖、门窗走头、砖墙内加固钢筋、木筋、铁件、钢管及单个面积 0.3m² 以内的孔洞所占体积，凸出墙面的腰线、挑檐、压顶、窗台线、虎头砖、门窗套的体积不增加，凸出墙面的砖垛并入墙体体积内。 1. 墙长度：外墙按中心线，内墙按净长计算。 （1）外墙：斜（坡）屋面无檐口天棚者算至屋面板底；有屋架且室内外均有天棚者算至屋架下弦底另加 200mm；无天棚者算至屋架下弦底另加 300mm，出檐宽度超过 600mm 时按实砌高度计算；平屋面算至钢筋混凝土板底。 （2）内墙：位于屋架下弦者，算至屋架下弦底；无屋架者算至天棚底另加 100mm；有钢筋混凝土楼板隔层者算至楼板顶；有框架梁时算至梁底。 （3）女儿墙：从屋面板上表面算至女儿墙顶面（如有压顶时算至压顶下表面）。 （4）内、外山墙：按其平均高度计算。 3. 围墙：高度算至压顶上表面（如有混凝土压顶时算至压顶下表面），围墙柱并入围墙体积内	1. 砂浆制作、运输； 2. 砌砖、砌块； 3. 勾缝； 4. 材料运输
010304002	空心砖柱、砌块柱	1. 墙体类型； 2. 墙体厚度； 3. 空心砖、砌块品种、规格、强度等级； 4. 勾缝要求； 5. 砂浆强度等级、配合比	m³	按设计图示尺寸以体积计算。扣除混凝土及钢筋混凝土梁垫、梁头、板头所占体积	1. 砂浆制作、运输； 2. 砌砖、砌块； 3. 勾缝； 4. 材料运输

【例 3.4】　某单层建筑物的框架结构及尺寸如图 3.9 所示，墙身用 M5.0 混合砂浆砌筑加气混凝土砌块，厚度为 240mm；女儿墙砌筑煤矸石空心砖，混凝土压顶断面 240mm×60mm，墙厚均为 240mm；隔墙为 120mm 厚实心砖墙。框架柱断面 240mm×240mm 到女儿墙顶，框架梁断面 240mm×500mm，门窗洞口上均采用现浇钢筋混凝土过梁，断面 240mm×180mm。M1：1560mm×2700mm；M2：1000mm×2700mm；C1：1800mm×1800mm；C2：1560mm×1800mm。试计算墙体工程量。

【解】　（1）砌块墙工程量计算如下：

计算公式：砌块墙工程量＝（砌块墙中心线长度×高度－门窗洞口面积）×墙厚

$$－构件体积砌块墙工程量＝[（11.34－0.24＋10.44－0.24$$
$$－0.24×6）×2×3.6－1.56×2.7－1.8×1.8×6－1.56×1.8]$$
$$×0.24－（1.56×2＋2.3×6）×0.24×0.18$$
$$＝27.24（m³）$$

（2）空心砖墙工程量计算如下：

计算公式：（空心砖墙中心线长度×高度－门窗洞口面积）×墙厚－构件体积空心砖墙工程量

$$= （11.34－0.24＋10.44－0.24－0.24×6）×2×（0.50－0.06）×0.24$$

$$= 4.19（m^3）$$

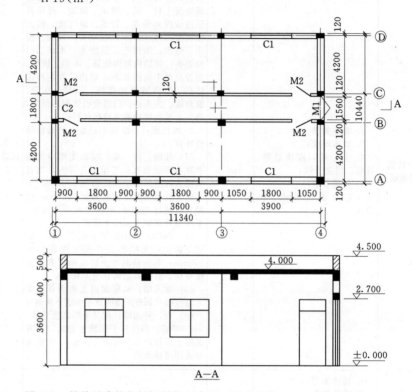

图 3.9 某单层建筑物框架结构示意图（长度单位：mm；高程单位：m）

（3）实心砖墙工程量计算如下：

计算公式：（内墙净长×高度－门窗洞口面积）×墙厚－构件体积实心砖墙工程量

$$= [（11.34－0.24－0.24×3）×3.6－1.00×2.70×2]×0.12×2＝7.67（m^3）$$

3.1.1.5 石砌体

石砌体项目包括石基础，石勒脚，石墙，石挡土墙，石柱，石栏杆，石护坡，石台阶，石坡道，石地沟、石明沟 10 个清单项目。

石砌体工程量清单项目设置及工程量计算规则应按表 3.12 的规定执行。

表 3.12　　　　　　　　　　石砌体（编码：010305）

项目编码	项目名称	项目特征	计量单位	工程量计算规则	工程内容
010305001	石基础	1. 石料种类、规格； 2. 基础深度； 3. 基础类型； 4. 砂浆强度等级、配合比	m³	按设计图示尺寸以体积计算。包括附墙垛基础宽出部分体积，不扣除基础砂浆防潮层及单个面积 0.3m² 以内的孔洞所占体积，靠墙暖气沟的挑檐不增加体积。基础长度：外墙按中心线，内墙按净长计算	1. 砂浆制作、运输； 2. 砌石； 3. 防潮层铺设； 4. 材料运输

续表

项目编码	项目名称	项目特征	计量单位	工程量计算规则	工程内容
010305002	石勒脚	1. 石料种类、规格； 2. 石表面加工要求； 3. 勾缝要求； 4. 砂浆强度等级、配合比	m³	按设计图示尺寸以体积计算。扣除单个 0.3m² 以外的孔洞所占的体积	1. 砂浆制作、运输； 2. 砌砖、砌块； 3. 勾缝； 4. 材料运输
010305003	石墙	1. 石料种类、规格； 2. 墙厚； 3. 石表面加工要求； 4. 勾缝要求； 5. 砂浆强度等级、配合比	m³	按设计图示尺寸以体积计算。扣除门窗洞口、过人洞、空圈、嵌入墙内的钢筋混凝土柱、梁、圈梁、挑梁、过梁及凹进墙内的壁龛、管槽、暖气槽、消火栓箱所占体积，不扣除梁头、板头、檩头、垫木、木楞头、沿缘木、木砖、门窗走头、砖墙内加固钢筋、木筋、铁件、钢管及单个面积 0.3m² 以内的孔洞所占体积，凸出墙面的腰线、挑檐、压顶、窗台线、虎头砖、门窗套不增加体积，凸出墙面的砖垛并入墙体体积内。 1. 墙长度：外墙按中心线，内墙按净长计算。 2. 墙高度： (1) 外墙：斜（坡）屋面无檐口天棚者算至屋面板底；有屋架且室内外均有天棚者算至屋架下弦底另加 200mm；无天棚者算至屋架下弦底另加 300mm，出檐宽度超过 600mm 时按实砌高度计算；平屋面算至钢筋混凝土板底。 (2) 内墙：位于屋架下弦者，算至屋架下弦底；无屋架者算至天棚底另加 100mm；有钢筋混凝土楼板隔层者算至楼板顶；有框架梁时算至梁底。 (3) 女儿墙：从屋面板上表面算至女儿墙顶面（如有压顶时算至压顶下表面）。 (4) 内、外山墙：按其平均高度计算。 3. 围墙：高度算至压顶上表面（如有混凝土压顶时算至压顶下表面），围墙柱、砖压顶并入围墙体积内	1. 砂浆制作、运输； 2. 砌石； 3. 石表面加工； 4. 勾缝； 5. 材料运输
010305004	石挡土墙	1. 石料种类、规格； 2. 墙厚； 3. 石表面加工要求； 4. 勾缝要求； 5. 砂浆强度等级、配合比	m³	按设计图示尺寸以体积计算	1. 砂浆制作、运输； 2. 砌石； 3. 压顶抹灰； 4. 勾缝； 5. 材料运输

续表

项目编码	项目名称	项目特征	计量单位	工程量计算规则	工程内容
010305005	石柱	1. 石料种类、规格;	m³	按设计图示尺寸以体积计算	1. 砂浆制作、运输; 2. 砌石; 3. 石表面加工; 4. 勾缝; 5. 材料运输
010305006	石栏杆	2. 柱截面; 3. 石表面加工要求; 4. 勾缝要求; 5. 砂浆强度等级、配合比			
010305007	石护坡	1. 垫层材料种类、厚度; 2. 石料种类、规格; 3. 护坡厚度、高度; 4. 石表面加工要求; 5. 勾缝要求; 6. 砂浆强度等级、配合比	m³	按设计图示尺寸以体积计算	1. 铺设垫层; 2. 石料加工; 3. 砂浆制作、运输; 4. 砌石; 5. 石表面加工; 6. 勾缝; 7. 材料运输
010305008	石台阶				
010305009	石坡道			按设计图示尺寸以水平投影面积计算	
010305010	石地沟、石明沟	1. 沟截面尺寸; 2. 垫层种类、厚度; 3. 石料种类、规格; 4. 石表面加工要求; 5. 勾缝要求; 6. 砂浆强度等级、配合比	m³	按设计图示以中心线长度计算	1. 土石挖运; 2. 砂浆制作、运输; 3. 铺设垫层; 4. 砌石; 5. 石表面加工; 6. 勾缝; 7. 回填; 8. 材料运输

3.1.1.6 砖散水、地坪、地沟

砖散水、地坪、地沟项目包括砖散水、地坪,砖地沟、明沟两个清单项目。

工程量清单项目设置及工程量计算规则应按表 3.13 的规定执行。

表 3.13　　　　　　　砖散水、地坪、地沟(编码：010306)

项目编码	项目名称	项目特征	计量单位	工程量计算规则	工程内容
010306001	砖散水、地坪	1. 垫层材料种类、厚度; 2. 散水、地坪厚度; 3. 面层种类、厚度; 4. 砂浆强度等级、配合比	m²	按设计图示尺寸以面积计算	1. 地基找平、夯实; 2. 铺设垫层; 3. 砌砖散水、地坪; 4. 抹砂浆面层
010306002	砖地沟、明沟	1. 沟截面尺寸; 2. 垫层材料种类、厚度; 3. 混凝土强度等级; 4. 砂浆强度等级、配合比	m²	按设计图示以中心线长度计算	1. 挖运土石; 2. 铺设垫层; 3. 底板混凝土制作、运输、浇筑、振捣、养护; 4. 砌砖; 5. 勾缝、抹灰; 6. 材料运输

3.1.2　混凝土及钢筋混凝土工程清单计量

混凝土及钢筋混凝土工程适用于建筑物和构筑物的混凝土工程，包括各种现浇混凝土构件、预制混凝土构件及钢筋工程、螺栓铁件等 17 节 69 个清单项目。

特别注意：混凝土及钢筋混凝土中的模板工程在措施项目清单中列出。

3.1.2.1　现浇混凝土构件工程量计算

1. 现浇混凝土基础

现浇混凝土基础项目包括带形基础（编码 010401001）、独立基础（编码 010401002）、满堂基础（编码 010401003）、设备基础（编码 010401004）、桩承台基础（编码 010401005）、垫层（编码 010401006）6 个清单项目。

工程量清单项目设置及工程量计算规则应按表 3.14 的规定执行。

表 3.14　　　　　　　　　　现浇混凝土基础（编码：010401）

项目编码	项目名称	项目特征	计量单位	工程量计算规则	工程内容
010401001	带形基础	混凝土强度等级；混凝土拌和料要求；砂浆强度等级	m³	按设计图示尺寸以体积计算。不扣除构件内钢筋、预埋铁件和伸入承台基础的桩头所占体积	混凝土制作、运输、浇筑、振捣、养护；地脚螺栓二次灌浆
010401002	独立基础				
010401003	满堂基础				
010401004	设备基础				
010401005	桩承台基础				
010401006	垫层				

（1）带形基础。带形基础项目适用于各种带形基础，墙下的板式基础包括浇筑在一字排桩上面的带形基础。应注意：工程量不扣除浇入带形基础体积内的桩头所占体积。有肋带形基础、无肋带形基础应分别编码列项，并注明肋高。

带形基础按其形式不同分为有肋式和无肋式带形基础两种。其工程量计算式如下：

$$V = 基础断面积 \times 基础长度 \qquad (3.5)$$

式中，基础长度的取值为外墙基础按外墙中心线长度计算，内墙基础按基础间净长线计算。如图 3.10 所示。

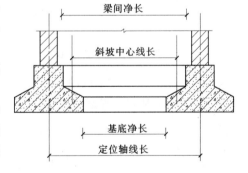

图 3.10　内墙基础计算长度示意图

【例 3.5】　如图 3.11 所示为某房屋基础平面及剖面图，如图 3.12 所示为内、外墙基础交接示意图。计算其基础工程量。

【解】　基础工程量＝基础断面积×基础长度

$$外墙下基础工程量 = (0.08 \times 2 + 0.24) \times 0.3 + \frac{0.08 \times 2 + 0.24 + 1}{2} \times 0.15$$

$$+ 1 \times 0.2 \times (3.9 \times 2 + 2.7 \times 2) \times 2 = (0.12 + 0.105 + 0.2) \times 26.4$$

$$= 11.22 (m^3)$$

从图 3.12 中可以看出，内墙下基础：

$$梁间净长 = 2.7 - (0.12 + 0.08) \times 2 = 2.3 (m)$$

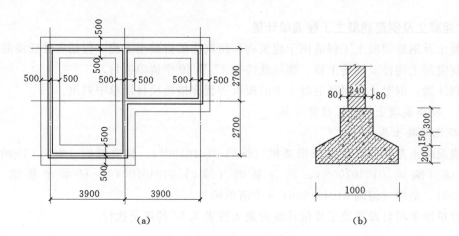

图 3.11　某房屋基础平面及剖面图

(a) 基础平面图；(b) 基础剖面图

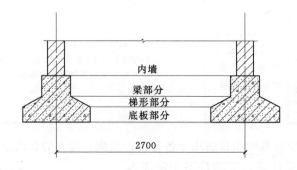

图 3.12　某房屋内、外墙基础交接示意图（单位：mm）

$$斜坡中心线长 = 2.7 - \left(0.2 + \frac{0.3}{2}\right) \times 2 = 2.0(m)$$

$$基底净长 = 2.7 - 0.5 \times 2 = 1.7(m)$$

内墙下基础工程量 $= \sum$（内墙下基础各部分断面积×相应计算长度）

$$= (0.08 \times 2 + 0.24) \times 0.3 \times 2.3 + \frac{0.08 \times 2 + 0.24 + 1}{2}$$

$$\times 0.15 \times 2.0 + 1 \times 0.2 \times 1.7 = 0.28 + 0.21 + 0.34$$

$$= 0.83(m^3)$$

基础工程量 = 外墙下基础工程量 + 内墙下基础工程量 = 11.22 + 0.83 = 12.05(m³)

（2）独立基础。独立基础项目适用于块体柱基、杯基、无筋倒圆台基础、壳体基础、电梯井基础等。独立基础形式如图 3.13 所示，其计算式为

$$V = \frac{h_1}{6}[AB + ab + (A + a)(B + b)] + ABh_2 \qquad (3.6)$$

（3）满堂基础。满堂基础项目适用于地下室的箱式基础、筏片基础等；箱式满堂基础可按满堂基础、现浇柱、梁、墙、板分别编码列项，也可利用满堂基础中的第五级编码分别列项，如无梁式满堂基础（编码 010401003001）、箱式满堂基础柱（编码 010401003002）、箱式满堂基础梁（编码 010401003003）、箱式满堂基础墙（编码 010401003004）和箱式满堂基

础板（编码 010401003005）。

满堂基础按其形式不同可分为无梁式和有梁式两
种，如图 3.14 所示。

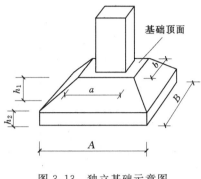

图 3.13　独立基础示意图

其工程量计算式如下：

无梁式满堂基础工程量＝基础底板体积＋柱墩体积
(3.7)

式中，柱墩体积的计算与角锥形独立基础的体积计算
方法相同。

有梁式满堂基础工程量＝基础底板体积＋梁体积
(3.8)

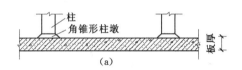
(a)

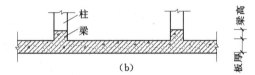
(b)

图 3.14　满堂基础示意图
(a) 无梁式；(b) 有梁式

2. 现浇混凝土柱

现浇混凝土柱项目适用于各种结构形式下的柱，包括矩形柱（编码 010402001）、异形
柱（编码 010402002）两个清单项目。

工程量清单项目设置及工程量计算规则应按表 3.15 的规定执行。

(1) 计算公式。

$$V＝柱断面面积×柱高 \qquad (3.9)$$

1) 有梁板的柱高，自柱基上表面（或楼板一表面）算至上一层楼板上表
面之间的设计计算。如图 3.15 (a) 所示。

表 3.15　　　　　　　　　　现浇混凝土柱（编码：010402）

项目编码	项目名称	项目特征	计量单位	工程量计算规则	工程内容
010402001	矩形柱	柱高度；柱截面尺寸；混凝土强度等级；混凝土拌和料要求	m³	按设计图示尺寸以体积计算。不扣除构件内钢筋，预埋铁件所占体积，构造柱与强提嵌接部分。依附柱上的牛腿和升板的柱帽，构造柱与强提嵌接部分并入柱身体积	混凝土制作、运输、浇筑、振捣、养护
010402002	异形柱				

2) 无梁板的柱高，自柱基上表面（或楼板上表面）至柱帽下表面之间的高度计算。如
图 3.15 (b) 所示。

3) 框架柱的柱高，自柱基上表面至柱顶高度计算。

4) 构造柱按设计高度计算，与墙嵌接部分的体积并入柱身体积内计算。

(2) 构造柱按矩形柱项目编码列项，嵌入墙体部分并入柱体积。

当为构造柱时，其断面应根据构造柱的具体位置计算其实际面积（包括马牙槎面积），

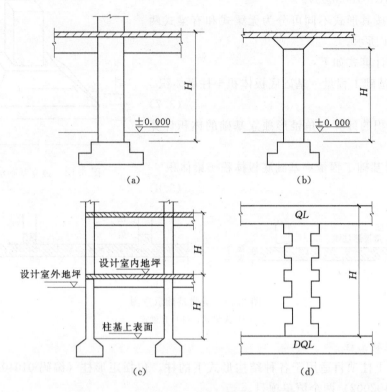

图 3.15 柱高示意图

马牙槎的构造如图 3.16 所示。构造柱的平面布置有四种情况：一字形墙中间处、T 形接头处、十字形交叉处、L 形拐角处，如图 3.17 所示，构造柱断面积 $= d_1 d_2 + 0.03(n_1 d_1 + n_2 d_2)$。

d_1、d_2 为构造柱两个方向的尺寸，n_1、n_2 为 d_1、d_2 方向咬接的边数。

（3）薄壁柱也称隐壁柱，指在框剪结构中，隐藏在墙体中的钢筋混凝土柱。单独的薄壁柱根据其截面形状，确定以矩形柱或异形柱编码列项。

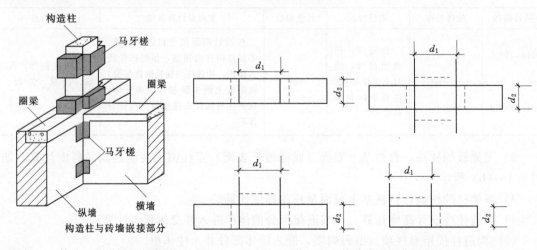

图 3.16 体积（马牙槎）示意图   图 3.17 构造柱平面位置图

（4）依附柱上的牛腿和升板的柱帽，并入柱身体积内计算。

（5）混凝土柱上的钢牛腿按金属结构工程中的零星钢构件编码列项。

【例 3.6】 图 3.18 所示为某房屋所设构造柱的位置。已知该房屋 2 层板面至 3 层板面高为 3.0m，圈梁高 300mm，圈梁与板平齐，墙厚 240mm，构造柱尺寸为 240mm×240mm，试计算标准层构造柱的工程量。

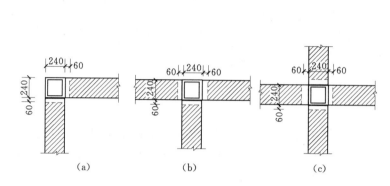

图 3.18　构造柱设置示意图

（a）L 形拐角处；（b）T 形接头处；（c）十字形交叉处

图 3.19　构造柱计算尺寸
示意图（单位：mm）

【解】　分析：

（1）图 3.18 所示的虚线表示构造柱与墙连接时，砖墙砌筑为马牙槎，其立面形式如图 3.19 所示，这就使构造柱的断面尺寸发生了变化。为了简化工程量的计算过程，构造柱的断面计算尺寸取至马牙槎的中心线，即图 3.19 所示的虚线位置，则

构造柱断面积＝构造柱的矩形断面积＋马牙槎面积

构造柱工程量＝构造柱断面积×构造柱高

（2）构造柱的计算高度取全高，即层高。马牙槎只留设至圈梁底，故马牙槎的计算高度取至圈梁底。

工程量计算：

图 3.18（a）：$0.24 \times 0.24 \times 3 + \dfrac{1}{2} \times 0.06 \times 0.24 \times 2 \times (3-0.3) = 0.21 (\text{m}^3)$

图 3.18（b）：$0.24 \times 0.24 \times 3 + \dfrac{1}{2} \times 0.06 \times 0.24 \times 3 \times (3-0.3) = 0.23 (\text{m}^3)$

图 3.18（c）：$0.24 \times 0.24 \times 3 + \dfrac{1}{2} \times 0.06 \times 0.24 \times 4 \times (3-0.3) = 0.25 (\text{m}^3)$

构造柱工程量＝0.21＋0.23＋0.25＝0.69（m³）

3．现浇混凝土梁

现浇混凝土梁项目包括基础梁（编码 010403001），矩形梁（编码 010403002），异形梁（编码 010403003），圈梁（编码 010403004），过梁（编码 010403005），弧形、拱形梁（编码 010403006）6 个清单项目。

其工程量清单项目设置及工程量计算规则应按表 3.16 的规定执行。

表 3.16 现浇混凝土梁（编码：010403）

项目编码	项目名称	项目特征	计量单位	工程量计算规则	工程内容
010403001	基础梁	梁底标高；梁截面；混凝土强度等级；混凝土拌和料要求	m³	按设计图示尺寸以体积计算。不扣除构件内钢筋、预埋铁件所占体积，伸入墙内的梁头、梁垫并入梁体积内 梁长： 梁与柱连接时，梁长算至柱侧面； 主梁与次梁连接时，次梁长算至主梁侧面	混凝土制作、运输、浇筑、振捣、养护
010403002	矩形梁				
010403003	异形梁				
010403004	圈梁				
010403005	过梁				
010403006	弧形、拱形梁				

（1）基础梁项目适用于独立基础间架设的、承受上部墙传来荷载的梁；圈梁项目适用于为了加强结构整体性，构造上要求设置的封闭型的水平的梁；过梁项目适用于建筑物门窗洞口上所设置的梁；矩形梁、异形梁、弧形梁及拱形梁项目，适用于除了以上三种梁外的截面为矩形、异形及形状为弧形、拱形的梁。

（2）现浇混凝土梁的计算公式为：

$$V_{梁}＝梁断面积×梁长 \tag{3.10}$$

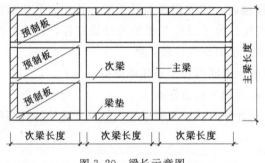

图 3.20 梁长示意图

其中梁长度计算规定如下：

1）梁与柱连接时，梁长算至柱内侧面；次梁与主梁连接时，次梁长算至主梁内侧面；梁端与混凝土墙相接时，梁长算至混凝土墙内侧面；梁端与砖墙交接时伸入砖墙的部分（包括梁头）并入梁内，如图 3.20 所示。

2）圈梁的长按下列方法确定。外墙上圈梁长取外墙中心线长；内墙上圈梁长取内墙净长，且当圈梁与主次梁或柱交接时，圈梁长度算至主次梁或柱的侧面；当圈梁与构造柱相交时，其相交部分的体积计入构造柱内，如图 3.21 所示。

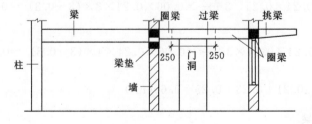

图 3.21 圈梁示意图

4. 现浇混凝土墙

现浇混凝土墙项目包括直形墙（编码 010404001）和弧形墙（编码 010404002）两个清单项目。直形墙、弧形墙两个项目除了适用墙项目外，也适用于电梯井。

其工程量清单项目设置及工程量计算规则应按表 3.17 的规定执行。

表 3.17 现浇混凝土墙（编码：010404）

项目编码	项目名称	项目特征	计量单位	工程量计算规则	工程内容
10404001	直形墙	墙类型； 墙厚度； 混凝土强度等级； 混凝土拌和料要求	m³	按设计图示尺寸以体积计算。不扣除构件内钢筋、预埋铁件所占体积，扣除门窗洞口及单个面积 0.3m² 以外的孔洞所占体积，墙垛及凸出墙面部分并入墙体体积计算内	混凝土制作、运输、浇筑、振捣、养护
10404002	弧形墙				

5. 现浇混凝土板

现浇混凝土板项目包括有梁板（编码 010405001），无梁板（编码 010405002），平板（编码 010405003），拱板（编码 010405004），薄壳板（编码 010405005），栏板（编码 010405006），天沟、挑檐板（编码 010405007），雨篷、阳台板（编码 010405008）、其他板（编码 010405009）9 个清单项目。

其工程量清单项目设置及工程量计算规则应按表 3.18 的规定执行。

表 3.18 现浇混凝土板（编码：010405）

项目编码	项目名称	项目特征	计量单位	工程量计算规则	工程内容
10405001	有梁板	板底标高； 板厚度； 混凝土强度等级； 混凝土拌和料要求	m³	按设计图示尺寸以体积计算。不扣除构件内钢筋、预埋铁件及单个面积 0.3m² 以内的孔洞所占体积，有梁板（包括主、次梁与板）按梁、板体积之和，无梁板按板和柱帽体积之和，各类板伸入墙内的板头并入板体积内，薄壳板的肋、基梁并入薄壳体积内	混凝土制作、运输、浇筑、振捣、养护
10405002	无梁板				
10405003	平板				
10405004	拱板				
10405005	薄壳板				
10405006	栏板				
10405007	天沟、挑檐板	混凝土强度等级； 混凝土拌和料要求	m³	按设计图示尺寸以体积计算	混凝土制作、运输、浇筑、振捣、养护
10405008	雨篷、阳台板			按设计图示尺寸以墙外部分体积计算。包括伸出墙外的牛腿和雨篷反挑檐的体积	
10405009	其他板			按设计图示尺寸以体积计算	

（1）有梁板项目适用于密肋板、井字梁板，有梁板（包括主、次梁和板）按梁、板体积之和计算。

混凝土板采用浇筑复合高强薄型空心管时，其工程量应扣除管所占体积，复合高强薄型空心管应包括在报价内。采用轻质材料浇筑在有梁板内，轻质材料应包括在报价内。

（2）无梁板项目适用于直接支撑在柱上的板，无梁板按板和柱帽体积之和计算。

（3）平板项目适用于直接支撑在墙上（或圈梁上）的板；栏板项目适用于楼梯或阳台上所设的安全防护板。

（4）薄壳板按板、肋和基梁体积之和计算。

当天沟、挑檐板与板（屋面板）连接时，以外墙的外边线为界，与圈梁（包括其他梁）连接时，以梁的外边线为界，外边线以外为天沟、挑檐。

（5）雨篷和阳台板按设计图示尺寸以墙外部分体积计算（包括伸出墙外的牛腿和雨篷反

挑檐的体积）。雨篷、阳台与板（楼板、屋面板）连接时，以外墙的外边线为界，与圈梁（包括其他梁）连接时，以梁的外边线为界，外边线以外为雨篷、阳台。

1）现浇挑檐与现浇板及圈梁分界线的确定。现浇挑檐与板（包括屋面板）连接时，以外墙外边线为界限。与圈梁（包括其他梁）连接时，以梁外边线为界限。外边线以外为挑檐。如图3.22所示。

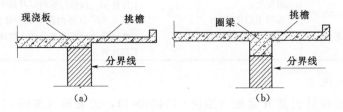

图3.22 现浇挑檐与圈梁

2）阳台板与栏板及现浇楼板的分界线。阳台板与栏板的分界以阳台板顶面为界，阳台板与现浇楼板的分界以墙外皮为界，其嵌入墙内的梁另按梁有关规定单独计算。如图3.23所示。伸入墙内的栏板，合并计算。

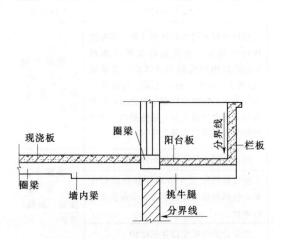

图3.23 阳台与楼板

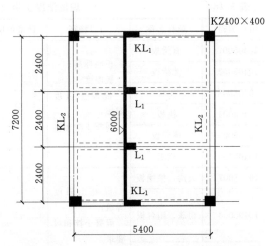

图3.24 2层结构平面图（单位：mm）

【例3.7】 如图3.24所示为某房屋2层结构平面图。已知1层板顶标高为3.0m，2层板顶标高为6.0m，现浇板厚100mm，各构件混凝土强度等级为C25，断面尺寸见表3.19。试计算2层各钢筋混凝土构件的工程量，编制工程量清单。

表3.19 构 件 尺 寸

构件名称	构件尺寸	构件名称	构件尺寸
KZ	400mm×400mm	KL$_2$	宽×高=300mm×650mm
KL$_1$	宽×高=250mm×500mm	L$_1$	宽×高=250mm×400mm

【解】 1. 工程量计算

（1）矩形柱（KZ）。矩形柱工程量＝柱断面面积×柱高×根数＝0.4×0.4×(6－3)×4
＝1.92(m³)

（2）矩形梁（KL_1、KL_2、L_1）。矩形梁工程量＝梁断面面积×梁长×根数

KL_1 工程量 $=0.25\times(0.5-0.1)\times(5.4-0.2\times2)\times2=1.0(m^3)$

KL_2 工程量 $=0.3\times(0.65-0.1)\times(7.2-0.2\times2)\times2=2.24(m^3)$

L_1 工程量 $=0.25\times(0.4-0.1)\times(5.4+0.2\times2-0.3\times2)\times2=0.78(m^3)$

矩形梁工程量＝KL_1 工程量＋KL_2 工程量＋L_1 工程量＝$1.0+2.24+0.78=4.02(m^3)$

（3）平板。平板工程量＝板长×板宽×板厚－柱所占体积

$$=(7.2+0.2\times2)\times(5.4+0.2\times2)\times0.1-0.4\times0.4\times0.1\times4$$

$$=4.408-0.064=4.34(m^3)$$

2. 编制工程量清单

见表 3.20。

表 3.20　　　　　　　　　　　　　应列清单项目表

序号	项目编码	项目名称	项目特征描述	计量单位	工程数量
1	010402001001	现浇混凝土矩形柱	柱高 3m，断面尺寸为 400mm×400mm，C25 商品混凝土	m^3	1.92
2	010403002001	现浇混凝土矩形梁	断面尺寸为 250mm×500mm，C25 商品混凝土	m^3	1.00
3	010403002002	现浇混凝土矩形梁	断面尺寸为 300mm×650mm，C25 商品混凝土	m^3	2.24
4	010403002003	现浇混凝土矩形梁	断面尺寸为 250mm×400mm，C25 商品混凝土	m^3	0.78
5	010405003001	现浇混凝土平板	板厚为 100mm，C25 商品混凝土	m^3	4.34

【例 3.8】　（接［例 3.7］）如图 3.25 所示，若屋面设计为挑檐，试计算其挑檐工程量。

【解】　挑檐工程量＝挑檐断面积×挑檐长度

从图 3.25 可以看出，挑檐工程量应计算挑檐平板及挑檐立板两部分。而这两部分的计算长度不同，故应分别计算。

$$外墙外边线长=(5.4+0.2\times2+7.2+0.2\times2)\times2=26.8(m)$$

$$挑檐平板工程量=0.6\times0.1\times\left(26.8+\frac{0.6}{2}\times8\right)$$

$$=0.6\times0.1\times29.2=1.75(m^3)$$

$$挑檐立板工程量=(0.5-0.1)\times0.08\times\left[26.8+\left(0.6-\frac{0.08}{2}\right)\times8\right]$$

$$=0.4\times0.08\times31.28=1.0(m^3)$$

挑檐工程量＝挑檐平板工程量＋挑檐立板工程量＝$1.75+1.0=2.75(m^3)$

6. 现浇混凝土楼梯

现浇混凝土楼梯项目包括分为直形楼梯（编码 010406001）和弧形楼梯（编码 010406002）两个清单项目。

其工程量清单项目设置及工程量计算规则应按表 3.21 的规定执行。

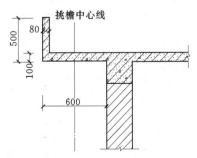

图 3.25　挑檐剖面图（单位：mm）

表 3.21 现浇混凝土楼梯（编码：010406）

项目编码	项目名称	项目特征	计量单位	工程量计算规则	工程内容
10406001	直形楼梯	1. 混凝土强度等级； 2. 混凝土拌和料要求	m^2	按设计图示尺寸以水平投影面积计算。不扣除宽度小于 500mm 的楼梯井，伸入墙内部分不计算	混凝土制作、运输、浇筑、振捣、养护
10406002	弧形楼梯				

（1）水平投影面积包括休息平台、平台梁、斜梁以及楼梯与楼板连接的梁，如图 3.26 所示。当整体楼梯与现浇楼板无梯梁连接时，以楼梯的最后一个踏步边缘加 300mm 为界。

（2）当楼梯各层水平投影面积相等时：

$$楼梯工程量 = L \times B \times 楼梯层数 - 各层梯井所占面积（梯井宽大于 500mm 时）\qquad (3.11)$$

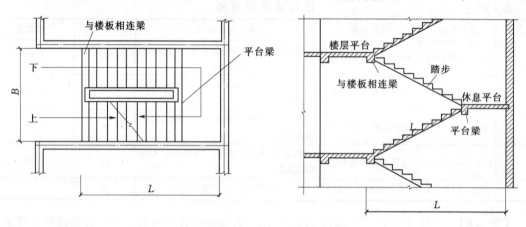

图 3.26 楼梯平面图及剖面图

（3）单跑楼梯的工程量计算与直形楼梯、弧形楼梯的工程量计算相同，单跑楼梯如无中间休息平台时，应在工程量清单中进行描述。

7. 现浇混凝土其他构件

现浇混凝土其他构件项目包括其他构件（编码 010407001），散水、坡道（编码 010407002），电缆沟、地沟（编码 010407003）3 个清单项目。

其他构件项目适用于小型池槽、压顶（加强稳定封顶的构件，较宽）、扶手（依附之用的附握构件，较窄）、垫块、台阶、门框等；散水、坡道项目适用于结构层为混凝土的散水、坡道；电缆沟、地沟项目适用于沟壁为混凝土的地沟项目。

其工程量清单项目设置及工程量计算规则应按表 3.22 的规定执行。

表 3.22 现浇混凝土其他构件（编码：010407）

项目编码	项目名称	项目特征	计量单位	工程量计算规则	工程内容
010407001	其他构件	构件的类型； 构件截面； 混凝土强度等级； 混凝土拌和料要求	m^3 （m^2、m）	按设计图示尺寸以体积计算。不扣除构件内钢筋、预埋铁件所占体积	混凝土制作、运输、浇筑、振捣、养护

项目编码	项目名称	项目特征	计量单位	工程量计算规则	工程内容
010407002	散水、坡道	垫层厚度； 面层厚度； 混凝土强度等级； 混凝土拌和料要求； 垫层材料种类； 填塞材料种类	m²	按设计图示尺寸以面积计算。不扣除单个面积 0.3m² 以内的孔洞所占面积	地基夯实； 垫层铺筑、夯实； 混凝土制作、运输、浇筑、振捣、养护； 变形缝填塞
010407003	电缆沟、地沟	沟截面； 垫层厚度； 混凝土强度等级； 混凝土拌和料要求； 垫层材料种类； 防护材料种类	m	按设计图示以中心线长度计算	挖运土石； 垫层铺筑、夯实； 混凝土制作、运输、浇筑、振捣、养护； 刷防护材料

（1）扶手、压顶按长度（包括伸入墙内的长度）计算，计量单位 m；台阶按水平投影面积计算，计量单位 m²。台阶与平台连接时，其分界线以最上层踏步外沿加 300mm 计算。

（2）散水、坡道、电缆沟、地沟需抹灰时，其费用应包含在报价内。

【例 3.9】 图 3.28 所示为某房屋平面及台阶示意图，试计算其台阶和散水工程量。

【解】 1. 台阶工程量

由图 3.28（a）可以看出，本例台阶与平台相连，故台阶应算至最上一层踏步外沿 300mm，如图 3.27（b）所示。

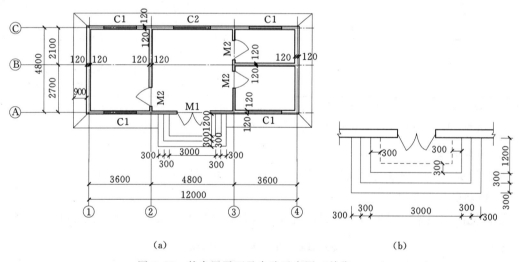

图 3.27 某房屋平面及台阶示意图（单位：mm）

（a）房屋平面；（b）台阶示意图

台阶工程量＝水平投影面积

$$＝(3.0＋0.3×4)×(1.2＋0.3×2)－(3.0－0.3×2)×(1.2－0.3)$$

$$＝7.56－2.16＝5.4(m^2)$$

2. 散水工程量

散水工程量＝散水中心线长×散水宽－台阶所占面积

$$=(12+0.24+0.45\times2+4.8+0.24+0.45\times2)\times2\times0.9-(3+0.3\times4)\times0.9$$
$$=38.16\times0.9-4.2\times0.9=30.56(\text{m}^2)$$

8. 后浇带

后浇带是一种刚性变形缝，适用于不允许留设柔性变形缝的部位。后浇带的浇筑应待两侧结构的主体混凝土干缩变形稳定后进行。后浇带（编码 010408001）项目适用于基础（满堂式）、梁、墙、板的后浇带，一般宽为 700～1000mm。

其工程量清单项目设置及工程量计算规则应按表 3.23 的规定执行。

表 3.23　　　　　　　　　　　　　后浇带（编码：010408）

项目编码	项目名称	项目特征	计量单位	工程量计算规则	工程内容
010408001	后浇带	部位； 混凝土强度等级； 混凝土拌和料要求	m³	按设计图示尺寸以体积计算	混凝土制作、运输、浇筑、振捣、养护

注　"后浇带"项目适用于梁、墙、板的后浇带。

3.1.2.2　预制混凝土构件工程量计算

1. 预制混凝土柱

预制混凝土柱工程量清单项目设置及工程量计算规则按表 3.24 的规定执行。

表 3.24　　　　　　　　　　　　预制混凝土柱（编码：010409）

项目编码	项目名称	项目特征	计量单位	工程量计算规则	工程内容
010409001	矩形柱	柱类型； 单件体积； 安装高度； 混凝土强度等级； 砂浆强度等级	m³ （根）	按设计图示尺寸以体积计算。不扣除构件内钢筋、预埋铁件所占体积； 按设计图示尺寸以"数量"计算	混凝土制作、运输、浇筑、振捣、养护； 构件制作、运输； 构件安装； 砂浆制作、运输； 接头灌缝、养护
010409002	异形柱				

注　预制构件的制作、运输、安装、接头灌缝等工序的费用都应包括在相应项目的报价内，不需分别编码列项。但其吊装机械（如履带式起重机、塔式起重机等）不应包含在内，应列入措施项目费。

2. 预制混凝土梁

预制混凝土梁工程量清单项目设置及工程量计算规则按表 3.25 的规定执行。

3. 预制混凝土屋架

预制混凝土屋架工程量清单项目设置及工程量计算规则按表 3.26 的规定执行。

表 3.25　　　　　　　　　　　　预制混凝土梁（编码：010410）

项目编码	项目名称	项目特征	计量单位	工程量计算规则	工程内容
010410001	矩形梁	单件体积； 安装高度； 混凝土强度等级； 砂浆强度等级	m³ （根）	按设计图示尺寸以体积计算。不扣除构件内钢筋、预埋铁件所占体积	混凝土制作、运输、浇筑、振捣、养护； 构件制作、运输； 构件安装； 砂浆制作、运输； 接头灌缝、养护
010410002	异形梁				
010410003	过梁				
010410004	拱形梁				
010410005	鱼腹式吊车梁				
010410006	风道梁				

表 3.26 预制混凝土屋架（编码：010411）

项目编码	项目名称	项目特征	计量单位	工程量计算规则	工程内容
010411001	折线型屋架	屋架的类型、跨度； 单件体积； 安装高度； 混凝土强度等级； 砂浆强度等级	m³ （榀）	按设计图示尺寸以体积计算。不扣除构件内钢筋、预埋铁件所占体积	混凝土制作、运输、浇筑、振捣、养护； 构件制作、运输； 构件安装； 砂浆制作、运输； 接头灌缝、养护
010411002	组合屋架				
010411003	薄腹屋架				
010411004	门式刚架屋架				
010411005	天窗架屋架				

注 组合屋架中钢杆件应按金属结构工程中相应项目编码列项，工程量按质量以 t 计算。

4. 预制混凝土板

预制混凝土板工程量清单项目设置及工程量计算规则按表 3.27 的规定执行。

表 3.27 预制混凝土板（编码：010412）

项目编码	项目名称	项目特征	计量单位	工程量计算规则	工程内容
010412001	平板	构件尺寸； 安装高度； 混凝土强度等级； 砂浆强度等级	m³ （块）	按设计图示尺寸以体积计算。不扣除构件内钢筋、预埋铁件及单个尺寸 300mm×300mm 以内的孔洞所占体积，扣除空心板空洞体积	混凝土制作、运输、浇筑、振捣、养护； 构件制作、运输； 构件安装； 升板提升； 砂浆制作、运输； 接头灌缝、养护
010412002	空心板				
010412003	槽形板				
010412004	网架板				
010412005	折线板				
010412006	带肋板				
010412007	大型板				
010412008	沟盖板、井盖板、井圈	构件尺寸； 安装高度； 混凝土强度等级； 砂浆强度等级	m³ （块、套）	按设计图示尺寸以体积计算。不扣除构件内钢筋、预埋铁件所占体积	混凝土制作、运输、浇筑、振捣、养护； 构件制作、运输； 构件安装； 砂浆制作、运输； 接头灌缝、养护

注 1. 项目特征内的构件标高（如梁底标高、板底标高等）、安装高度，不需要每个构件都注上标高和高度，而是要求选择关键部件注明，以便投标人选择吊装机械和垂直运输机械。
　　2. 同类型同规格的预制混凝土板、沟盖板，其工程量可按数量计，计量单位"块"；同类型同规格的混凝土井圈、井盖板，工程量可按数量计，计量单位"套"。

5. 预制混凝土楼梯

预制混凝土楼梯工程量清单项目设置及工程量计算规则按表 3.28 的规定执行。

表 3.28 预制混凝土楼梯（编码：010413）

项目编码	项目名称	项目特征	计量单位	工程量计算规则	工程内容
010413001	楼梯	楼梯类型； 单件体积； 混凝土强度等级； 砂浆强度等级	m³	按设计图示尺寸以体积计算。不扣除构件内钢筋、预埋铁件所占体积，扣除空心踏步板空洞体积	混凝土制作、运输、浇筑、振捣、养护； 构件制作、运输； 构件安装； 砂浆制作、运输； 接头灌缝、养护

6. 其他预制构件

其他预制构件工程量清单项目设置及工程量计算规则按表 3.29 的规定执行。

表 3.29　　　　　　　　　　　其他预制构件（编码：010414）

项目编码	项目名称	项目特征	计量单位	工程量计算规则	工程内容
010414001	烟道、垃圾道、通风道	构件类型；单件体积；安装高度；混凝土强度等级；砂浆强度等级	m³	按设计图示尺寸以体积计算。不扣除构件内钢筋、预埋铁件及单个尺寸 300mm×300mm 以内的孔洞所占体积，扣除烟道、垃圾道、通风道的孔洞所占体积	混凝土制作、运输、浇筑、振捣、养护；（水磨石）构件制作、运输；构件安装；砂浆制作、运输；接头灌缝、养护；酸洗、打蜡
010414002	其他构件	构件的类型；单件体积；水磨石面层厚度；安装高度；混凝土强度等级；水泥石子浆配合比；石子品种、规格、颜色；酸洗、打蜡要求	m³	按设计图示尺寸以体积计算。不扣除构件内钢筋、预埋铁件及单个尺寸 300mm×300mm 以内的孔洞所占体积，扣除烟道、垃圾道、通风道的孔洞所占体积	
010414003	水磨石构件				

注　"水磨石构件"需要打蜡抛光时，应包括在报价内。

3.1.2.3　混凝土构筑物工程量计算

混凝土构筑物工程量清单项目设置及工程量计算规则按表 3.30 的规定执行。

表 3.30　　　　　　　　　　　混凝土构筑物（编码：010415）

项目编码	项目名称	项目特征	计量单位	工程量计算规则	工程内容
010415001	储水（油）池	池类型；混凝土强度等级；混凝土拌和料要求	m³	按设计图示尺寸以体积计算。不扣除构件内钢筋、预埋铁件及单个面积 0.3m² 以内的孔洞所占体积	混凝土制作、运输、浇筑、振捣、养护
010415002	储仓	类型、高度；混凝土强度等级；混凝土拌和料要求	m³	按设计图示尺寸以体积计算。不扣除构件内钢筋、预埋铁件及单个面积 0.3m² 以内的孔洞所占体积	混凝土制作、运输、浇筑、振捣、养护
010415003	水塔	类型；支筒高度、水箱容积；倒圆锥形罐壳厚度、直径；混凝土强度等级；混凝土拌和料要求；砂浆强度等级	m³	按设计图示尺寸以体积计算。不扣除构件内钢筋、预埋铁件及单个面积 0.3m² 以内的孔洞所占体积	混凝土制作、运输、浇筑、振捣、养护；预制倒圆锥形罐壳、组装、提升、就位；砂浆制作、运输；接头灌缝、养护
010415004	烟囱	高度；混凝土强度等级；混凝土拌和料要求	m³	按设计图示尺寸以体积计算。不扣除构件内钢筋、预埋铁件及单个面积 0.3m² 以内的孔洞所占体积	混凝土制作、运输、浇筑、振捣、养护

3.1.2.4 钢筋工程工程量计算

钢筋工程工程量清单项目设置及工程量计算规则按表 3.31 的规定执行。

表 3.31 **钢筋工程（编码：010416）**

项目编码	项目名称	项目特征	计量单位	工程量计算规则	工程内容
010416001	现浇混凝土钢筋	钢筋种类、规格	t	按设计图示钢筋（网）长度（面积）乘单位理论质量计算	钢筋（网、笼）制作、运输；钢筋（网、笼）安装
010416002	预制构件钢筋				
010416003	钢筋网片				
010416004	钢筋笼				
010416005	先张法预应力钢筋	钢筋种类、规格；锚具种类	t	按设计图示钢筋长度乘单位理论质量计算	钢筋制作、运输；钢筋张拉
010416006	后张法预应力钢筋	钢筋种类、规格；钢丝束种类、规格；钢绞线种类、规格；锚具种类；砂浆强度等级	t	按设计图示钢筋（丝束、绞线）长度乘单位理论质量计算；低合金钢筋两端均采用螺杆锚具时，钢筋长度按孔道长度减 0.35m 计算，螺杆另行计算；低合金钢筋一端采用镦头插片、另一端采用螺杆锚具时，钢筋长度按孔道长度计算，螺杆另行计算；低合金钢筋一端采用镦头插片、另一端采用帮条锚具时，钢筋长度按孔道长度增加 0.15m 计算；两端均采用帮条锚具时，钢筋长度按孔道长度增加 0.3m 计算；低合金钢筋采用后张混凝土自锚时，钢筋长度按孔道长度增加 0.35m 计算；低合金钢筋（钢绞线）采用 JM、XM、QM 型锚具，孔道长度在 20m 以内时，钢筋长度按孔道长度增加 1m 计算；孔道长度在 20m 以外时，钢筋（钢绞线）长度按孔道长度增加 1.8m 计算	钢筋、钢丝束、钢绞线制作、运输；钢筋、钢丝束、钢绞线安装；预埋管孔道铺设；锚具安装；砂浆制作、运输；孔道压浆、养护
010416007	预应力钢丝		t		
010416008	预应力钢绞线				

（1）钢筋工程应区分现浇、预制构件、不同钢种和规格，分别按设计长度乘以单位重量，以吨计算。

（2）计算钢筋工程量时，设计已规定钢筋搭接长度的，按规定搭接长度计算；设计未规定搭接长度的，已包括在钢筋的损耗率之内，不另计算搭接长度。钢筋电渣压力焊接、套筒挤压等接头，以个计算。

（3）先张法预应力钢筋，按构件外形尺寸计算长度，后张法预应力钢筋按设计图规定的预应力钢筋预留孔道长度，并区别不同的锚具类型，分别按下列规定计算。

1）低合金钢筋两端均采用螺杆锚具时，钢筋长度按孔道长度减 0.35m 计算，螺杆另行计算。

2）低合金钢筋一端采用墩头插片、另一端采用螺杆锚具时，钢筋长度按孔道长度计算，螺杆另行计算。

3）低合金钢筋一端采用墩头插片、另一端采用帮条锚具时，钢筋长度按孔道长度增加
0.15m 计算；两端均采用帮条锚具时，钢筋长度按孔道长度增加 0.3m 计算。

4）低合金钢筋采用后张混凝土自锚时，钢筋长度按孔道长度增加 0.35m 计算。

5）低合金钢筋（钢绞线）采用 JM、XM、QM 型锚具，孔道长度在 20m 以内时，钢筋
长度按孔道长度增加 1m 计算；孔道长度在 20m 以外时，钢筋（钢绞线）长度按孔道长度增
加 1.8m 计算。

6）碳素钢丝采用锥形锚具，孔道长度在 20m 以内时，钢丝束长度按孔道长度增加 1m
计算；孔道长度在 20m 以上时，钢丝束长度按孔道长度增加 1.8m 计算。

7）碳素钢丝束采用墩头锚具时，钢丝束长度按孔道长度增加 0.35m 计算。

螺栓、铁件工程工程量清单项目设置及工程量计算规则按表 3.32 的规定执行。

表 3.32 螺栓、铁件（编码：010417）

项目编码	项目名称	项目特征	计量单位	工程量计算规则	工程内容
010417001	螺栓	钢材种类、规格；螺栓长度；铁件尺寸	t	按设计图示尺寸以质量计算	螺栓（铁件）制作、运输；螺栓（铁件）安装
010417002	预埋铁件				

【例 3.10】 如图 3.28 所示为某房屋标准层的结构平面图。已知板的混凝土强度等级
为 C25，板厚为 100mm，正常环境下使用。试计算板内钢筋工程量（板中未注明分布钢筋
按Φ6@200 计算）。

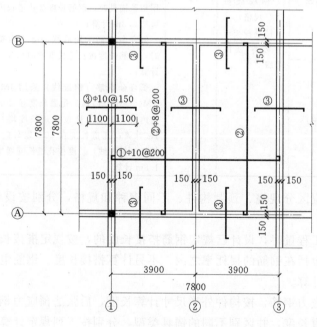

图 3.28 某房屋标准层结构平面图（单位：mm）

【解】 1. 分析

通过对图 3.28 的分析可以知道，板中共需配置 3 种钢筋：①号、②号受力钢筋，③号
负弯矩筋，按构造要求在③号负弯矩筋下设置分布钢筋。

2. 计算钢筋长度

(1) ①号钢筋（Φ10@200）。

①号钢筋（Φ10）每根长度＝轴线长＋两个弯钩长

$$=3.9\times2+6.25\times0.01\times2=7.93(m)$$

①号钢筋（Φ10）的根数$=\dfrac{7.8-0.15\times2-0.05\times2}{0.2}+1\approx38($根$)$

①号钢筋（Φ10）总长＝7.93×38＝301.34(m)

(2) ②号钢筋（Φ8@200）。

②号钢筋（Φ8）每根长度＝7.8＋2×6.25×0.008＝7.9(m)

②号钢筋（Φ8）的根数$=\dfrac{3.9-0.15\times2-0.05\times2}{0.2}+1\approx19($根$)$

②号钢筋（Φ8）总长＝7.9×19×2＝300.2(m)

(3) ③号钢筋（Φ10@150）。

③号钢筋（Φ10）每根长度＝直长度＋两个弯钩长度

弯钩长度＝板厚－板上部混凝土保护层厚度

③号钢筋（Φ10）每根长度＝1.1×2＋2×(0.1－0.015)＝2.2＋0.17＝2.37(m)

③号钢筋根数$=\left(\dfrac{7.8-0.15\times2-0.05\times2}{0.15}+1\right)\times3+\left(\dfrac{3.9-0.15\times2-0.05\times2}{0.15}+1\right)\times2\times2$

$$\approx(49+1)\times3+(23+1)\times2\times2$$

$$\approx246($根$)$

③号钢筋（Φ10）总长＝2.37×246＝583.02(m)

(4) 分布钢筋（Φ6@200）。

分布钢筋不设弯钩，则

分布钢筋（Φ6）每根长度＝7.8m

分布钢筋根数$=\left(\dfrac{1.1-0.15-0.05}{2}+1\right)\times2\times5=(4+1)\times2\times5=50($根$)$

分布钢筋(Φ6)总长＝7.8×50＝390(m)

3. 计算钢筋质量

钢筋质量＝钢筋总长×钢筋每米长质量

Φ10 钢筋质量＝(301.34＋583.02)×0.617＝884.36×0.617＝545.65(kg)

Φ8 钢筋质量＝300.2×0.395＝118.58(kg)

Φ6 钢筋质量＝390×0.222＝86.58(kg)

学习情境 3.2 主体框架结构计价

3.2.1 工程量计价概述

(1) 工程量清单计价即利用消耗量定额确定某清单项目的综合单价。

(2) 综合单价由人工费、材料费、机械费、管理费、利润、风险费组成。

(3) 确定清单项目综合单价时，首先通过项目特征的描述确定该项目所包含的工程具体内容，再利用《建筑工程预算定额》进行组合报价。

（4）清单计价可组合的内容参照 GB 50500—2008《建设工程工程量清单计价规范》，并结合工程实际情况进行清单综合单价的计算。

3.2.2 工程量计价案例分析

【例 3.11】 某单位传达室基础平面图及基础详图如图 3.29 所示，室外地坪±0.00m，防潮层－0.06m，防潮层以下用 M10 水泥砂浆砌标准砖基础，防潮层以上为多空砖墙身。计算砖基础、防潮层的工程量。

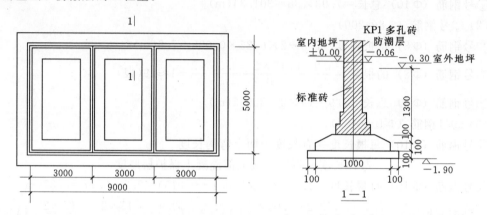

图 3.29 某单位传达室基础平面图及基础详图
（高程单位：m；尺寸单位：mm）

【相关知识】

（1）基础与墙身使用不同材料的分界线位于－60mm 处，在设计室内地坪±300mm 范围以内，因此－0.06m 以下为基础，－0.06m 以上为墙身。

（2）墙的长度计算：外墙按中心线，内墙按净长，大放脚 T 形接头处重叠部分不扣除。

【解】 工程量计算：

外墙基础长度 外：$(9.0+5.0)\times2=28.0$(m)

内墙基础长度 内：$(5.0-0.24)\times2=9.52$(m)

基础高度 $1.30+0.30-0.06=1.54$(m)

大放脚折加高度等高式，240 厚墙，2 步，等高，0.197m。

体积 $0.24\times(1.54+0.197)\times(28.0+9.52)=15.64$(m³)

防潮层面积 $0.24\times(28.0+9.52)=9.00$(m²)

【例 3.12】 某单位传达室基础平面图、剖面图、墙身大样图如图 3.30 所示，构造柱240mm×240mm，有马牙槎与墙嵌接，圈梁 240mm×300mm，屋面板厚 100mm，门窗上口无圈梁处设置过梁厚 120mm，过梁长度为洞口尺寸两边各加 250mm，窗台板厚 60mm，长度为窗洞口尺寸两边各加 60mm，窗两侧有 60mm 宽砖砌窗套，砌体材料为 KP1 多空砖，女儿墙为标准砖，计算墙体工程量。

【相关知识】

（1）墙的长度计算。外墙按外墙中心线，内墙按内墙净长线；墙的高度计算：现浇平屋（楼）面板，算至板底，女儿墙自屋面板顶算至压顶底。

（2）计算工程量时，要扣除嵌入墙身的柱、梁、门窗洞口，凸出墙面的窗套不增加。

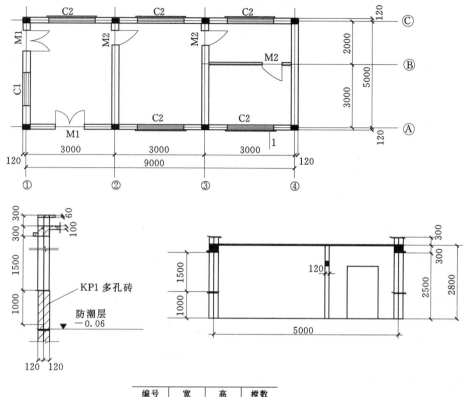

编号	宽	高	樘数
M1	1200	2500	2
M2	900	2100	3
C1	1500	1500	1
C2	1200	1500	5

图 3.30 某单位传达室基础平面图、剖面图、墙身大样图（尺寸单位：mm）

（3）扣构造柱要包括与墙嵌接的马牙槎，本图构造柱与墙嵌接面有 20 个。

（4）因《计价表》中 KP1 多空砖内、外墙为同一定额子目，若砌筑砂浆标号一致，可合并计算。

【解】 工程量计算：

（1）一砖墙。

1）墙长度。

外：（9.0＋5.0）×2＝28.0（m）

内：（5.0－0.24）×2＝9.52（m）

2）墙高度。

（扣圈梁、屋面板厚度，加防潮层至室内地坪高度）

2.8－0.30＋0.06＝2.56（m）

3）外墙体积。

外：0.24×2.56×28.0＝17.20（m³）

减构造柱：0.24×0.24×2.56×8＝1.18（m³）

减马牙槎：0.24×0.06×2.56×1/2×16＝0.29（m³）

减 C1 窗台板：$0.24 \times 0.06 \times 1.62 \times 1 = 0.02(\text{m}^3)$

减 C2 窗台板：$0.24 \times 0.06 \times 1.32 \times 5 = 0.10(\text{m}^3)$

减 M1：$0.24 \times 1.20 \times 2.50 \times 2 = 1.44(\text{m}^3)$

减 C1：$0.24 \times 1.50 \times 1.50 \times 1 = 0.54(\text{m}^3)$

减 C2：$0.24 \times 1.20 \times 1.50 \times 5 = 2.16(\text{m}^3)$

外墙体积 $= 11.47(\text{m}^3)$

4）内墙体积。

内：$0.24 \times 2.56 \times 9.52 = 5.85(\text{m}^3)$

减马牙槎：$0.24 \times 0.06 \times 2.56 \times 1/2 \times 4 = 0.07(\text{m}^3)$

减过梁：$0.24 \times 0.12 \times 1.40 \times 2 = 0.08(\text{m}^3)$

减 M2：$0.24 \times 0.90 \times 2.10 \times 2 = 0.91(\text{m}^3)$

内墙体积 $= 4.79(\text{m}^3)$

5）一砖墙合计。

$$11.47 + 4.79 = 16.26(\text{m}^3)$$

（2）半砖墙。

1）内墙长度　　　　　　$3.0 - 0.24 = 2.76(\text{m})$

2）墙高度　　　　　　$2.80 - 0.10 = 2.70(\text{m})$

3）体积　　　　$0.115 \times 2.70 \times 2.76 = 0.86(\text{m}^3)$

减过梁　　　　$0.115 \times 0.12 \times 1.40 = 0.02(\text{m}^3)$

减 M2　　　　$0.115 \times 0.90 \times 2.10 = 0.22(\text{m}^3)$

4）半砖墙合计 0.62m^3。

（3）女儿墙。

1）墙长度　　　　　　$(9.0 + 5.0) \times 2 = 28.0(\text{m})$

2）墙高度　　　　　　$0.30 - 0.06 = 0.24(\text{m})$

3）体积　　　　$0.24 \times 0.24 \times 28.0 = 1.61(\text{m}^3)$

【例 3.13】　某工程实心砖墙工程量清单示例见表 3.33，按照表 3.33 提供的实心砖墙工程量清单，计算实心砖墙清单项目的综合单价；试编制招标标底价。企业管理费取 20%，利润取 9%。

表 3.33　　　　　　　　　　　　砌筑工程工程量清单

序号	项目编码	项目名称	计量单位	工程数量
1	010302001001	实心砖外墙：MU10 水泥实心砖，墙厚一砖，M5.0 混合砂浆砌筑	m³	120
2	010302001002	实心砖窗下外墙：MU10 水泥实心砖，墙厚 3/4 砖，M5.0 混合砂浆砌筑；外侧 1:2 水泥砂浆加浆勾缝	m³	8.1
3	010302001003	实心砖内隔墙：MU10 水泥实心砖，墙厚 3/4 砖，M5.0 混合砂浆砌筑（墙顶现浇楼板长度 24.6m，板厚 120mm）	m³	60

注　因窗下墙单独采用加浆勾缝，砌体计价组合内容与内隔墙不同，故单独列项。

【解】　本例有三个清单计价项目，计价人根据清单提供的工程量，结合采用的计价定额进行分析计算各项工料机费用，然后按题意计算各清单项目的合价，得出单位清单项目的综合单价。

（1）M5.0 混合砂浆砌筑 MU10 水泥实心砖一砖厚外墙。

套用 2006 年《安徽省建筑工程消耗量定额综合单价》A3—9 子目：

$$人工费 = 47.06 \times 120 = 5647.20（元）$$

$$材料费 = 172.55 \times 120 = 20706.00（元）$$

$$机械费 = 2.34 \times 120 = 280.80（元）$$

$$企业管理费 = (5647.20 + 280.80) \times 20\% = 1185.60（元）$$

$$利润 = (5647.20 + 280.80) \times 9\% = 533.52（元）$$

$$风险 = 0$$

$$项目合价 = 28353.12 元$$

$$综合单价 = 28353.12 / 120 = 236.28（元/m^3）$$

（2）M5.0 混合砂浆砌筑 MU10 水泥实心砖 3/4 砖厚窗下外墙，单面 1：2 水泥砂浆勾缝：

该项目因规范与定额计算墙厚的规则不同及墙外侧做勾缝，需计算计价工程量。

3/4 砖墙体砌筑计价工程量 = 8.10m³

套用 2006 年《安徽省建筑工程消耗量定额综合单价》A3—8 子目：

$$人工费 = 58.28 \times 8.10 = 423.47（元）$$

$$材料费 = 170.05 \times 8.10 = 1377.41（元）$$

$$机械费 = 2.22 \times 8.10 = 17.98（元）$$

$$企业管理费 = (423.47 + 17.98) \times 20\% = 88.29（元）$$

$$利润 = (423.47 + 17.98) \times 9\% = 39.73（元）$$

$$项目合价 = 1946.88 元$$

$$综合单价 = 1946.88 / 8.10 = 240.36（元/m^3）$$

（3）M5.0 混合砂浆砌筑 MU10 水泥实心砖 3/4 砖厚内隔墙。

因墙体工程量计算规则对墙厚及扣板体积的不同，需按照清单描述数据对清单工程量作一定调整后再套用定额进行计价。

$$定额砌筑工程量 = （计算至楼板顶工程量 - 墙上楼板所占体积）\times 厚度比$$

$$= (60 - 24.6 \times 0.12 \times 0.18) \times 178/180 = 58.81（m^3）$$

套用 2006 年《安徽省建筑工程消耗量定额综合单价》A3—8 子目：

$$人工费 = 58.28 \times 58.81 = 3427.85（元）$$

$$材料费 = 170.05 \times 58.81 = 10000.64（元）$$

$$机械费 = 2.22 \times 58.81 = 130.56（元）$$

$$企业管理费 = (3427.85 + 130.56) \times 20\% = 711.68（元）$$

$$利润 = (3427.85 + 130.56) \times 9\% = 320.26（元）$$

$$项目合价 = 14590.99（元）$$

综合单价＝14590.99/60＝243.18(元/m³)

分部分项工程量清单计价表见表 3.34。

表 3.34　　　　　　　　　　　　分部分项工程量清单计价表

序号	项目编码	项目名称	计量单位	工程数量	金额（元）	
					综合单价	合价
1	010302001001	实心砖外墙：MU10 水泥实心砖，墙厚一砖，M5.0 混合砂浆砌筑	m³	120.00	236.28	28353.12
2	010302001002	实心砖窗下外墙：MU10 水泥实心砖，墙厚 3/4 砖，M5.0 混合砂浆砌筑；外侧 1：2 水泥砂浆加浆勾缝	m³	8.10	240.36	1946.88
3	010302001003	实心砖内隔墙：MU10 水泥实心砖，墙厚 3/4 砖，M5.0 混合砂浆砌筑（墙顶现浇楼板长度 24.6m，板厚 120mm）	m³	60.00	243.18	14590.99

【例 3.14】　　如图 3.31 所示构造柱，总高为 24m，16 根，混凝土为 C25，计算构造柱现浇混凝土工程量，确定定额项目。企业管理费取 20％，利润取 9％。

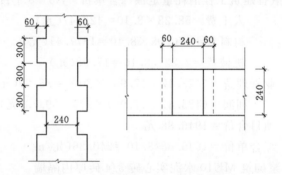

图 3.31　构造柱示意图（单位：mm）

【解】　　构造柱混凝土工程量＝(0.24＋0.06)×0.24×24×16＝27.65(m³)

套用 2006 年《安徽省建筑工程消耗量定额综合单价》A4—15 子目：

人工费＝73.73×27.65＝2038.63(元)

材料费＝183.56×27.65＋189.08×0.986×27.65＝10230.30(元)

机械费＝7.77×27.56＝214.14(元)

管理费＝(2038.63＋214.14)×20％＝450.55(元)

利润＝(2038.63＋214.14)×9％＝202.75(元)

项目合价＝13136.67(元)

综合单价＝13136.67/27.65＝475.09(元)

分部分项工程量清单计价见表 3.35。

序号	项目编码	项目名称	计量单位	工程数量	金额（元）	
					综合单价	合价
1	010402001001	矩形柱； 构造柱：高为 24 m，16 根，混凝土为 C25	m³	27.65	475.09	13136.67

表 3.35　　　　　　　　　　分部分项工程量清单计价

项 目 小 结

本项目主要讲述了一般工业与民用建筑工程中常见的砌筑工程与钢筋混凝土工程清单计量规则，摘录了常见项目的清单项目列表，并结合本地区定额内容介绍了计价工程量计算规则及计价方法。通过案例的引导，分析了定额计价与清单计价的内在关系。

习　题

一、思考题

1. 墙身和墙基础是怎样划分的？

2. 砖砌体编制工程量清单时如何描述项目特征？

3. 实心砖墙的计算公式是什么？应扣除的体积有哪些？应增加的体积有哪些？

4. 现浇钢筋混凝土柱、梁、板、墙工程量如何计算？

二、计算题

1. 如图 3.32 所示为某房屋平面及基础剖面图。已知砖基础 M7.5 水泥砂浆砌筑，C10 混凝土垫层 200mm 厚；墙体计算高度为 3m，M5 混合砂浆砌筑；外墙基础钢筋混凝土地梁体积为 2.64m³，内墙基础钢筋混凝土地梁体积为 0.37m³；墙体内埋件及门窗洞口尺寸见表 3.36。试计算基础及墙体的清单工程量，并编制其工程量清单。

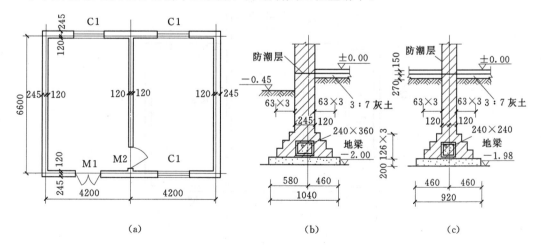

图 3.32　某房屋平面及基础剖面图（高程单位：m；尺寸单位：mm）
(a) 房屋平面图；(b) 外墙基础剖面图；(c) 外墙基础剖面图

表 3.36 门窗洞口尺寸及墙体埋件体积表

门窗名称	洞口尺寸（长×宽）（mm×mm）	构件名称过梁		构件体积（m³）
M1	1200×2100	过梁	外墙	0.51
M2	1000×2100		内墙	0.06
C1	1500×1500	圈梁	外墙	2.23
			内墙	0.31

2. 某砖混结构两层住宅平面图如图 3.33 所示。钢筋混凝土屋面板上表面高度为6.00m，每层高均为3.00m，内外墙厚均为240mm；外墙上均有女儿墙，高600mm，厚240mm；现浇钢筋混凝土楼板、屋面板厚度均为110mm。已知内墙砖基础为两层等高大放脚；外墙上的过梁、圈梁体积为3.40m³，内墙上的过梁、圈梁体积为2.0m³；门窗洞口尺寸：C1为1500mm×1200mm，M1为900mm×2000mm，M2为1000mm×2100mm。试计算以下工程量：（1）砖外墙；（2）砖内墙。

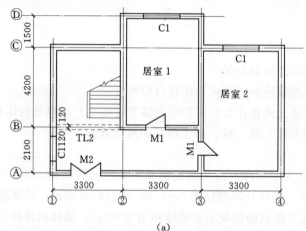

（a）

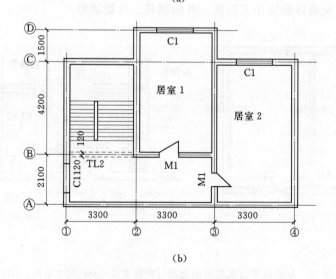

（b）

图 3.33 某住宅平面图（单位：mm）

（a）首层平面图；（b）二层平面图

3. 某工业厂房柱的断面尺寸为 400mm×600mm，杯形基础尺寸如图 3.34 所示，试求杯形基础的混凝土工程量。

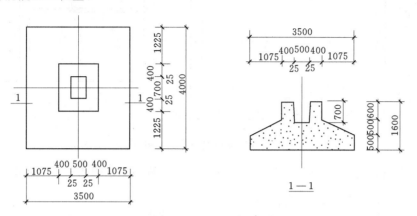

图 3.34　某杯形基础尺寸图（单位：mm）

4. 某建筑物基础采用 C20 钢筋混凝土，平面图形和结构构造如图 3.35 所示，试计算钢筋混凝土的工程量。（图中基础的轴心线与中心线重合，括号内为内墙尺寸）。

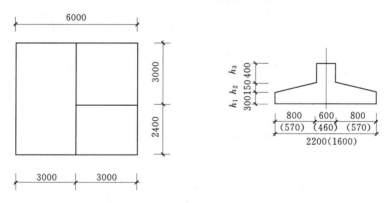

图 3.35　某建筑物基础平面及断面图（单位：mm）

5. 如图 3.36 所示构造柱，总高为 24m，混凝土为 C25，计算构造柱现浇混凝土工程量。

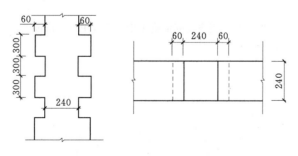

图 3.36　构造柱示意图（单位：mm）

6. 某工程现浇钢筋混凝土无梁板尺寸如图 3.37 所示，计算现浇钢筋混凝土无梁板混凝土工程量。

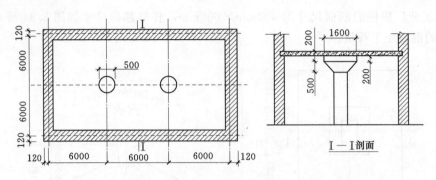

图 3.37 某工程现浇钢筋混凝土无梁板（单位：mm）

7. 某现浇钢筋混凝土有梁板如图 3.38 所示，计算现浇钢筋混凝土有梁板的工程量。

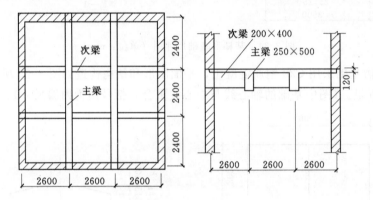

图 3.38 某现浇钢筋混凝土有梁板（单位：mm）

8. 计算如图 3.39 所示的现浇钢筋混凝土阳台板的混凝土工程量。

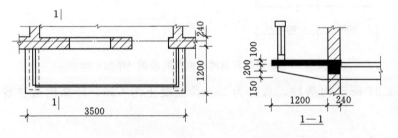

图 3.39 现浇钢筋混凝土阳台板（单位：mm）

项目4 主体钢结构计量与计价

学习目标：通过本项目的学习，掌握钢结构工程清单工程量计算规则，并掌握其清单计价方法。

学习情境 4.1 钢结构工程识图的基本知识

4.1.1 常用型钢的标注方法

常用型钢的标注方法应符合表 4.1 中的规定。

表 4.1　　　　　　　　　　　　　常用型钢的标注方法

序号	名　称	截　面	标　注	说　明
1	等边角钢		$b \times t$	b 为肢宽 t 为肢厚
2	不等边角钢	B	$B \times b \times t$	B 为长肢宽；b 为短肢宽；t 为肢厚
3	工字钢		N　　Q N	轻型工字钢加注 Q 字 N 为工实钢的型号
4	槽钢		N　　Q N	轻型槽钢加注 Q 字 N 为槽钢的型号
5	方钢	b	b	
6	扁钢	b	$b \times t$	
7	钢板		$\dfrac{b \times t}{l}$	$\dfrac{宽 \times 厚}{板长}$
8	圆钢		ϕd	
9	钢管		$DN \times \times$ $d \times t$	内径 外径×壁厚

续表

序号	名　称	截　面	标　注	说　明
10	薄壁方钢管		B $b×t$	
11	薄壁等肢角钢		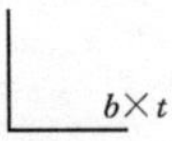 B $b×t$	
12	薄壁等肢卷边角钢	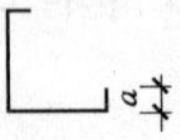	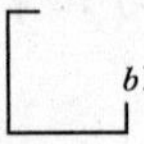 B $b×a×t$	薄壁型钢加注 B 字 t 为壁厚
13	薄壁槽钢		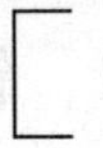 B $h×b×t$	
14	薄壁卷边槽钢	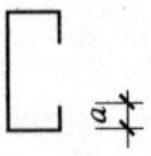	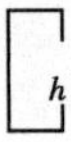 B $h×b×a×t$	
15	薄壁卷边 Z 型钢	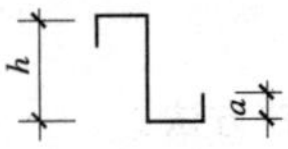	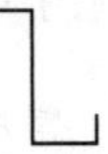 B $h×b×a×t$	
16	T 型钢	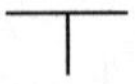	TW×× TM×× TN××	TW 宽翼缘 T 型钢 TM 中翼缘 T 型钢 TN 窄翼缘 T 型钢
17	H 型钢		HW×× HM×× HN××	HW 宽翼缘 H 型钢 HM 中翼缘 H 型钢 HN 窄翼缘 H 型钢
18	起重机钢轨		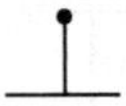 QU××	详细说明产品规格型号
19	轻轨及钢轨	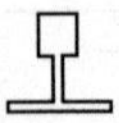	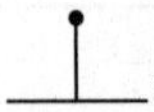 ××kg/m 钢轨	

4.1.2　螺栓、孔、电焊铆钉的表示方法

螺栓、孔、电焊铆钉的表示方法应符合表 4.2 中的规定。

4.1.3　常用焊缝的表示方法

焊接钢构件的焊缝除应按现行的国家标准《焊缝符号表示法》（CGB 324）中的规定外，还应符合本部分的各项规定。

（1）单面焊握的标注方法应符合下列规定。

1）当箭头指向焊缝所在一面时，应将图形符号和尺寸标注在横线的上方，如图 4.1（a）所示；当箭头指向焊缝所在的另一面（相对应的那面）时，应将图形符号和尺寸标注在横线的下方，如图 4.1（b）所示。

2）表示环绕工作件周围的焊缝时，其围焊焊缝的符号为圆圈，绘在引出线的转折处，并标注焊角尺寸 K，如图 4.1（c）所示。

表 4.2　　　　　　　　　　　　　　螺栓、孔、电焊铆钉的表示方法

序号	名称	图例	说　明
1	永久螺栓		
2	高强度螺栓		
3	安装螺栓		细"+"线表示定位线； M 表示螺栓型号； ϕ 表示螺栓孔直径； d 表示膨胀螺栓、电焊铆钉直径； 采用引出线标注螺栓时，横线上标注螺栓规 格，横线下标注螺栓孔直径
4	胀锚螺栓		
5	圆形螺栓孔		
6	长圆形螺栓孔		
7	电焊铆钉		

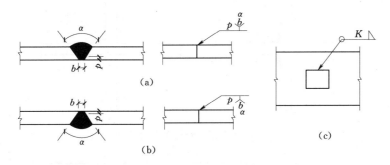

图 4.1　单面焊缝的标注方法

（2）双面焊缝的标注，应在横线的上、下都标注符号和尺寸。上方表示箭头一面的符号和尺寸，下方表示另一面的符号和尺寸，如图 4.2（a）所示；当两面的焊缝尺寸相同时，只需在横线上方标注焊缝的符号和尺寸，如图 4.2（b）、图 4.2（c）、图 4.2（d）所示。

（3）3 个和 3 个以上的焊件相互焊接的焊缝，不得作为双面焊缝标注。其焊缝符号和尺寸应分别标注，如图 4.3 所示。

（4）相互焊接的 2 个焊件中，当只有 1 个焊件带坡口时（如单面 V 形），引出线箭头必须指向带坡口的焊件，如图 4.4 所示。

（5）相互焊接的 2 个焊件，当为单面带双边不对称坡口焊缝时，引出线箭头必须指向较大坡口的焊件，如图 4.5 所示。

（6）当焊缝分布不规则时，在标注焊缝符号的同时，宜在焊缝处加中实线（表示可见焊缝），或加细栅线（表示不可见焊缝），如图 4.6 所示。

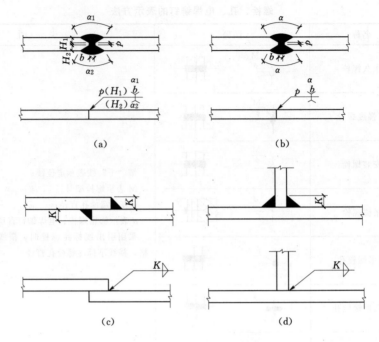

(a)　　　　　　　　　　　　(b)

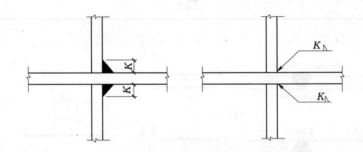

(c)　　　　　　　　　　　　(d)

图 4.2　双面焊缝的标注方法

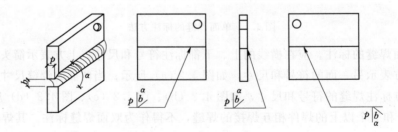

图 4.3　3 个以上焊缝的标注方法

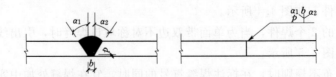

图 4.4　1 个焊件带坡口的焊缝标注方法

图 4.5　不对称坡口焊缝的标注方法

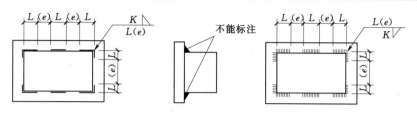

图 4.6　不规则焊缝的标注方法

（7）相同焊缝符号应按下列方法表示。

1）在同一图形上，当焊缝型式、断面尺寸和辅助要求均相同时，可只选择一处标注焊缝的符号和尺寸，并加注"相同焊缝符号"，相同焊缝符号为 3/4 圆弧，绘在引出线的转折处，如图 4.7（a）所示。

（a）　　　　　　　　　　　　　　（b）

图 4.7　相同焊缝的表示方法

2）在同一图形上，当有数种相同的焊缝时，可将焊缝分类编号标注。在同一类焊缝中可选择一处标注焊缝符号和尺寸。分类编号采用大写的拉丁字母 A、B、C…如图 4.7（b）所示。

（8）需要在施工现场进行焊接的焊件焊缝，应标注"现场焊缝"符号。现场焊缝符号为涂黑的三角形旗号，绘在引出线的转折处，如图 4.8 所示。

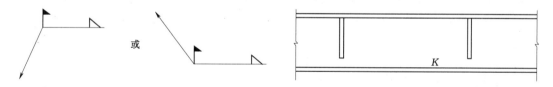

图 4.8　现场焊缝的表示方法　　　　　　图 4.9　较长焊缝的标注方法

（9）图样中较长的角焊缝（如焊接实腹钢梁的翼缘焊缝），可不用引出线标注，而直接在角焊缝旁标注焊缝尺寸值 K，如图 4.9 所示。

（10）熔透角焊缝的符号应按如图 4.10 所示的方式标注。熔透角焊缝的符号为涂黑的圆圈，绘在引出线的转折处。

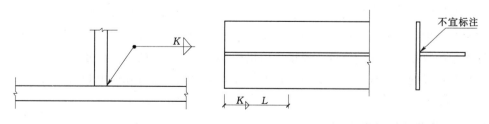

图 4.10　熔透角焊缝的标注方法　　　　图 4.11　局部焊缝的标注方法

（11）局部焊缝应按如图 4.11 所示的方式标注。

4.1.4　尺寸标注

（1）两构件的两条很近的重心线，应在交会处将其各自向外错开，如图 4.12 所示。

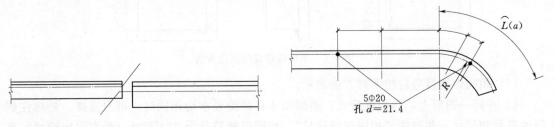

图 4.12　两构件重心线不重合的表示方法　　　图 4.13　弯曲构件尺寸的标注方法

（2）弯曲构件的尺寸应沿其弧度的曲线标注弧的轴线长度，如图 4.13 所示。

（3）切割的板材，应标注各线段的长度及位置，如图 4.14 所示。

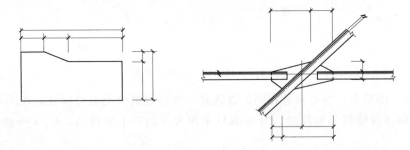

图 4.14　切割板材尺寸的标注方法

（4）不等边角钢的构件，必须标注出角钢一肢的尺寸，如图 4.15 所示。

（5）节点尺寸，应注明节点板的尺寸和各杆件螺栓孔中心或中心距，以及杆件端部至几何中心线交点的距离，如图 4.16 所示。

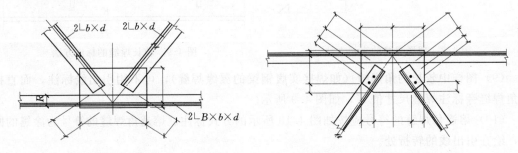

图 4.15　不等边角钢的标注方法　　　　　图 4.16　节点尺寸的标注方法

（6）双型钢组合截面的构件，应注明缀板的数量及尺寸，如图 4.17 所示。引出横线上方标注缀板的数量及缀板的宽度、厚度，引出横线下方标注板的长度尺寸。

（7）非焊接的节点板，应注明节点板的尺寸和螺栓孔中心与几何中心线交点的距离，如图 4.18 所示。

4.1.5　常用构件代号（表 4.3）

常用构件代号，见表 4.3。

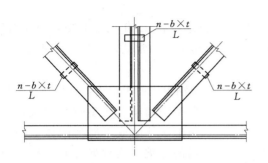

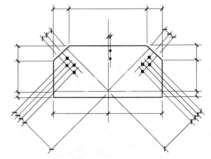

图 4.17　缀板的标注方法　　　　图 4.18　非焊接节点板尺寸的标注方法

表 4.3　　　　　　　　　　　　　常 用 构 件 代 号

序号	名　称	代号	序号	名　称	代号	序号	名　称	代号
1	板	B	19	圈梁	QL	37	承台	CT
2	屋面板	WB	20	过梁	GL	38	设备基础	SJ
3	空心板	KB	21	连续梁	LL	39	桩	ZH
4	槽形板	CB	22	基础梁	JL	40	挡土墙	DQ
5	折板	ZB	23	楼梯梁	TL	41	地沟	DG
6	密肋板	MB	24	框架梁	KL	42	柱间支撑	ZC
7	楼梯板	TB	25	框支梁	KZL	43	垂直支撑	CC
8	盖板或沟盖板	GB	26	屋面框架梁	WKL	44	水平支撑	SC
9	挡雨板或檐口板	YB	27	檩条	LT	45	梯	T
10	吊车安全走道板	DB	28	屋架	WJ	46	雨篷	YP
11	墙板	QB	29	托架	TJ	47	阳台	YT
12	天沟板	TGB	30	天窗架	CJ	48	梁垫	LD
13	梁	L	31	框架	KJ	49	预埋件	M-
14	屋面梁	WL	32	刚架	GJ	50	天窗端壁	TD
15	吊车梁	DL	33	支架	ZJ	51	钢筋网	W
16	单轨吊车梁	DDL	34	柱	Z	52	钢筋骨架	G
17	轨道连接	DGL	35	框架柱	KZ	53	基础	J
18	车挡	CD	36	构造柱	GZ	54	暗柱	AZ

注　1. 预制钢筋混凝土构件、现浇钢筋混凝土构件、钢构件和木构件，一般可直接采用本表中的构件代号。在绘图中，当需要区别上述构件的材料种类时，可在构件代号能加注材料代号，并在图纸中加以说明。
　　2. 预应力钢筋混凝土构件的代号，应在构件代号前加注"Y-"，如 Y-DL 表示预应力钢筋混凝土吊车梁。

学习情境 4.2　钢结构工程构造分析

4.2.1　钢结构工程的结构形式

在钢结构工程中，根据结构形式不同，可划分成多种类型，如门式刚架结构、框架结构、网架结构、钢管结构、索膜结构等。

4.2.1.1　门式刚架结构

门式刚架结构起源于 20 世纪 40 年代，在我国也已经有 20 年的发展史，由于投资少、施工速度快，目前广泛应用于各种房屋中，在工业厂房中最为常见，单跨跨度可达 36m，很容易满足生产工艺对大空间的要求。

门式刚架屋盖体系大多由冷弯薄壁型钢檩条、压型钢板屋面板组成，外墙一般采用冷弯薄壁型钢墙梁和压型钢板墙板，也可以采用砌体外墙或下部为砌体上部为轻质材料的外墙。当刚架柱间距较大时，檩条之间、墙梁之间一般设置圆钢拉条。由于山墙风荷载较大，山墙需要设置抗风柱，同时也便于山墙墙梁和墙面板的安装固定，如图 4.19 所示。

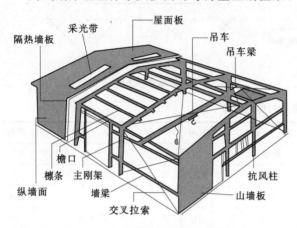

图 4.19　门式刚架房屋的组成示意图

另外，为了保证结构体系的空间稳定，还需要设置柱间支撑、屋面支撑、系杆等支撑体系。柱间支撑一般由张紧的交叉圆钢或角钢组成，屋面支撑大多采用张紧交叉圆钢，系杆采用钢管或其他型钢。当有吊车时，除了吊车梁外，还需要设置吊车制动系统，如制动梁或制动桁架等。门式刚架的基础一般采用钢筋混凝土独立基础。

4.2.1.2　框架结构

框架是由钢梁和钢柱连接组成的一种结构体系，梁与柱的连接可以是刚性连接或者铰接，但不宜全部铰接，当梁柱全部为刚性连接时，也称为纯框架结构，如图 4.20 所示。中、低层钢结构房屋多采用空间框架结构体系，即沿房屋的纵向和横向均采用刚接框架作为主要承重构件和抗侧力构件，也可以采用平面框架体系。

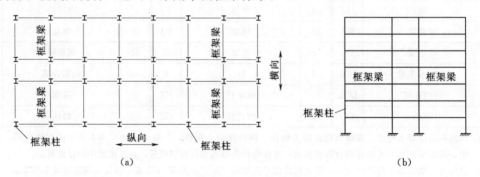

图 4.20　纯框架结构体系
(a) 结构平面图；(b) 横向框架图

框架结构是现代高楼结构中最早出现的结构体系，也是从中、低层到高层范围内广泛采用的最基本的主体结构形式。框架结构无承重墙，对建筑设计而言具有很高的自由度，建筑平面布置灵活，可以做成有较大空间的会议室、餐厅、营业室、教室等，便于实现人流、物流等建筑功能。需要则可用隔断分割成小房间，或拆除隔断改成大房间，使用非常灵活。外墙采用非承重构件，可使建筑立面设计灵活多变，另外轻质墙体的使用还可以大大降低房屋自重，减小地震作用，降低结构和基础造价。框架结构的构件易于标准化生产，施工速度快，而且结构各部分的刚度比较均匀，对地震作用不敏感。

框架梁、柱大多是焊接或轧制 H 形截面，层数较多时框架柱也可以采用箱形截面或者钢管混凝土。楼板一般采用现浇钢筋混凝土楼板或压型钢板—钢筋混凝土组合楼板，为了减轻自重，围护墙及内隔墙一般采用轻质砌块墙、轻质板材墙、幕墙等轻质墙体系。

当框架结构层数较多时，往往以框架为基本结构，在房屋纵向、横向或其他主轴方向布置一定数量的抗侧力体系，如桁架支撑体系、钢筋混凝土或钢板剪力墙、钢筋混凝土筒等，来增大结构侧向刚度，减小侧向变形，这些结构体系分别称为框架—支撑体系、框架—剪力墙体系、框筒体系。

4.2.1.3 网架结构

网架结构是空间网格结构的一种，它是以大致相同的格子或尺寸较小的单元组成。由于网架结构具有优越的结构性能，良好的经济性、安全性与适用性，在我国的应用也比较广泛，特别是在大型公共建筑和工业厂房屋盖中更为常见。

人们通常将平板型的空间网格结构称为网架，将曲面型的空间网格结构称为网壳。网架一般是双层的，在某些情况下也可以做成三层，网壳只有单层和双层两种。网架的中杆件多为钢管，有时也采用其他型钢，材质为 Q235 或 Q345 钢。平板网架无论在设计、制作、施工等方面都比较简便，适用于各种跨度屋盖。

平板网架的类型很多。根据支承条件不同，可以分为周边支承网架［图 4.21 (a)］、三边支承网架、两边支承网架、点式支承网架［图 4.21 (b)］以及混合支承网架等多种。周边支承是指网架周边节点全部搁置在下部结构的梁或柱上，受力条件最好；两边、三边支承是指网架仅有两边或三边设置支承；点式支承是指仅部分节点设置支承，主要用于周边缺乏支承条件的网架；混合支承是上述几种情况的组合。

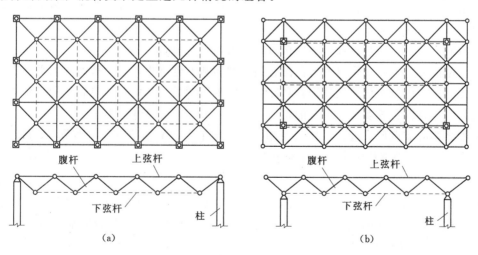

图 4.21 四角锥网架
(a) 正交正放；(b) 正交斜放

根据网格组成情况不同，可以分为四角锥网架（图 4.21）和三角锥网架；根据网格交叉排列形式不同，可分为两向正交正放网架［图 4.21 (a)］、两向正交斜放网架［图 4.21

(b)］、三向网架，比较常用的网架形式是正交正放或正交斜放四角锥网架。

根据网架节点类型不同，可以分为螺栓球网架、焊接空心球网架、焊接钢板节点网架三类，钢板节点应用较少。螺栓球节点由螺栓、钢球、销子（或止紧螺钉）、套筒、封板或锥头组成，如图 4.22 所示，套筒、封板或锥头多采用 Q235 或 Q345 钢，钢球采用 45 号钢，螺栓、销子（或止紧螺钉）采用高强度钢材，如 45 号钢、40B 钢、40Cr 钢或 20MnTiB 钢。空心球可以分为不加肋和加肋两种，如图 4.23 所示，材料为 Q235 或 Q345 钢。

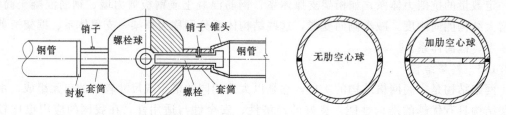

图 4.22 螺栓球节点　　　　　　　图 4.23 焊接空心球

为减轻自重，网架屋面材料大多采用轻质复合板、玻璃、阳光板等，有时也采用混凝土预制板。轻质板通过冷弯型钢檩条或铝型材与网架上弦球上的支托板连接，混凝土板则通过四角预埋件与支托板连接。

4.2.1.4　钢管结构

由闭口管形截面组成的结构体系称为钢管结构。闭口管形截面有很多优点，如抗扭性能好、抗弯刚度大等。如果构件两端封闭，耐腐蚀性也比开口截面有利。此外，用闭口管形截面组成的结构外观比较悦目，也是一个优点。

近些年来，钢管结构在我国得到了广泛的应用，除了网架（壳）结构外，许多平面及空间桁架结构体系均采用钢管结构，特别是在一些体育场、飞机场等大跨度索膜结构中，作为主承重体系的钢管桁架结构应用广泛。但是由于在节点处无连接板件，支管与主管的交界纯属于空间曲线，钢管切割、坡口及焊接时难度大，工艺要求高。

根据截面形状不同，闭口管形截面有圆管截面和方管（矩形管）截面两大类。根据加工成型方法不同，可分为普通热轧钢管和冷弯成型钢管两类，其中普通热轧钢管又分热轧无缝管和高频电焊直缝管等多种。铜管的材质一般采用 Q235 或 Q345 钢。

钢管结构的节点形式最多，如 X 形节点、T 形节点、Y 形节点、K 形节点、KK 形节点等（图 4.24），其中 KK 形节点属于空间节点。

4.2.1.5　索膜结构

索膜结构中的主要受力单元是单向受拉的索和双向受拉的膜，部分索膜结构中还有受压的桁架结构。索膜结构的最大优点是它的经济性，跨度越大经济性越明显。索膜结构如图 4.25、图 4.26、图 4.27 所示。

索膜结构中，索可以是线材、线股或钢丝绳，均采用高强度钢材，外露索一般需要镀锌，防止锈蚀。膜的材料分为织物膜材和箔片两大类，织物由纤维平织或曲织做成，已有较长的应用历史，可以分为聚酯织物和玻璃织物两类。高强度箔片都是由氟塑料制造的，近几年才开始用于结构，具有较高的透光性、防老化和自洁性。

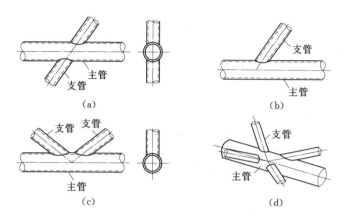

图 4.24　钢管结构的节点形式

(a) X 形节点；(b) T 形、Y 形节点；(c) K 形节点；(d) KK 形节点

图 4.25　平行布置的悬挂结构

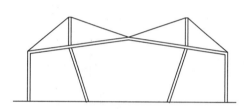

图 4.26　上部斜拉屋面

4.2.2　门式刚架结构

在工业发达国家，门式刚架轻型房屋已经发展数十年，目前已广泛地应用于各种房屋中。近年来，我国也开始较多地采用这种结构。《门式刚架轻型房屋钢结构技术规程》（CECS 102：2002）的颁布，对我国轻型钢结构的推广和应用起了促进和更加规范化的作用。

图 4.27　某体育馆索膜结构外景

4.2.2.1　门式刚架结构形式简介

门式刚架分为单跨［图 4.28 (a)］、双跨［图 4.28 (b)］、多跨［图 4.28 (c)］刚架以及带挑檐的［图 4.28 (d)］和带毗屋的［图 4.28 (e)］刚架等形式。多跨刚架中间柱与刚架斜梁的连接，可采用铰接（俗称摇摆柱）。多跨刚架宜采用双坡或单坡屋盖［图 4.28 (f)］，必要时也可采用多个双坡单跨相连的多跨刚架形式。

4.2.2.2　门式刚架的构造设计

在门式刚架轻型房屋钢结构体系中，屋盖应采用压型钢板屋面板和冷弯薄壁型钢檩条，主刚架可采用变截面实腹刚架，外墙宜采用压型铜板墙板和冷弯薄壁型钢墙梁，也可采用砌体外墙或底部为砌体、上部为轻质材料的外墙。门式刚架为平面结构体系，为保证结构的整

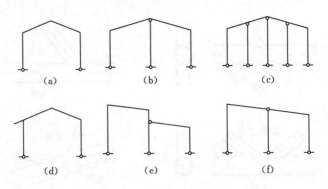

图 4.28 门式刚架结构的形式

体性、稳定性及空间刚度，在每榀刚架间应由纵向构件或支撑系统连接。主刚架斜梁下翼缘和刚架柱内翼缘的平面外稳定性，由与檩条或墙梁相连接的隔撑来保证；主刚架间的交叉支撑可采用张紧的圆钢。门式刚架轻型房屋钢结构构造如图 4.29 所示，目前有檩体系为常用。

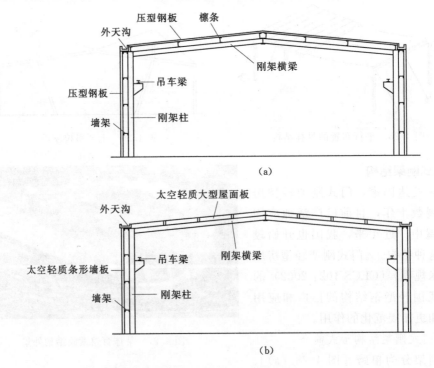

图 4.29 门式刚架的构造设计

(a) 有檩体系；(b) 无檩体系

单层门式刚架轻型房屋可采用隔热卷衬做屋盖隔热和保温层，也可以采用带隔热层的板材做屋面。根据跨度、高度及荷载不同，门式刚架的梁、柱可采用变截面域等截面的实腹焊接 H 形截面或轧制 H 形截面。设有桥式吊车时，柱宜采用等截面构件。变截面构件通常改变腹板的高度。做成楔形，必要时也可以改变腹板厚度。结构构件在运输单元内一般不改变翼缘截面，必要时可改变翼缘厚度，邻接的运输单元可采用不同的翼缘截面。

门式刚架可由多个梁、柱单元构件组成，柱一般为单独单元构件。斜梁可根据运输条件划分为若干个单元。单元构件本身采用焊接，单元之间可通过端板以高强度螺栓连接。门式刚架轻型房屋屋面坡度宜取 1/20～1/8，在雨水较多的地区宜取其中的较大值。

门式刚架的柱脚多按铰接支承设计，通常为平板支座，设一对或两对地脚螺栓。当用于工业厂房且有桥式吊车时，宜将柱脚设计为刚接。

4.2.2.3 门式刚架结构设计要素

1. 建筑尺寸

门式刚架的跨度，应取横向刚架柱轴线间的距离。门式刚架的高度，应取柱脚至柱与斜梁上皮之间的高度。门式刚架的高度，应根据使用要求的室内净高确定，设有吊车的厂房应根据轨顶标高和吊车的净高要求而定。柱的轴线可取通过柱下端（较小端，中心的竖向直线）；工业建筑边柱的定位轴线宜取柱外度；斜梁的轴线可取斜梁上表面平行轴线。

门式刚架的跨度，宜为 9～36m，以 3m 为模数。边柱的宽度不相等时，其外侧要对齐。门式刚架的高度，宜为 4.5～9.0m，必要时可适当加大。门式刚架的间距，即柱网轴线在纵向的距离宜为 6m，也可采用 7.5～9m，最大可采用 12m。跨度较小时可用 4.5m。

2. 结构平面布置

门式刚架轻型房屋钢结构的纵向温度区段长度不大于 300m，横向温度区段长度不大于 150m。当需要设置伸缩缝时，可在搭接檩条的螺栓迁接处采用长圆孔并使该处屋面板在构造上允许胀缩；或者设置双柱。在多跨刚架局部抽掉中柱处，可布置托架。山墙处可设置由斜梁、抗风柱和墙架组成的山墙墙架，或直接采用门式刚架。

3. 墙梁布置

墙梁即墙檩，主要作用是承受墙板传来的水平风荷载。门式刚架轻型房屋钢结构的侧墙，在采用压型钢板作围护面时。墙梁宜布置在刚架柱的外侧，其间距随墙板板型及规格而定，但不应大于计算确定的值。外墙在抗震设防烈度不高于Ⅵ度的情况下，可采用砌体；当烈度为Ⅶ度、Ⅷ度时，不宜采用嵌砖砌体；Ⅸ度时宜采用与柱柔性连接的轻质墙板。

4. 支撑布置

在每个温度区段或者分期建设的区段中，应分别设置能独立构成空间稳定结构的支撑体系。柱间支撑的间距根据安装条件确定，一般取 30～40m，不大于 60m。房屋高度较大时，柱间支撑要分层设置。在设置柱间支撑的开间，应同时设置屋盖横向支撑以组成几何不变体系。端部支撑宜设在温度区段端部的第二个开间。这种情况下，在第一开间的相应位置宜设置刚性系杆。刚架转折处（如柱顶和屋脊）也宜设置刚性系杆。

由支撑斜杆等组成的水平桁架。其直腹杆宜按刚性系杆考虑，可由檩条兼作；若刚度或承载力不足，可在刚架斜梁间设置钢管、H 型钢或其他截面形式的杆件。

门式刚架轻型房屋钢结构的支撑，宜采用张紧的十字交叉圆钢组成，用特制的连接件与梁柱腹板相连；有吊车时宜采用单角钢或双角钢。连接件应能适应不同的夹角。圆钢端部应有丝扣，校正定位后将拉条张紧固定。

4.2.2.4 门式刚架维护结构

门式刚架维护结构，按其是否需要保温，分为单层彩色压型钢板（简称单层彩钢板）、复合彩色压型钢板。

1. 单层彩色压型钢板（图 4.30）

彩色压型板是采用彩色涂层钢板，经辊压冷弯成各种波形的压型板，它适用于工业与民用建筑、仓库、特种建筑、大跨度钢结构房屋的屋面、墙面以及内外墙装饰等，具有质轻、高强、色泽丰富、施工方便快捷、抗震、防火、防雨、寿命长、免维护等特点，现已被广泛推广应用。

（一）YX51-380-760 型（角驰Ⅲ型）

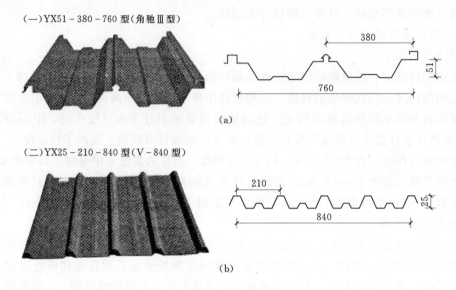

（二）YX25-210-840 型（V-840 型）

图 4.30　彩色压型板（单位：mm）

(a) 屋面板；(b) 墙板

2. 聚苯乙烯泡沫夹芯板（简称 EPS 夹芯板）（图 4.31）

聚苯乙烯泡沫夹芯板是由彩色钢板做表层，闭孔自熄型聚苯乙烯泡沫做芯材。通过自动化连续成型机将彩色钢板压型后用高强度黏合剂黏合而成的一种高效新型复合建筑材料，主要适用于公共建筑、工业厂房的屋面、墙壁和洁净厂房以及组合冷库、楼房接层、商场等，它具有保温、防水一次完成，施工速度快、经久耐用、美观大方等特点。目前生产的聚苯乙烯泡沫夹芯板分为拼接式、插接式、隐藏式和咬口式、阶梯式等多种形式。聚苯乙烯泡沫夹芯由厚度、聚苯乙烯泡沫的容重等指标来控制其保温效果。

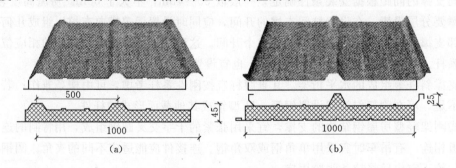

图 4.31　聚苯乙烯泡沫夹芯板（单位：mm）

(a) 屋面板；(b) 墙板

3. 彩色钢板玻璃棉夹芯板（图 4.32）

彩色钢板玻璃棉夹芯板是上下两层彩色压型钢板通过龙骨和玻璃棉组合而成，分为屋面用板和墙面用板两类。玻璃棉夹芯由厚度、玻璃棉的容重等指标来控制其保温效果。挂网式玻璃棉夹芯板是用不锈钢丝代替下层彩色压型钢板的一种新型保温屋面材料。玻璃棉夹芯板具有良好的防火性能，广泛适用于大型公共建筑、工业厂房及其他建筑的墙面和屋面。这是一种现场复合板。

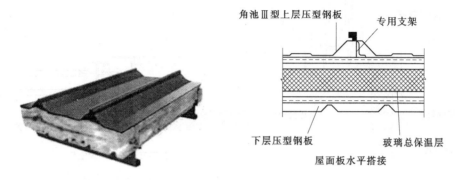

图 4.32　彩色钢板玻璃棉夹芯板

4. 彩色岩棉夹芯板（图 4.33）

彩色岩棉夹芯板是用立丝状纤维的岩棉做芯材，以彩色钢板做表层，通过自动化连续成型机。经压型后用高强黏合剂黏合而成。由于彩色钢板和芯材岩棉均为非燃烧体，故其防火性能极佳。

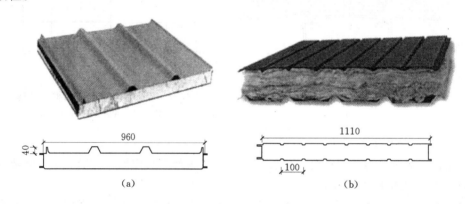

图 4.33　彩色岩棉夹芯板（单位：mm）
(a) 屋面板；(b) 墙板

除板以外，安装时还需要一些配件，如图 4.34、图 4.35、图 4.36 中的彩板泛水、窗套侧板和屋脊盖板等折件。

维护结构的造价与其制作钢板的板厚、夹芯的厚度和容重、板型的选用都有关系。

4.2.3　框架钢结构

框架钢结构是一种常用的钢结构形式，多用于大跨度公共建筑、工业厂房和一些对建筑空间、建筑体型、建筑功能有特殊要求的建筑物和构筑物中，如剧院、商场、体育馆、火车站、展览厅、造船厂、飞机厂、停车库、仓库、工业车间、电厂锅炉钢架等，并在高层和超高层建筑中有了越来越广泛的应用，如最近以来，钢结构框架住宅体系越来越受到人们的重视。

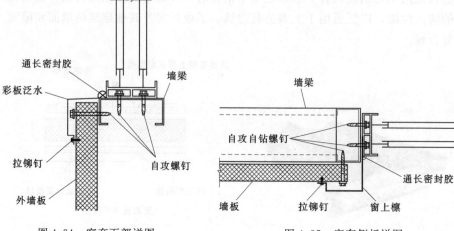

图 4.34 窗套下部详图

图 4.35 窗套侧板详图

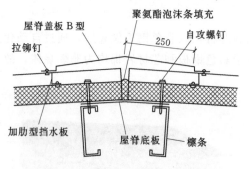

图 4.36 屋脊详图（单位：mm）

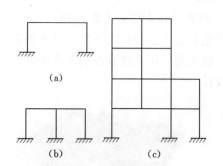

图 4.37 不同层、跨形态的框架结构

（a）单层单跨；（b）单层多跨；（c）多层多跨

4.2.3.1 框架钢结构体系简介

框架结构一般可分为单层单跨、单层多跨和多层多跨等结构形式，以满足不同建筑造型和功能的需求，如图 4.37 所示。

根据结构的抗侧力体系的不同，钢结构框架可分为纯框架、中心支撑框架、偏心支撑框架、框筒，如图 4.38 所示。

纯框架结构延性好，但抗侧力刚度较差；中心支撑框架通过支撑提高框架的刚度，但支撑受压会屈曲，支撑屈曲将导致原结构的承载力降低；偏心支撑框架可通过偏心梁段剪切屈服限制支撑的受压屈曲，从而保证结构具有稳定的承载力和良好的耗能性能，而结构抗侧力刚度介于纯框架和中心支撑框架之间；框筒实际上是密柱框架结构，由于梁跨小、刚度大，使周围柱近似构成一个整体受弯的薄壁筒体。具有较大的抗侧刚度和承载力，因而框筒结构多用于高层建筑。

4.2.3.2 钢框架外维护结构的构造

钢框架结构因为钢梁、钢柱截面小，墙板一般采用预制板材。预制板材主要有钢板、挤压铝板、以钢板为基材的铝材罩面的复合板、夹芯板、预制轻混凝土大板等。各种墙板的夹层或内侧应配有隔热保温材料，并由密封材料保证墙体的水密性。墙板通过连接件与楼板或直接与框架梁柱连接（图 4.39）。当墙板直接与框架梁柱连接时，不仅满足建筑维护、防水

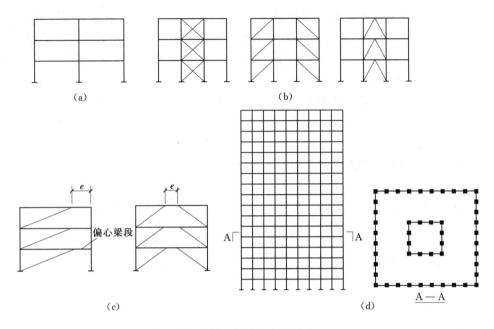

图 4.38　框架的立面形式

（a）纯框架结构；（b）各种中心支撑框架结构；（c）偏心支撑框架结构；（d）框架结构

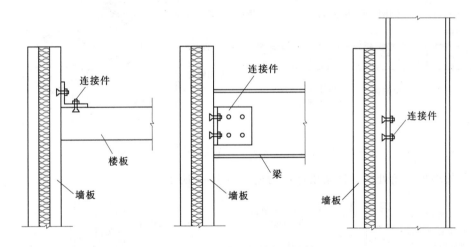

图 4.39　外墙板与结构的连接

和美观要求。而且由于墙板对框架梁柱的加劲作用，在一定程度上可以提高结构和构件的刚度，减小结构位移。

现代多层民用钢结构建筑外墙面积相当于总建筑面积的 30%～40%，施工量大，且高空作业，故难度大，建筑速度缓慢；同时出于美观要求、耐久性要求和减轻建筑物自重等因素的考虑，外围护墙已走上了采取标准化、定型化、预制装配、多种材料复合等构造方式，多采用轻质薄壁和高档饰面材料，幕墙就是其中的主要一种类型。

幕墙是悬挂于骨架结构上的外围护墙，除承受风荷载外，不承受其他外来荷载，并通过连接固定体系将其自重和风荷载传递给骨架结构。幕墙控制着光线、空气、热量等内外交流。幕墙按材料区分，有轻质混凝土悬挂板、玻璃、金属、石板材等幕墙种类。

目前国内的装配式轻质混凝土墙板可分为两大体系，一类为基本是单一材料制成的墙板，如高性能 NALC 板，即配筋加气混凝土条板，该板具有较良好的承载、保温、防水、耐火、易加工等综合性能。另一类为复合夹芯墙板，该板内外侧为强度较高的板材，中间设置聚苯乙烯或矿棉等芯材，其种类较多。如天津大学等单位研究的 CS 板，即由两片钢丝网，中间夹 60～80mm 的聚苯乙烯板，并配置斜插焊接钢丝，形成主体骨架，后在两侧面浇筑细石混凝土，其保温、隔热、防渗、强度和刚度等均能达到规范要求。

1. 外墙板连接构造

（1）外墙板与钢框架梁连接构造如图 4.40 所示。

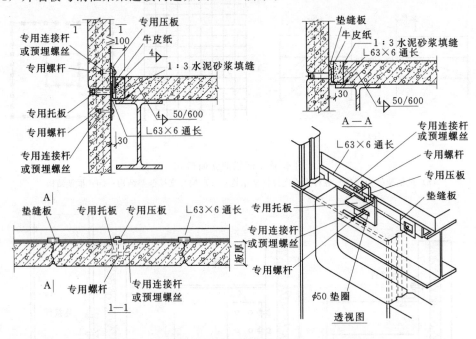

图 4.40　外墙板与钢框架梁连接构造（单位：mm）

（2）外墙板阳角处与钢框架梁连接构造如图 4.41 所示。

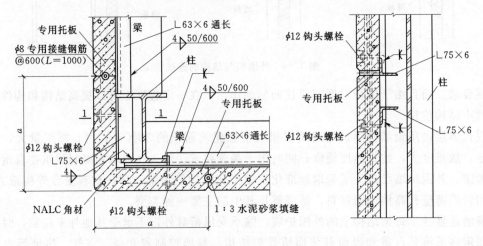

图 4.41　外墙板阳角处与钢框架梁连接构造（单位：mm）

（3）外墙板与屋面板、钢框架连接构造如图 4.42 所示。

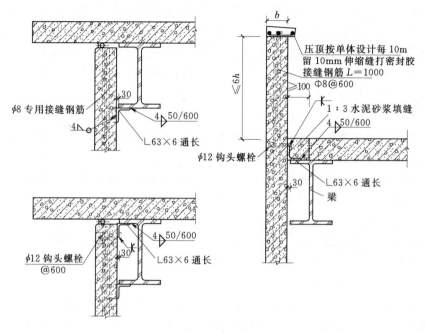

图 4.42　外墙板与屋面板、钢框架连接构造（单位：mm）

（4）外墙板缝构造如图 4.43 所示。

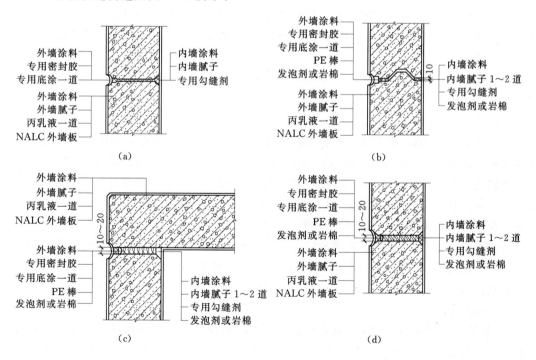

图 4.43　外墙板缝构造（单位：mm）

（a）外墙面，一般缝；（b）外墙面，膨胀缝做法一；（c）外墙面，转交缝；（d）外墙面，膨胀缝做法二

2. 玻璃幕墙连接构造

玻璃幕墙是当代的一种新型墙体，它赋予建筑的最大特点是将建筑美学、建筑功能、建筑节能和建筑结构等因素有机地统一起来，建筑物从不同角度呈现出不同的色调，随阳光、月色、灯照的变化给人以动态的美。玻璃幕墙不仅装饰效果好，而且质量轻，安装速度快，是外墙轻型化、装配化较理想的形式。但由于光反射给建筑密集区造成了光污染，带来了诸多不便。在设计时应充分考虑环境条件。玻璃幕墙在世界上已有 40 余年的使用历史，进入20 世纪 70 年代，随着多、高层建筑的发展，世界各大洲的主要城市均建有宏伟华丽的玻璃幕墙建筑。如纽约世界贸易中心、芝加哥石油大厦、西尔斯大厦都采用了玻璃幕墙，香港中国银行大厦、北京长城饭店和上海联宜大厦也相继采用。

（1）玻璃幕墙类型。玻璃幕墙以其构造方式分为有框和无框两类。在有框玻璃幕墙中，又有明框和隐框两种。明框玻璃幕墙的金属框暴露在室外，形成外观上可见的金属格构；隐框玻璃幕墙的金属框隐蔽在玻璃的背面，室外看不见金属框。隐框玻璃幕墙又可分为全隐框玻璃幕墙和半隐框玻璃幕墙两种，半隐框玻璃幕墙可以是横明竖隐，也可以是竖明横隐。在无框玻璃幕墙中，又有全玻璃幕墙、挂架式玻璃幕墙两种玻璃幕墙。全玻璃幕墙不设边框，以高强粘结胶将玻璃连接成整片墙。

（2）玻璃幕墙材料。玻璃幕墙主要由玻璃和固定它的骨架系统两部分组成。所用材料概括起来，基本上有幕墙玻璃、骨架材料和填缝材料三种。

1）幕墙玻璃。玻璃幕墙的饰面玻璃主要有热反射玻璃（镜面玻璃）、吸热玻璃（染色玻璃）、双层中空玻璃及夹层玻璃、夹丝玻璃、钢化玻璃等品种。

2）骨架材料。玻璃幕墙的骨架主要由构成骨架的各种型材以及连接固定用的各种连接、紧固件组成。型材可采用角钢、方钢管、槽钢等，但最多的还是经特殊挤压成型的各种铝合金幕墙型材。

3）填缝材料。填缝材料用于幕墙玻璃装配及块与块之间的缝隙处理，一般由填充材料、密封材料与防水材料组成。

（3）玻璃幕墙的构造。

1）明框玻璃幕墙。明框玻璃幕墙的玻璃镶嵌在框内，成为四边有铝框的幕墙构件。幕墙构件镶嵌在横梁及立柱上，形成梁、立柱均外露，铝框分格明显的立面。

明框玻璃幕墙是最传统的形式，最大特点在于横梁和立柱本身兼龙骨及固定玻璃的双重作用。横梁上有固定玻璃的凹槽，而不用其他配件。这种类型应用最广泛，工作性能可靠，相对于隐框幕墙，施工技术要求较低（图 4.44）。

2）隐框玻璃幕墙。在隐框玻璃幕墙中，金属框隐蔽在玻璃的背面，外面不露骨架，也不见窗框，使得玻璃幕墙外观更加新颖、简洁。隐框玻璃幕墙的横梁不是分段与立柱连接的。而是作为铝框的一部分与玻璃组成一个整体组件后，再与立柱连接。图 4.45 所示为隐框玻璃幕墙构造示意图。

3）挂架式玻璃幕墙。挂架式玻璃幕墙又称点式玻璃幕墙，采用四爪式不锈钢挂件与立柱相焊接，每块玻璃四角在厂家加工钻 4 个 Φ20 孔，挂件的每个爪与 1 块玻璃 1 个孔相连接，即 1 个挂件同时与 4 块玻璃相连接，或 1 块玻璃固定于几个挂件上（图 4.46）。

4）无框玻璃幕墙。无框玻璃幕墙的含义是指在视线范围内不出现金属框料，形成在某一层范围内幅面比较大的无遮挡透明墙面。为了增强刚度，在一定的距离用条形玻璃作为加

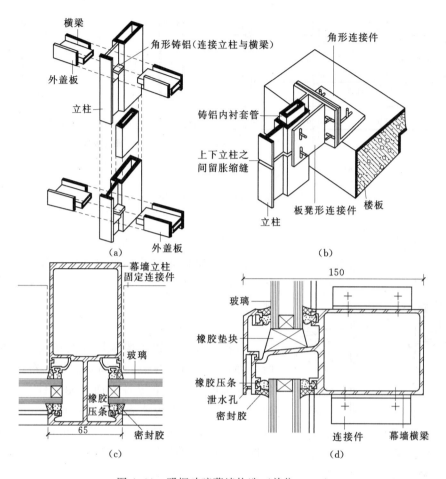

图 4.44　明框玻璃幕墙构造（单位：mm）
(a) 立柱与横梁连接；(b) 立柱与楼板连接；(c) 立柱上玻璃固定；(d) 横梁上玻璃固定

强肋板，称为肋玻璃。面玻璃与助玻璃的间隙用硅酮系列密封胶注满。无框玻璃幕墙一般选用比较厚的钢化玻璃和夹层钢化玻璃，选用的单片玻璃面积和厚度主要应满足最大风压情况下的使用要求。

3. 金属幕墙

目前，大型建筑外墙装饰多采用玻璃幕墙、金属幕墙，且常为其中两种组合共同完成装饰及维护功能。形成闪闪发光的金属墙面，具有其独特的现代艺术感。

金属幕墙按结构体系划分为型钢骨架体系、铝合金型材骨架体系及无骨架金属

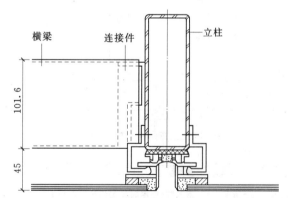

图 4.45　隐框玻璃幕墙构造（单位：mm）

板幕墙体系等。按材料体系划分为铝合金板（包括单层铝板、复合铝板、蜂窝铝板数种）、不锈钢、搪瓷或涂层钢、铜等薄板等。

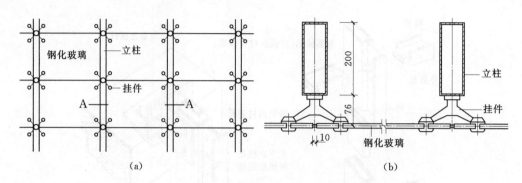

图 4.46 挂架式玻璃幕墙示意（单位：mm）

（a）挂架式玻璃幕墙立面；（b）节点剖面

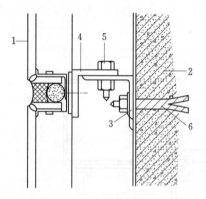

图 4.47 单板或铝塑板节点构造

1—单板或铝塑板；2—承重柱（或墙）；

3—角支撑；4—直角型铝材横梁；

5—调整螺栓；6—锚固螺栓

金属幕墙由在工厂定制的折边金属薄板作为外围护墙面。金属幕墙与玻璃幕墙从设计原理到安装方式等方面都很相似。图 4.47、图 4.48、图 4.49 所示为几种不同板材的节点构造。

4. 石板材幕墙

石板材幕墙是指主要采用天然花岗石做面料的幕墙。背后为金属支撑架。花岗石色彩丰富，质地均匀，强度及抗拒大气污染等各方面性能较佳，因此深受欢迎。用于高层的石板幕墙，板厚一般为 30mm，分格不宜过大，一般不超过 900mm×900mm，它的最大允许挠度限定在长度的 1/2000～1/1500 之间，所以支撑架设计须经过结构精确计算，以确保石板幕墙质量安全可靠（图 4.50）。

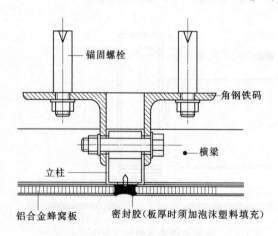

图 4.48 铝合金蜂窝板节点构造（一）

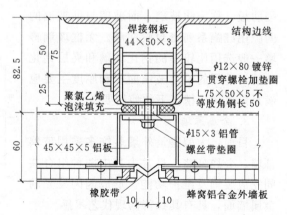

图 4.49 铝合金蜂窝板节点构造（二）（单位：mm）

4.2.3.3 内隔墙构造

隔墙是分隔建筑物内部空间的非承重内墙，其本身的重量由楼板或梁来承担。在多层民用钢结构建筑中，为了提高平面布局的灵活性，大量采用隔墙以适应建筑功能的变化。因

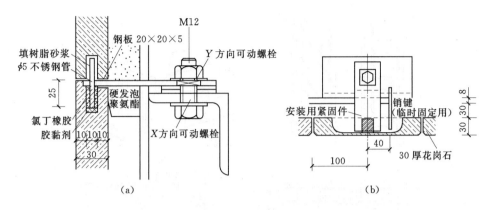

图 4.50　花岗石板幕墙节点构造（单位：mm）

(a) 水平缝；(b) 垂直缝

此，要求隔墙自重轻、厚度薄、便于安装和拆卸，有一定的隔声能力，同时还要能够满足特殊使用部位如厨房、卫生间等处的防火、防水、防潮等要求。

隔墙按构造形式分为轻骨架隔墙、块材隔墙、板材隔墙三大类。

1. 轻骨架隔墙

轻骨架隔墙由骨架和面层两部分组成。骨架的种类很多，常用的有木骨架和金属骨架两种类型。

金属骨架是由各种形式的薄壁型钢加工制成的，也称轻钢骨架或轻钢龙骨。它具有强度高、刚度大、自重轻、整体性好、易于加工和大批量生产以及防火、防潮性能好等优点，还可根据需要拆卸和组装。常用的薄壁型钢有 0.8～1mm 厚槽钢和工字钢，如图 4.51 所示。

轻骨架隔墙的面层有抹灰面层和人造板面层两大类。人造板主要有胶合板、纤维板、石膏板等。

2. 块材隔墙

块材隔墙是用空心砖、加气混凝土砌块等块材砌筑而成的。

3. 板材隔墙

板材隔墙是指采用各种轻质材料制成的各种预制薄型板材安装而成的隔墙。目前采用的大多为条板，常见的有加气混凝土条板、石膏条板、蜂窝纸板、水泥刨花板、泰柏板等。这些条板自重轻，安装方便。

（1）加气混凝土条板隔墙。加气混凝土主要是由水泥、石灰、砂、矿渣等加发泡剂（铝粉），经过原料处理和养护等工序制成的。加气混凝土条板的规格为长 2700～3000mm，宽 600～800mm，厚 80～100mm。条板安装一般是在地面上用一对对口木楔在板底将板楔紧，墙板之间用水玻璃砂浆或 108 胶砂浆黏结，如图 4.52 所示。

加气混凝土条板具有自重轻，节省水泥，运输方便，施工简单，可锯、可刨、可钉等优点。但吸水性大、耐腐蚀性差、强度较低。不宜用于具有高温、高湿或有化学、有害空气介质的建筑中。

（2）碳化石灰板隔墙。碳化石灰板是以磨细的生石灰为主要原料，掺 3%～4%（质量比）的短玻璃纤，加水搅拌，振动成型，利用石灰窑的废气碳化而成的空心板。其规格一般

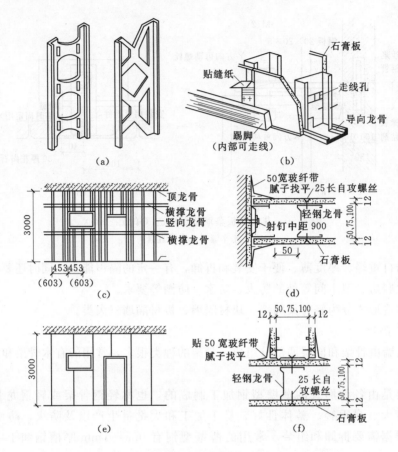

图 4.51 薄壁轻钢骨架隔墙（单位：mm）

（a）薄壁轻钢骨架；（b）墙体组装示意；（c）龙骨排列；（d）靠墙节点；

（e）石膏板排列；（f）丁字隔墙节点

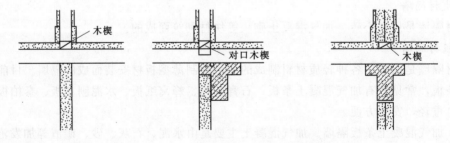

图 4.52 加气混凝土板隔墙与楼板的连接

为长 2700～3000mm，宽 500～800mm，厚 90～120mm。板的安装与加气混凝土条板相同，如图 4.53 所示。碳化石灰板材料来源广泛，生产工艺简单，成本低廉，重量轻，隔声效果好。

（3）泰柏板隔墙。泰柏板又称三维板，是由抛低碳冷拔镀锌钢丝焊接成三维空间网笼，中间填充接缝每 50mm 厚的阻燃聚苯乙烯泡沫塑料构成的轻质板材。然后在现场安装并双面抹灰或喷涂水泥砂浆而组成的复合墙体，如图 4.54 所示。

泰柏板约长 2400～4000mm，宽 1200～1400mm，厚 75～76mm。它自重轻，强度高，

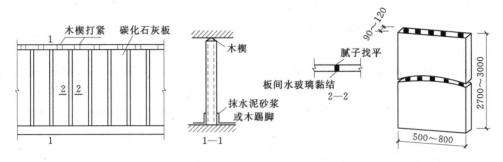

图 4.53 碳化石灰板隔墙（单位：mm）

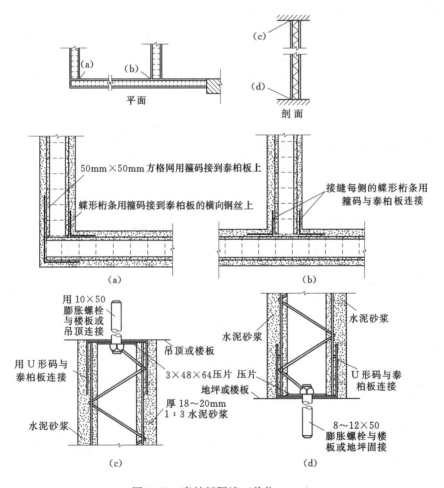

图 4.54 泰柏板隔墙（单位：mm）

（a）转角交接；（b）丁字交接；（c）上部与楼板或吊顶的连接；（d）下部与地坪或楼板的连接

保温、隔热性能好，具有一定的隔声能力和防火性能。故被广泛用作工业与民用建筑的内、外墙、轻型屋面以及小开间建筑的楼板等。

4.2.3.4 楼板构造

1. 楼板形式分类

钢框架结构的楼盖按楼板形式分类，一般有以下三种主要形式。

（1）现浇钢筋混凝土组合楼盖。这类组合楼盖楼面刚度较大，但由于在现场浇筑混凝土板，施工工序复杂，需要搭设脚手架，安装模板和支架，绑扎钢筋，浇筑混凝土及拆模等作业，施工进度慢。

（2）压型钢板—混凝土板组合楼盖［图4.55（a）、图4.55（b）］。压型钢板—混凝土板组合楼盖是目前在多层乃至高层钢结构中采用最多的一类楼板形式，它不仅具备很好的结构性能和合理的施工工序，而且综合经济效益显著。这类组合楼盖由压钢板—混凝土板、剪力键和钢梁三部分组成。

（3）预制钢筋混凝土板组合楼盖［图4.55（c）、图4.55（d）］。这类楼盖采用预制钢筋混凝土板或预制预应力钢筋混凝土板。支承于已焊有栓钉连接件的钢梁上。在有栓钉处混凝土边缘留有槽口。然后用细石混凝土浇灌槽口与板件缝隙。这类楼盖多用于旅馆和公寓建筑，因为这类建筑预埋管线少。楼板隔声效果好，一般无须吊顶。缺点是楼板施工时会干扰钢结构的吊装，且传递水平力的性能较差。

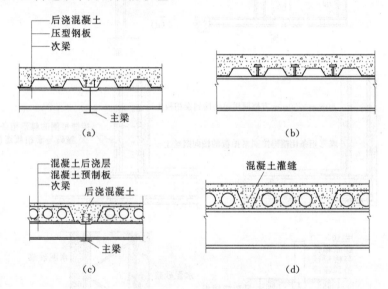

图4.55　组合楼盖的类型

（a）压型钢板楼板的组合梁，肋平行于钢梁；（b）压型钢板楼板的组合梁，肋垂直于钢梁
（c）预制钢筋混凝土板，板跨平行于钢梁；（d）预制钢筋混凝土板，板跨垂直于钢梁

2. 压型钢板组合楼板

它是利用凹凸相同的压型钢板做衬板，与现浇混凝土浇筑在一起支承在钢架上构成整体型楼板。

压型钢板组合楼板主要由面层、组合板和钢梁三部分组成，如图4.56所示。该楼板整体性、耐久性好。并可利用压型钢板肋间的空隙敷设室内电力管线。主要适用于大空间、多高层民用建筑和大跨度工业厂房中。

压型钢板组合楼板按压型钢板的形式不同有单层压型钢板组合楼板和双层压型钢板组合楼板两种，如图4.56所示。

4.2.3.5　屋顶的构造

屋顶是房屋最上层覆盖的外围护构件。它主要有两方面的作用：一是防御自然界的风、

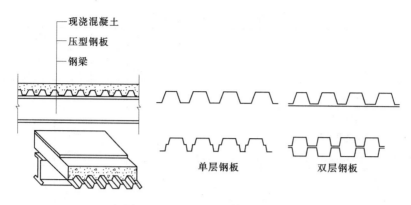

图 4.56　压型板混凝土组合楼板

雨、雪、太阳辐射热和冬季低温等的影响，使屋顶覆盖下的空间有一个良好的使用环境。因此，屋顶在构造设计时应满足防水、保温、隔热、隔声、防火等要求；二是承受作用于屋顶上的风荷载、雪荷载和屋顶自重等，同时还起着对房屋上部的水平支撑作用。所以，要求屋顶在构造设计时，还应保证屋顶构件的强度、刚度和整体空间的稳定性。

为了减小承重结构的截面尺寸、节约钢材，除个别有特殊要求者外，首先应采用轻型屋面。轻型屋面的材料宜采用轻质高强，耐火、防火、保温和隔热性能好，构造简单，施工方便，并能工业化生产的建筑材料。如压型钢板、加气混凝土板、夹芯板和各种轻质发泡水泥复合板等。

1. 轻型屋面板的种类

（1）压型钢板。压型钢板是采用镀锌钢板、冷轧钢板、彩色钢板等作原料，经银压冷弯成各种波形的压型板，具有轻质高强、美观耐用、施工简便、抗震防火的特点。它的加工和安装已做到标准化、工厂化、装配化。

我国的压型钢板是由冶金工业建筑研究总院首先开发研制成功的，至今已有十多年历史。目前已有国家标准《建筑压型钢板》和部颁标准《压型金属板设计施工规程》，并已正式列入 GB 50018—2001《冷弯薄壁型钢结构技术规范》中使用。

压型钢板的截面呈波形，从单波到 6 波，板宽 360～900mm。大波为 2 波，波高 75～130mm，小波（4～7 波）波高 14～38mm。中波波高达 51mm。板厚 0.6～1.6mm（一般可用 0.6～1.0mm）。压型钢板的最大允许檩距，可根据支承条件、荷载及芯板厚度，由产品规格中选用。

压型钢板的重量为 0.07～0.14kN/m²。分长尺和短尺两种。一般采用长尺，板的纵向可不搭接。适用于平坡屋顶。

（2）夹芯板。实际上这是一种保温和隔热与面板一次成型的双层压型钢板。由于保温和隔热芯材的存在，芯材的上、下均需加设钢板。上层为小波的压型钢板，下层为小肋的平板。芯材可采用聚氨酯、聚苯或岩棉。芯材与上下面板一次成型。也有在上下两层压型钢板间在现场增设玻璃棉保温和隔热层的做法，但这种做法仍属加设保温层的压型钢板系列。夹芯板的板型见表 4.4。

夹芯板的重量为 0.12～0.25kN/m²。一般采用长尺，板长不超过 12m，板的纵向可不搭接，也适用于平坡屋顶。

序号	板型	截面形状（mm）	板厚 S（mm）	面板厚（mm）	支撑条件	荷载（kN/m²）/檩距（m） 0.5（0.6）	1.0	1.5	2.0
1	JxB45－500－1000	1000；500　500；19　20；聚苯乙烯泡沫塑料　彩色涂层钢板；S45；22；3.0；27　23；3.5；22　适用于：屋面板	75	0.6	简支连续	5.0	3.8	3.1	2.4
			100	0.6	简支连续	5.4	4.0	3.4	2.8
			150	0.6	简支连续	6.5	4.9	4.0	3.3
2	JxB42－333－1000	1000；S42　适用于：屋面板	50	0.5	简支连续	（4.7）（5.3）	（3.6）（4.1）	（3.0）（3.3）	
			60	0.5	简支连续	（5.0）（5.6）	（3.9）（4.3）	（3.1）（3.5）	
			80	0.5	简支连续	（5.5）（6.2）	（4.4）（4.8）	（3.4）（3.9）	
3	JxB－Qy－1000	1000；S；适用于：墙板	50	0.5	简支连续	3.4 3.9	2.9 3.4	2.4 2.7	
			60	0.5	简支连续	3.8 4.4	3.3 3.7	2.6 3.0	
			80	0.5	简支连续	4.5 5.2	3.7 4.2	2.9 3.3	
4	JxB－Q－1000	彩色涂层钢板　聚苯乙烯；S；拼接式加芯墙板；1222（1172）；1200（1150）；S－6　S－7；22　23；聚苯乙烯　插接式加芯墙板；1000；25　28；S24；岩棉　插接式加芯墙板	50	0.5	简支连续	3.4 3.9	2.9 3.4	2.4 2.7	
			60	0.5	简支连续	3.8 4.4	3.3 3.7	2.6 3.0	
			80	0.5	简支连续	4.5 5.2	3.7 4.2	2.9 3.3	同序号3

注　表中屋面板的荷载标准值，已含板自重。墙板为风荷载标准值，均按挠跨比1/200确定檩距，当挠跨比为1/250时，表中檩距应乘以系数0.9。

（3）GRC板。所谓GRC（Glass Fiber Reinforced Cement）是指用玻璃纤维增强的水泥制品。目前GRC网架板的面板是用水泥砂浆作基材、玻璃纤维作增强材料的无机复合材料。肋部仍为配筋的混凝土。市场上有两种产品：一种GRC复合板就是上述的含义，仅面板为玻璃纤维与水泥砂浆的复合，由于板本身不隔热（或保温），尚需在面板上另设隔热、找平及防水层。第二种GRC复合夹芯板，是将隔热层贴于面板下面或上下面板的中间，使板具有隔热作用，使用时只需在面板上部设防水层。对于保温的GRC板。其全部荷载比上述另加保温层的第一种GRC板为轻。

（4）加气混凝土屋面板。这种屋面板的自重$0.75 \sim 1.0 kN/m^2$。是一种承重、保温和构造合一的轻质多孔板材，以水泥（或粉煤灰）、矿渣、砂和铝粉为原料，经磨细、配料、浇筑、切割并蒸压养护而成，具有容重轻、保温效能高、吸声好等优点。这种板因系机械化工厂生产，板的尺寸准确。表面平整，一般可直接在板上铺设卷材防水。施工方便。目前国外多以这种板材作为屋面和墙体材料。

（5）发泡水泥复合板（太空板）。这是承重、保温、隔热为一体的轻质复合板；是一种由钢或混凝土边框、钢筋衍架、发泡水泥芯材、玻纤网增强的上下水泥面层复合而成的建筑板材，可应用于屋面板、楼板和墙板中。通过多次静力荷载、动力荷载及保温、隔热、隔声、耐火等一系列试验表明。这种板的刚度、强度和使用性能均符合国家相关技术规范的要求。屋面板的重量为$0.6 \sim 0.72 kN/m^2$，上铺$0.1 kN/m^2$的SBS改性沥青防水卷材。可承受$1.0 \sim 5.0 kN/m^2$的外荷载设计值，墙板的重量为$1.1 kN/m^2$。

2. 各种屋面板的安装、构造

（1）加气混凝土屋面板。敷设钢筋法是钢结构屋面板安装的基本方法，它通过每块板板端接合处焊在钢梁或钢檩条上的穿筋压片限定板位，且通过板缝灌浆固定饭材的拉结钢筋，从而可靠地将屋面板安装在钢梁或钢檩条上，如图4.57所示。

屋面板搁置在钢梁或钢檩条上必须两端搁置，简支受力。搁置长度不小于40mm，且必须平整。屋面上凡需开洞部位都应在洞口用钢材加固。钢材大小应视洞口及荷载大小而定，如图4.58所示。

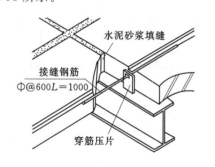

图4.57　屋面板安装

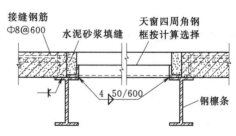

图4.58　屋面洞口

屋面排水应采用结构找坡，不应建筑找坡。如小型屋面需建筑找坡时，除应考虑荷载增加的因素外，还应采取措施防止砂浆收缩造成不良影响。

屋面防水一般采用卷材防水，可直接在加气混凝土板面上粘贴卷材，或者在板面上做一层专用界面剂和砂浆，再贴卷材，如图4.59所示。女儿墙檐口构造如图4.60所示。

大规模建筑屋面屋脊处和长度方向每隔$15 \sim 18m$应设变形缝。如图4.61所示。

（2）压型钢板屋面。压型钢板按成型后的波高可分为低波板（波高$12 \sim 35mm$）、中波板（波高$30 \sim 50mm$），高波板（波高大于$50mm$）。屋面板应采用中波板、高波板。

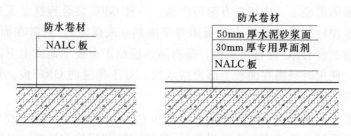

图 4.59　屋面卷材防水

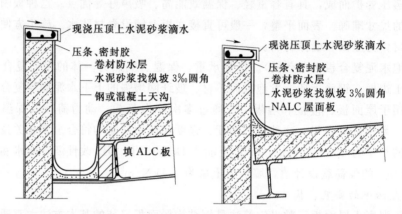

图 4.60　女儿墙檐口

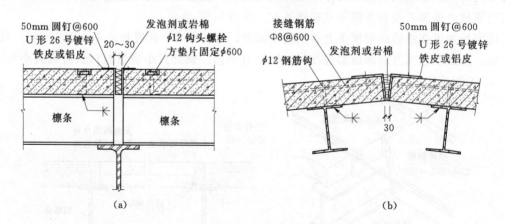

图 4.61　屋面变形缝（单位：mm）

屋面板安装：分为外露式连接（也称穿透式连接）、隐藏式连接。

外露式连接（穿透式连接）：主要指使用紧固体穿透压型钢板将其固定于檩条或墙梁上的方式，紧固件固定位置为屋面板固定于压型板波峰，墙面板固定于波谷。

隐藏式连接：主要指用于将压型钢板固定于檩条或墙梁上的专有连接支架，以及紧固、暴露在室外的连接方式，它的防水性能以及压型钢板防腐蚀能力均优于外露式连接。

板缝搭接分为自然扣合式、咬边连接式、扣盖连接式。

自然扣合式：采用外露式连接方式完成压型钢板纵向连接，属于压型钢板（压型钢板连接方式，用于屋面产生渗漏概率大，墙面尚能满足基本要求）。

压型钢板端边通过专用机具进行 180°或 360°咬口方式完成压型钢板纵向连接，属于隐藏式连接范围，180°咬边是一种非紧密式咬合，360°咬边是一种紧密式咬合，咬边连接的板型比自然扣合连接的板型防水安全度明显增高，是值得推荐使用的板型。

　　扣盖连接式：压型钢板板端对称设置卡口构造边，专用通长扣盖与卡口构造边扣压形成倒钩构造，完成压型钢板纵向搭接，亦属于隐藏式连接范围，防水性能较好，此连接方式有赖于倒钩构造的坚固，因此对彩板本身的刚度要求高于其他构造。

　　图 4.62 所示为板缝连接处，图 4.63 所示为女儿墙檐口处构造。

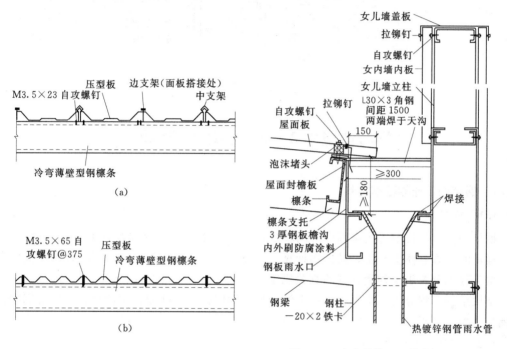

图 4.62　板缝搭接（单位：mm）
（a）咬边式；（b）扣合式

图 4.63　女儿墙檐口（单位：mm）

　　（3）夹芯保温板屋面。夹芯板板型有平板、波纹板。屋面主要采用波纹式板。板与檩条的连接可分为外露式连接、隐藏式连接两种方式。夹芯板板厚为 30～250mm。建筑围护常用夹芯板厚范围为 50～100mm。图 4.64 为屋面板接缝处构造。图 4.65 为檐口处构造。

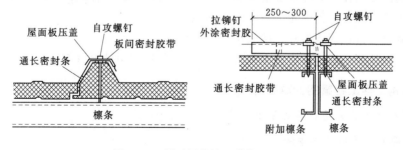

图 4.64　屋面板接缝（单位：mm）

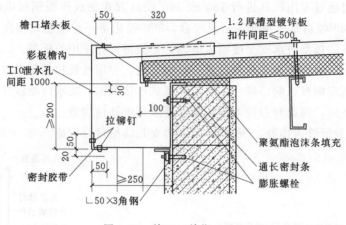

图 4.65　檐口（单位：mm）

学习情境 4.3　钢结构工程计量

4.3.1　钢结构工程的基本资料

4.3.1.1　概况

钢结构工程，目前采用定额计价的较少，大多采用清单计价或类似于清单计价的方式，从工程量的计算总体上来说，是按实计算。下面节录《建设工程工程量清单计价规范》中金属结构工程部分关于工程量计算的有关规定。

金属结构工程分为 7 个子项，包括钢屋架、钢网架、钢托架、钢桁架、钢柱、钢梁、压型钢板楼板、墙板、钢构件、金属网，适用于建筑物、构筑物的钢结构工程。

4.3.1.2　钢结构工程共性问题的说明

（1）钢构件的除锈刷漆包括在报价内。

（2）钢构件的拼装台的搭拆和材料摊销应列入措施项目费。

（3）构件如需探伤（包括射线探伤、超声波探伤、磁粉探伤、金相探伤、着色探伤、荧光探伤等）应包括在报价内。

4.3.1.3　其他相关问题应按下列规定处理

（1）型钢混凝土柱、梁浇筑混凝土和压型钢板楼板浇筑钢筋混凝土时，混凝土和钢筋应按混凝土及钢筋混凝土工程中相关项目编码列项。

（2）钢墙架项目包括墙架柱、墙架梁和连接杆件。

（3）加工铁件等小型构件应按本部分表 4.11 中零星钢构件项目编码列项。

4.3.2　钢结构工程工程量的计算规则

4.3.2.1　钢结构工程常用计算方法及公式

1. 钢结构工程常用计算方法

钢结构构件工程量大部分按设计图示尺寸以质量计算，不扣除孔眼、切边的重量，焊条、铆钉、螺栓等的重量已包括在定额内，不另计算。计算不规则或多边形钢板重量时，均以其最大对角线乘以最大宽度的矩形面积计算，如图 4.66 所示；钢屋架、钢网架墙架、托架等拼装型构件，从具体应用角度看，均可采用拆分杆件法进行计算。压型钢板楼板按设计图示尺寸以铺设水平投影面积计算，压型钢板墙板按设计图示尺寸以铺挂面积计算，金属网按设计图示尺寸以面积计算。

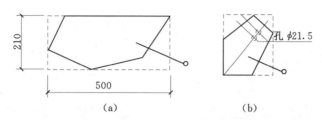

图 4.66　计算不规则或多边形构件示意图（单位：mm）

2. 金属结构工程常用计算公式

（1）型钢及钢管杆（部）件。

$$型钢及钢管杆（部）件净重＝LW \tag{4.1}$$

式中　L——杆（部）件设计长度，m；

　　　W——型钢或钢管每米长的理论质量，kg/m。

（2）钢板部件。

$$钢板部件净重＝FW \tag{4.2}$$

式中　F——钢板面积，m²；

　　　W——钢板部件每平方米理论质量，kg/m²。

4.3.2.2　钢屋架、钢网架

钢屋架、钢网架工程量清单项目设置及工程量计算规则按表 4.5 的规定执行。

表 4.5　　　　　　　　　　　钢屋架、钢网架（编码 010601）

项目编码	项目名称	项目特征	计量单位	工程量计算规则	工程内容
010601001	钢屋架	钢材品种、规格； 单榀屋架的重量； 屋架跨度、安装高度； 探伤要求； 油漆品种、刷漆遍数	t （榀）	按设计图示尺寸以质量计算。不扣除孔眼、切边、切肢的质量，焊条、铆钉、螺栓等不另增加质量，不规则或多边形钢板以其外接矩形面积乘以厚度乘以单位理论质量计算	制作；运输；拼装；安装；探伤；刷油漆
010601002	钢网架	钢材品种、规格； 网架节点形式、连接方式； 网架跨度、安装高度； 探伤要求； 油漆品种、刷漆遍数			

1. 钢屋架

"钢屋架"项目适用于一般钢屋架和轻钢屋架、冷弯薄壁型钢屋架。

（1）轻钢屋架，是采用圆钢筋、小角钢（小于∟45×4 等肢角钢、小于∟56×36×4 不等肢角钢）和薄钢板（其厚度一般不大于 4mm）等材料组成的轻型钢屋架。

（2）薄壁型钢屋架，是指厚度在 2～6mm 的钢板或带钢经冷弯或冷拔等方式弯曲而成的型钢组成的屋架。

【例 4.1】　如图 4.67 所示为简易钢屋架共 10 榀，设计要求：防锈漆打底两遍，再刷防火漆两遍，汽车运输 2km。试计算钢屋架的工程量并编制工程量清单。（已知材料的理论质量：L 50×5 ，3.77kg/m；[100×48×5.3，10kg/m；钢板 7850kg/m³）

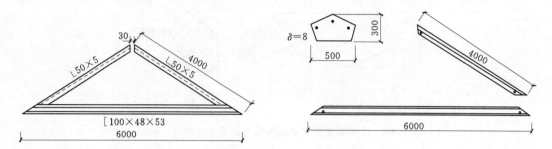

图 4.67　简易屋架施工图（单位：mm）

【解】

$$屋架上弦工程量 = 4×2×3.77 = 30.16(kg/榀)$$

$$屋架下弦工程量 = 6×10 = 60(kg/榀)$$

$$连接板工程量 = 0.5×0.3×0.008×7850 = 9.42(kg/榀)$$

$$屋架工程量合计 = (30.16+60+9.42)×10 = 99.58×10 = 995.8(kg)$$

根据《计价规范》要求，结合本例条件，工程量清单见表 4.6。

表 4.6　　　　　　　　　　　**分 部 分 项 工 程 量 清 单**

工程名称：某工程　　　　　　　　　　　　　　　　　　　　　　　　　　　　　第　页　共　页

序号	项目编码	项 目 名 称	计量单位	工程数量
1	010601001001	A.6 金属结构工程 简易钢屋架 钢材品种、规格：L 50×5，L 100×48×5.3，钢板 δ=8mm 单榀屋架质量：99.58kg 运输距离：2km 油漆品种、刷漆遍数： 防锈漆两遍，防火漆两遍	榀	10

2. 钢网架

"钢网架"项目适用于一般钢网架和不锈钢网架，不论节点形式（球形节点、板式节点等）和节点连接方式（焊结、丝结）等均使用该项目。

4.3.2.3　钢托架、钢桁架

钢托架、钢桁架工程量清单项目设置及工程量计算规则按表 4.7 的规定执行。

4.3.2.4　钢柱

钢柱工程量清单项目设置及工程量计算规则按表 4.8 的规定执行。

表 4.7 　　　　　　　　　　　**钢托架、钢桁架（编码：010602）**

项目编码	项目名称	项目特征	计量单位	工程量计算规则	工程内容
010602001	钢托架	钢材品种、规格	t	按设计图示尺寸以质量计算。不扣除孔眼、切边、切肢的质量，焊条、铆钉、螺栓等不另增加质量，不规则或多边形钢板，以其外接矩形面积乘厚度乘单位理论质量计算	制作
		单榀重量			运输
		安装高度			拼装
		探伤要求			拼装台安拆
		油漆品种、刷漆遍数			安装
		—			探伤
		—			刷油漆
010602002	钢桁架	钢材品种、规格	t	按设计图示尺寸以质量计算。不扣除孔眼、切边、切肢的质量，焊条、铆钉、螺栓等不另增加质量，不规则或多边形钢板，以其外接矩形面积乘厚度乘单位理论质量计算	制作
		单榀重量			运输
		安装高度			拼装
		探伤要求			拼装台安拆
		油漆品种、刷漆遍数			安装
		—			探伤
		—			刷油漆

表 4.8 　　　　　　　　　　　**钢柱（编码：010603）**

项目编码	项目名称	项目特征	计量单位	工程量计算规则	工程内容
010603001	实腹柱	钢材品种、规格	t	按设计图示尺寸以质量计算。不扣除孔眼、切边、切肢的质量，焊条、铆钉、螺栓等不另增加质量，不规则或多边形钢板，以其外接矩形面积乘厚度乘单位理论质量计算，依附在钢柱上的牛腿及悬臂梁等并入钢柱工程量内	制作
		单根柱重量			运输
		探伤要求			拼装
		油漆品种、刷漆遍数			拼装台安拆
		—			安装
		—			探伤
		—			刷油漆
010603002	空腹柱	钢材品种、规格	t	按设计图示尺寸以质量计算。不扣除孔眼、切边、切肢的质量，焊条、铆钉、螺栓等不另增加质量，不规则或多边形钢板，以其外接矩形面积乘厚度乘单位理论质量计算，依附在钢柱上的牛腿及悬臂梁等并入钢柱工程量内	制作
		单根柱重量			运输
		探伤要求			拼装
		油漆品种、刷漆遍数			拼装台安拆
		—			安装
		—			探伤
		—			刷油漆
010603003	钢管柱	钢材品种、规格	t	按设计图示尺寸以质量计算。不扣除孔眼、切边、切肢的质量，焊条、铆钉、螺栓等不另增加质量，不规则或多边形钢板，以其外接矩形面积乘厚度乘单位理论质量计算，钢管柱上的节点板、加强环、内衬管、牛腿等并入钢管柱工程量内	制作
		单根柱重量			运输
		探伤要求			安装
		油漆种类、刷漆遍数			探伤
		—			刷油漆

1. 实腹柱

"实腹柱"项目适用于实腹钢柱和实腹式型钢混凝土柱。

2. 空腹柱

"空腹柱"项目适用于空腹钢柱和空腹型钢混凝土柱。

3. 钢管柱

"钢管柱"项目适用于钢管柱和钢管混凝土柱。应注意：钢管混凝土柱的盖板、底板穿心板、横隔板、加强环、明牛腿、暗牛腿应包括在报价内。

（1）钢管混凝土柱，是指将普通混凝土填入薄壁圆形钢管内形成的组合结构。

（2）型钢混凝土柱、梁，是指由混凝土包裹型钢组成的柱、梁。

4.3.2.5 钢梁

钢梁工程量清单项目设置及工程量计算规则按表4.9的规定执行。

表 4.9　　　　　　　　　　钢梁（编码：010604）

项目编码	项目名称	项目特征	计量单位	工程量计算规则	工程内容
010604001	钢梁	钢材品种、规格	t	按设计图示尺寸以质量计算。不扣除孔眼、切边、切肢的质量，焊条、铆钉、螺栓等不另增加质量，不规则或多边形钢板，以其外接矩形面积乘厚度乘单位理论质量计算，制动梁、制动板、制动桁架、车挡并入钢吊车梁工程量内	制作
		单根重量			运输
		安装高度			安装
		探伤要求			探伤要求
		油漆品种、刷漆遍数			刷油漆
010604002	钢吊车梁	钢材品种、规格	t	按设计图示尺寸以质量计算。不扣除孔眼、切边、切肢的质量，焊条、铆钉、螺栓等不另增加质量，不规则或多边形钢板，以其外接矩形面积乘厚度乘单位理论质量计算，制动梁、制动板、制动桁架、车挡并入钢吊车梁工程量内	制作
		单根重量			运输
		安装高度			安装
		探伤要求			探伤要求
		油漆品种、刷漆遍数			刷油漆

1. 钢梁

"钢梁"项目适用于钢梁和实腹式型钢混凝土梁、空腹式型钢混凝土梁。

2. 钢吊车梁

"钢吊车梁"项目适用于钢吊车梁及吊车梁的制动梁、制动板、制动桁架，车挡应包括在报价内。

4.3.2.6 压型钢板楼板、墙板

压型钢板楼板、墙板工程量清单项目设置及工程量计算规则按表表4.10的规定执行。

表 4.10　　　　　　压型钢板楼板、墙板（编码：010605）

项目编码	项目名称	项目特征	计量单位	工程量计算规则	工程内容
010605001	压型钢板楼板	钢材品种、规格	m²	按设计图示尺寸以铺设水平投影面积计算。不扣除柱、垛及单个面积0.3m²以内的孔洞所占面积	制作
		压型钢板厚度			运输
		油漆品种、刷漆遍数			安装
					刷油漆

续表

项目编码	项目名称	项目特征	计量单位	工程量计算规则	工程内容
010605002	压型钢板墙板	钢材品种、规格	m²	按设计图示尺寸以铺挂面积计算。不扣除单个面积0.3m²以内的孔洞所占面积,包角、包边、窗台泛水等不另加面积	制作
		压型钢板厚度、复合板厚度			运输
					安装
		复合板夹芯材料种类、层数、型号、规格			刷油漆

注 "压型钢板楼板"项目适用于现浇混凝土楼板使用压型钢板作为永久性模板,并与混凝土叠合后组成共同受力的构件。压型钢板是采用镀锌或经防腐处理的薄钢板。

4.3.2.7 钢构件

钢构件工程量清单项目设置及工程量计算规则按表4.11的规定执行。

表4.11 钢构件 (编码:010606)

项目编码	项目名称	项目特征	计量单位	工程量计算规则	工程内容
010606001	钢支撑	钢材品种、规格	t	按设计图示尺寸以质量计算。不扣除孔眼、切边、切肢的质量,焊条、铆钉、螺栓等不另增加质量,不规则或多边形钢板以其外接矩形面积乘厚度乘单位理论质量计算	制作
		单式、复式			运输
		支撑高度			安装
		探伤要求			探伤
		油漆品种、刷漆遍数			刷油漆
010606002	钢檩条	钢材品种、规格	t	按设计图示尺寸以质量计算。不扣除孔眼、切边、切肢的质量,焊条、铆钉、螺栓等不另增加质量,不规则或多边形钢板以其外接矩形面积乘厚度乘单位理论质量计算	制作
		型钢式、格构式			运输
		单根重量			安装
		安装高度			探伤
		油漆品种、刷漆遍数			刷油漆
010606003	钢天窗架	钢材品种、规格	t	按设计图示尺寸以质量计算。不扣除孔眼、切边、切肢的质量,焊条、铆钉、螺栓等不另增加质量,不规则或多边形钢板以其外接矩形面积乘厚度乘单位理论质量计算	制作
		单榀重量			运输
		安装高度			安装
		探伤要求			探伤
		油漆品种、刷漆遍数			刷油漆
010606004	钢挡风架	钢材品种、规格	t	按设计图示尺寸以质量计算。不扣除孔眼、切边、切肢的质量,焊条、铆钉、螺栓等不另增加质量,不规则或多边形钢板以其外接矩形面积乘厚度乘单位理论质量计算	制作
		单榀重量			运输
		探伤要求			安装
		油漆品种、刷漆遍数			探伤
		—			刷油漆
010606005	钢墙架	钢材品种、规格	t	按设计图示尺寸以质量计算。不扣除孔眼、切边、切肢的质量,焊条、铆钉、螺栓等不另增加质量,不规则或多边形钢板以其外接矩形面积乘厚度乘单位理论质量计算	制作
		单榀重量			运输
		探伤要求			安装
		油漆品种、刷漆遍数			探伤
		—			刷油漆

181

项目编码	项目名称	项目特征	计量单位	工程量计算规则	工程内容
010606006	钢平台	钢材品种、规格 油漆品种、刷漆遍数 — — —	t	按设计图示尺寸以质量计算。不扣除孔眼、切边、切肢的质量，焊条、铆钉、螺栓等不另增加质量，不规则或多边形钢板以其外接矩形面积乘厚度乘单位理论质量计算	制作 运输 安装 探伤 刷油漆
010606007	钢走道	钢材品种、规格 油漆品种、刷漆遍数 — — —	t	按设计图示尺寸以质量计算。不扣除孔眼、切边、切肢的质量，焊条、铆钉、螺栓等不另增加质量，不规则或多边形钢板以其外接矩形面积乘厚度乘单位理论质量计算	制作 运输 安装 探伤 刷油漆
010606008	钢梯	钢材品种、规格 钢梯形式 油漆品种、刷漆遍数 — —	t	按设计图示尺寸以质量计算。不扣除孔眼、切边、切肢的质量，焊条、铆钉、螺栓等不另增加质量，不规则或多边形钢板以其外接矩形面积乘厚度乘单位理论质量计算	制作 运输 安装 探伤 刷油漆
010606009	钢栏杆	钢材品种、规格 油漆品种、刷漆遍数 — — —	t	按设计图示尺寸以质量计算。不扣除孔眼、切边、切肢的质量，焊条、铆钉、螺栓等不另增加质量，不规则或多边形钢板以其外接矩形面积乘厚度乘单位理论质量计算	制作 运输 安装 探伤 刷油漆
010606010	钢漏斗	钢材品种、规格 方形、圆形 安装高度 探伤要求 油漆品种、刷漆遍数	t	按设计图示尺寸以重量计算。不扣除孔眼、切边、切肢的质量，焊条、铆钉、螺栓等不另增加质量，不规则或多边形钢板以其外接矩形面积乘厚度乘单位理论质量计算，依附漏斗的型钢并入漏斗工程量内	制作 运输 安装 探伤 刷油漆
010606011	钢支架	钢材品种、规格 单付重量 油漆品种、刷漆遍数 — —	t	技术标准按设计图示尺寸以质量计算。不扣除孔眼、切边、切肢的质量，焊条、铆钉、螺栓等不另增加质量，不规则或多边形钢板以其外接矩形面积乘厚度乘单位理论质量计算	制作 运输 安装 探伤 刷油漆
010606012	零星钢构件	钢材品种、规格 构件名称 油漆品种、刷漆遍数 — —	t	按设计图示尺寸以质量计算。不扣除孔眼、切边、切肢的质量，焊条、铆钉、螺栓等不另增加质量，不规则或多边形钢板以其外接矩形面积乘厚度乘单位理论质量计算	制作 运输 安装 探伤 刷油漆

【例 4.2】　某工程钢支撑共 12 副，钢板厚 8mm，角钢一端空位长∟63×6 角钢一端长

40mm，如图4.68所示。试计算钢支撑的工程量（已知材料的理论质量：∟63×6，5.72kg/m；δ＝8mm，钢板62.8kg/m²）。

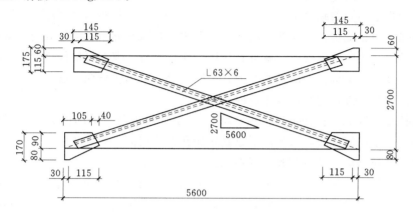

图4.68 钢支撑（单位：mm）

【解】 本例中钢支撑由等边角钢和钢板构成，计算如下：

（1）等边角钢（∟63×6）质量计算。

等边角钢长＝斜边长－两端空位长＝$\sqrt{2.7^2+5.6^2}-2\times0.04=6.14$（m）

两根角钢重＝$2\times6.14\times5.72=70.24$（kg）

（2）钢板（厚8mm）质量计算。

钢板重＝$(0.145\times0.175+0.145\times0.17)\times2\times62.8=6.28$（kg）

（3）钢支撑的工程量计算。

钢支撑的工程量＝$(70.24+6.28)\times12=76.52\times12=918.24$（kg）

4.3.2.8 金属网

金属网工程量清单项目设置及工程量计算规则按表4.12的规定执行。

表4.12 金属网（编码：010607）

项目编码	项目名称	项目特征	计量单位	工程量计算规则	工程内容
010607001	金属网	材料品种、规格	m²	按设计图示尺寸以面积计算	制作
		边框及立柱型钢品种、规格			运输
		油漆品种、刷漆遍数			安装
		—			刷油漆

4.3.3 钢结构涂料用量的计算

在钢结构的涂装施工中，由于结构复杂，高空作业较多，所以涂料的用量是用户比较关心，也是操心最多的问题。在钢结构建筑的工程造价中，防火工程占了很大一部分，在英国，40%～50%的多层结构都采用钢框架，据他们对该类结构的统计，防火工程的造价大概占总工程的20%左右。在中国大约占工程造价的1/3。

要正确理解和掌握涂料用量，需要了解涂料的体积固体分、湿膜和干膜、理论涂布率和实际用量之间的关系。

4.3.3.1 涂料的体相固件分、温膜和干膜

亚洲国家，如日本、韩国、中国对于涂料的固体分计算一直是使用重量固体分，而欧美

则是使用体积固体分。

使用重量固体分的意义在于涂料的配方计算方面，而对于涂料的施工计算没有多少实际意义。在相同规定相同的膜厚情况下，使用相对密度大的涂料和相对密度小的涂料，相对密度大的涂料当然用量就多，这样就会增加使用费用；在每平方米上使用规定重量的涂料，则相对密度大的涂料漆膜厚度就薄，就屏蔽作用的涂料而言，那么保护作用明显减弱。

漆膜的厚度是钢结构保护的重要参数，币厚度是一个体积概念。这也就是为什么欧美国家的涂料用固体概念进行包装的真正原因所在。

体积固体分（％VS，percent volume solids）是涂料中所含的固体分所占百分比，固体分在被涂物表面干燥固化成膜，实际上是真正涂在被涂表面上起到防腐蚀保护或其他功能的实质性材料，其他物质，如溶剂和稀释剂则挥发在大气中。

ASTM D-2697-86（1991 年重新批准）描述了固体分在实验室中的测量方法和程序，它要求涂料在空气温度（23±1）℃时，干燥固化 7 天。标准的实验室中测试涂料的体积不挥发分的方法是油和颜色化学家协会的 No.1 专论（Monograph No.4 of the Oil and Colour Chemists' Association：OCCA）。

双组分涂料的体积固体分的测量以双组分混合后进行测量是最准确实用的。

对于无机富锌涂料，锌粉间有相关空隙，不适合用排水法来测试，因为这些孔隙会积存水而影响试验的准确性。

有机富锌涂料，最好使用干膜和温膜的比值来确定体积固体分。温膜的计算来自重量的计算，干膜重量可以用一定涂布面积上获知，并且要知道湿膜的密度（用密度计可很容易地测出）。

体积固体分可以说是涂料计算中最重要的概念，它不仅表明了干膜和湿膜间的关系，而且，在计算涂料的涂布率、理论用量及实际用量时，也要用到体积固体分的概念。

通常体积固体分已经在试验中测试出来，并在产品说明中已有说明，如果已知干膜厚度，就可计算出相应的湿膜厚度：

$$温膜厚度＝干膜厚度/体积固体分$$

要计算干膜厚度，只要将上面的公式变换一下就可以了：

$$干膜厚度＝湿膜厚度×体积固体分$$

【例 4.3】 某一钢结构要涂用 $200\mu m$ 的湿膜厚度（WFT），该涂料的固体分含量为 60％，计算其干膜厚度（DFT）。

【解】 固体含量 60％，说明有 40％的溶剂要挥发掉，如果施工 $200\mu m$ 的湿膜，则干膜厚度为 $120\mu m$。计算方法如下：

$$干膜厚度＝湿腰厚度×体积固体分＝200\mu m×60％＝120(\mu m)$$

【例 4.4】 某一钢结构上要涂用 $100\mu m$ 的干膜厚度（DFT），该涂料固体分含量为 65％，计算其湿膜厚度（WFT）。

【解】 计算出这一湿膜厚度便于工人在施工中使用湿膜仪控制漆膜厚度。固体分含量 65％，说明有 35％的溶剂要挥发掉，其湿膜厚度为

$$湿膜厚度＝干膜厚度/体积固体分＝100/65％＝153.8≈154(\mu m)$$

4.3.3.2 涂料的理论涂布率

涂料说明书上应该都标明了涂料的理论涂布率。涂料的涂布率理论表明了每升涂料理论上可以涂覆的面积（m^2/L）。

但是漆膜厚度的设计是会变化的。同样的一个涂料品种，有时可能要求涂干膜厚度 $50\mu m$，有时可能要求涂料 $75\mu m$，这时的涂布率明显是不同的。干膜厚度厚的情况下，涂料用量明显要多。只要知道涂料的体积固体分，就可以计算理论涂布率，计算公式如下：

$$理论涂布率＝10×体积固体分/干膜厚度$$

【例4.5】 某一环氧富锌涂料的体积固体分为 60%，要求 $75\mu m$ 的干膜厚度，求理论涂布率。

【解】 根据公式计算如下：

$$理论涂布率＝10×体积固体分/干膜厚度＝10×60/75＝8.0(m^2/L)$$

注：读者在计算时要特别注意各数值的单位，否则可能出错。

4.3.3.3 涂料的损耗系数与实际用量

实际上，涂料在使用中会损耗，损耗量根据涂装方法、涂装物的结构形状、风速大小、漆膜的分布、操作工人的技艺等会有很大的不同。在实际施工情况下的损耗有以下几种情况：

（1）大风时进行喷涂会产生大量的额外涂料消耗；

（2）由于复杂的几何形状而产生的过度复涂，或者是很差的施工技能；

（3）施工后在喷涂泵、喷涂管和涂料桶内都会留有一定的涂料量。

这些涂料损耗率通常在 $25\%\sim40\%$ 之间，但是也可能高达 50% 以上。假定涂料损耗 40%，则说明实际上只有 60% 的涂料留在了被涂物体上面。当进行总的涂料用量计算，特别是进行实际的订货时，必须包括这部分损耗。一种习惯上的损耗系数说法是 1.8、2.1 等。其实这两者还是统一的，只要按 $1/(1-损耗率)$ 就可以得出这个数值。下面用实例来说明这个问题。

对于某涂装工程中通常要设定某一涂料产品的要求达到的干膜厚度，从说明书中又可以知它的体积固体分（%VS），只要知道这一涂装工程的面积，就可以计算出涂料的用量。如果不知道确切的面积，那么就是计算 $1m^2$ 的理论用量，作用是一样的。

不计消耗计算出来的就是理论用量，公式如下：

$$涂料的理论用量(L)＝面积×干膜厚度/10×体积固体分$$

实际用量的计算，即再除以实际留在被涂物表面的数值，即 $(1-损耗率)$，其计算公式为

$$涂料的实际用量(L)＝面积×干膜厚度/10×体积固体分(1-损耗率)$$

【例4.6】 某一工程要求用体积固体分为 65% 的无机硅酸锌涂料，干膜厚度要求达到 $100\mu m$，面积为 $1000m^2$，计算其无机硅酸锌涂料的理论用量。假定无机硅酸锌涂料在使用过程中的损耗是 40%，计算其实际用量。

【解】 根据公式，计算如下：

$$无机硅酸锌涂料的理论用量(L)＝面积×干膜厚度/10×体积固体分$$
$$＝1000m^2× 100\mu m/10× 65＝153.85(L)$$

$$无机硅酸锌涂料的实际用量(L)＝面积×干膜厚度/10×体相固体分×(1-损耗率)$$
$$＝1000m^2× 100\mu m/[10×65×(1-40\%)]$$
$$＝256.42(L)≈260L$$

这里为什么要把小数点进位到 20 倍数呢？因为按惯例，涂料的包装通常是 20L 一桶

（组）。所以在说明实际用量时，要把结果按 20 倍进位数来进位。

如果以实际用量（256.42L）除以理论用量（153.85L），就会得出为 1.67 的系数，这就是平常所习惯使用的损耗系数。这与 $1/(1-40\%)=1.67$ 是一致的。

这里的计算同样要特别注意数值的单位。

4.3.3.4　钢结构涂料面积的计算

钢结构必须进行防腐或防火处理。钢结构工程中受力部件有柱、梁、檩条、连接件，如钢管、圆钢、角铁等。一般来说，各部件的防火要求是不同的，因此，面积要分开计算。

1. 钢柱

钢柱常用的有两种：一种是方形柱，另一种是 H 形柱。

方形柱的面积按长方形计算，其周长 $(a+b)\times2$，再乘以高度 L，即可得出面积。

H 形柱主要采用的是 H 型钢，计算面积时，先计算出其周长，上下翼缘板的 4 面和腹板的 2 面，即 $(4b+2h)$ 再乘以高度 L，即得出面积。

以上计算的面积，另外，考虑接头、牛腿等多余面积，可以乘以系数，一般不超过 5%。

2. 梁

梁的纵切面一般为 H 形，由于变截面，其中间的弓高不一定相等，此时，中间的弓面应以梯形面计算面积。

3. 檩条

檩条一般为 C 形钢，纵切面为 C，比如 $300\times200\times100\times3$ 的 C 形钢，为纵高 300mm，横端 200mm，拐点 100mm，壁厚 3mm。

计算面积：$\qquad\qquad S=(300\times2+200\times4+100\times4)\times L$

梁和檩条都是架在柱子上，因此，肯定有部分面积被遮盖，不能涂刷钢结构涂料，因此应扣去。一般来说，扣除面积不超过 8%。

4. 其他连接件

在钢结构建筑中，其他连接件为小面积。一般仅为总面积的 5%～10%。一般由圆钢拉筋、角钢斜撑、圆管等构成，面积计算方法如下：

角钢：比如 ∟ 50×5 则表示角钢为等边角钢，边长为 50mm；面积 $S=50\times4\times L$；圆钢及钢管，计算外圆周长 $\times L$。

注意在计算时看清图纸，防止漏计或重复计算。

5. 网架工程涂刷钢结构涂料面积计算

钢网架由于结构的特殊性，计算方法有些特殊，它是由直径相同或不同的钢管与钢球连接而成。一般为双层结构，每个球平均连接 8 根钢管。因此，根据球的数目基本上可计算出总面积。

若球数为 N，管径为 d，两层高度差为 h，则总面积约为

$$S=(N\times95\%)\times8(d/2)\times2\times\pi\times h/0.866$$

学 习 情 境 4.4　钢 结 构 工 程 计 价

4.4.1　钢结构工程计价概述

目前，钢结构工程的计价可以说走在建筑工程造价改革的前沿，钢结构工程的价格基本

上是由市场竞争形成的。钢结构工程在按照统一的计算规则统计完工程量后,投标人的报价在满足招标文件要求的前提下,实行人工、材料、机械消耗量自定,价格费用自选、全面竞争、自主报价的方式。

钢结构工程的计价现在基本上存在两种模式:一种是类似于清单报价,但未严格遵循《计价规范》的规定的计价模式。其计价组成包括材料费、加工费、安装费、检测费、运费、脚手架及吊车费、总包服务费、设计费、公司管理费、利润、税金等。表4.13是某钢结构公司作的某工程的报价单,这是目前比较流行的报价方式。一般材料费中工程量包含材料损耗,即材料费=材料净用量×(1+材料损耗率)×单价;加工费、安装费、管理费、利润完全由企业根据企业定额和企业情况来自定;运费由具体工程来决定,主要考虑运距、吨位及运输形式;检测费、总包服务费、设计费等由招标文件中的相关条款来确定;脚手架及吊车费主要根据工程特点及施工现场的施工条件,由施工技术措施来决定其报价。

表 4.13　　　　　　　　　　　某针织厂天桥钢结构报价

序号	项目		分项工程	单位	工程量	单价 (元)	分项造价 (元)	备注
1	主次 钢构	1	梁、柱(材料费)	t	4.4	5300.00	23320.00	—
		2	梁、柱(加工费)	t	4.4	1200.00	5280.00	—
		3	结构附件(材料费)	t	1.41	5100.00	7191.00	—
		4	结构附件(加工费)	t	1.41	1400.00	1974.00	—
		5	安装费	t	5.81	400.00	2324.00	—
		6	铝合金龙骨	m	59.8	35.00	2093.00	—
2	围护 系统	1	单层钢板	m²	90	30.00	2700.00	—
		2	阳光板	m²	88	70.00	6160.00	—
		3	花纹钢板	m²	32	157.00	5024.00	—
		4	安装费	m²	210	20.00	4200.00	—
3	建筑 附件	1	包角、收边	m²	210	6.00	1260.00	—
		2	自攻钉、拉铆钉	m²	210	4.00	840.00	—
		3	结构胶、防水胶	m²	210	3.00	630.00	—
4	螺栓	1	高强螺栓	套	82	15.00	1230.00	—
		2	化学螺栓	套	16	200.00	3200.00	—
		3	柱脚锚栓	套	24	30.00	720.00	—
5	费用	1	运输	车	2	1500.00	3000.00	—
		2	其他费用			10000.00	10000.00	吊装、试验、检测、设计费
		3	管理费	3.00%			2434.38	—
		4	利润	2.00%			1671.61	—
		5	税金	3.41%			2850.10	—
6			合　计	元			88102.09	

另一种就是严格遵循《计价规范》的规定的一种计价模式。随着工程造价改革的深入,清单计价将是工程报价的主要形式。表4.14是某钢结构公司的工程清单报价。

表4.14　　　　　　　　　　　　**分部分项工程量清单计价表**

工程名称：北京现代汽车展厅　　　　　　　　　　　　　　　　　第　页　共　页

序号	项目编码	项目名称	计量单位	工程数量	单价（元）	合价（元）
1	010603001001	实腹柱 Q345，焊接H型钢； 每根重0.821t； 安装高度：6.43m； 涂C53-35红丹醇酸防锈底漆一道25μm；中间结合漆C53-35云铁醇酸防锈漆一道50μm；中灰面漆C04-4醇酸防锈漆两道50μm	t	5.171	7500	38752.5
2	010603001002	实腹柱 Q235B，焊接H型钢； 每根重0.730t； 安装高度：6.43m； 涂C53-35红丹醇酸防锈底漆一道25μm；中间结合漆C53-35云铁醇酸防锈漆一道50μm；中灰面漆C04-4醇酸防锈漆两道50μm	t	32.477	7500	243577.5
3	010604001001	钢梁 Q345，焊接H型钢； 1.340t； 安装高度：7.89m； 涂C53-35红丹醇酸防锈底漆一道25μm；中间结合漆C53-35云铁醇酸防锈漆一道50μm；中灰面漆C04-4醇酸防锈漆两道50μm	t	7.712	7500	57840
4	010604001002	钢梁 Q235B，焊接H型钢； 1.01t； 安装高度：7.89m； 涂C53-35红丹醇酸防锈底漆一道25μm；中间结合漆C53-35云铁醇酸防锈漆一道50μm；中灰面漆C04-4醇酸防锈漆两道50μm	t	30.311	7500	227332.5
5	010604001003	钢梁 Q235B，标准H型钢； 1.01t； 安装高度：7.89m； 涂C53-35红丹醇酸防锈底漆一道25μm；中间结合漆C53-35云铁醇酸防锈漆一道50μm；中灰面漆C04-4醇酸防锈漆两道50μm	t	16.564	7500	124230
6	010605001001	压型钢板楼板 板型：YX-75-230-690（1）-1.2； 板下涂C52-35红丹醇酸防锈底漆一道25μm； 中间结合漆C53-35云铁醇酸防锈漆一道50μm； 中灰面漆C04-4醇酸防锈漆两道50μm	m²	378.25	120	45390
7	010605002001	压型钢板墙板 板型：外板、内板均为白灰色，0.5mm厚，中间为75mm厚带铝箔玻璃丝棉； 安装在C型檩条上	m²	606.60	220	133452

续表

序号	项目编码	项 目 名 称	计量单位	工程数量	单价（元）	合价（元）
8	010606001001	**钢支撑** 采用φ20的钢支撑； 涂C53-35红丹醇酸防锈底漆一道25μm； 中间结合漆C53-35云铁醇酸防锈漆一道50μm； 中灰面漆C04-4醇酸防锈漆两道50μm	t	0.409	7500	3067.5
9	010606002001	**钢檩条** 包括屋面檩条和墙面檩条； 型号：C180×70×20×3.0； 涂C53-35红丹醇酸防锈底漆一道25μm； 中间结合漆C53-35云铁醇酸防锈漆一道50μm； 中灰面漆C04-4醇酸防锈漆两道50μm	t	24.843	5500	136636.5
10	010606005001	**钢墙架** 材质：Q235B； 型号：C180×70×20×3.0； 涂C53-35红丹醇酸防锈底漆一道25μm； 中间结合漆C53-35云铁醇酸防锈漆一道50μm； 中灰面漆C04-4醇酸防锈漆两道50μm	t	0.533	5500	2931.5
11	010606008001	**钢楼梯** 直跑钢楼梯； 材质：Q235B； 涂C53-35红丹醇酸防锈底漆一道25μm； 中间结合漆C53-35云铁醇酸防锈漆一道50μm； 中灰面漆C04-4醇酸防锈漆两道50μm	t	0.475	7500	3562.5
12	010606009001	**钢栏杆** 材质：Q235B； 涂C53-35红丹醇酸防锈底漆一道25μm； 中间结合漆C53-35云铁醇酸防锈漆一道50μm； 中灰面漆C04-4醇酸防锈漆两道50μm	t	0.044	7500	330
13	010606012001	**零星钢构件** 包括：钢拉条、埋件、屋面和墙面的撑杆、灯箱上的钢构件、楼承板上支托、系杆、隅撑等； 涂C53-35红丹醇酸防锈底漆一道25μm； 中间结合漆C53-35云铁醇酸防锈漆一道50μm； 中灰面漆C04-4醇酸防锈漆两道50μm（以上刷漆不包括埋件）	t	10.655	7500	79912.5
14	010701002001	**型材屋面** YX760型海蓝色咬合式屋面顶板，板厚0.5mm，中间是75mm厚带铝箔的玻璃丝棉，底板为白灰色，板厚0.5mm； 安装在C型檩条上	m²	2006.40	220	441408
15	010701002002	**采光带** 材质：FRP采光板； 图纸未标明板型、板厚	m²	231.04	150	34656
		合　计	元		1573079	

其中，主钢构的报价中，主要由材料费（即钢材的净用量×材料单价）、加工费、安装费、运费、防腐漆及探伤的费用组成。同时，钢梁与钢柱工程量中，包含其节点板、加劲肋等附件的工程量；高强螺栓按个统计后，确定其单价，求出合价后，将此费用合并到相应的钢柱或钢梁的综合单价中。运费、防腐漆及探伤的费用的计算也是如此。加工费、安装费完全由企业定额来决定，此处不详述。

　　目前钢结构工程钢构件的加工及安装的单价，主要由企业根据自己的具体情况来决定，材料费由市场来控制，材料费的透明度很高，各企业报价价格偏差应该不大，企业之间的竞争主要来自管理、企业的实力等方面，清单计价应是建筑工程计价的主要模式。

　　现将某钢结构施工企业的制作、安装的价格清单列表 4.15，供广大读者参考。

表 4.15　　　　　　　　　　　　某钢结构公司钢结构制作、安装价格清单

项　目　名　称	单位	制作单价	安装单价	备注
一、轻钢厂房				
焊接 H 型钢钢架	元/t	1100	400	抛丸除锈
热轧 H 型钢钢架	元/t	800	400	抛丸除锈
C 型钢檩条	元/t	300	400	抛丸除锈
支撑等	元/t	800	400	抛丸除锈
二、多层钢框架				
钢管柱	元/t	1000	650	抛丸除锈
焊接矩形钢柱	元/t	1500	650	抛丸除锈
热轧 H 型钢钢梁	元/t	1000	650	抛丸除锈
焊接 H 型钢钢梁	元/t	1200	650	抛丸除锈
三、高层钢框架				
钢管柱	元/t	1000	800	抛丸除锈
焊接矩形钢柱	元/t	1500	800	抛丸除锈
热轧 H 型钢钢梁	元/t	1000	800	抛丸除锈
焊接 H 型钢钢梁	元/t	1300	800	抛丸除锈

注　1. 制作单价含两遍底漆。

　　2. 高强螺栓、构件运输、面漆等费用单列。

　　3. C 型钢檩条不含油漆费。两遍普通防锈漆：180 元/t，钻孔：0.5 元/个。

　　将当前钢材的主要规格的价格列表 4.16，供广大读者参阅。

表 4.16　　　　　　　　　　　　钢结构主要规格材料价格清单

项　目　名　称		单位	单价（元/t）	备　　注
钢板系列	−6mm	t	4720	2005 年 10 月的钢材价格
	−8mm	t	4300	
	−10mm	t	4250	
	−12mm	t	3750	
	−14mm	t	3680	
	−16mm～−22mm	t	3720	

项 目 名 称		单位	单价（元/t）	备 注
方钢管系列	□50×30×2.5	t	3400	2005年9月的钢材价格
	□50×50×2.5	t	3450	
	□60×40×2.5	t	3500	
	□80×80×3.0	t	3530	
	□100×100×3.0	t	3600	
	□100×60×3.0	t	3550	
槽钢系列	[8	t	2700	2005年10月的钢材价格
	[10	t	2850	
	[12.6	t	2680	
	[14	t	2680	
	[16	t	2550	
角钢系列	∟50×5	t	2870	2005年10月的钢材价格
	∟63×4	t	2470	
	∟75×5	t	3150	
	∟90×8	t	3100	
	∟100×10	t	3150	
	∟125×15.5	t	3150	
圆钢管	Φ48×3.0	t	3700	2005年10月的钢材价格
	Φ60×3.0	t	3750	
	Φ76×3.5	t	3750	
	Φ89×3.5	t	3780	
	Φ114×3.5	t	3800	
H型钢系列	H200～H300系列	t	3300（左右）	2005年10月的钢材价格
	H400系列	t	4300（左右）	
C型檩条		t	3250（左右）	2005年10月的钢材价格

4.4.2 钢结构工程计价案例分析

某建设单位新建一钢结构车间，采用单层门式刚架，施工图如图4.69～图4.86所示。本案例主要根据该车间的施工图，编制钢结构部分的工程量清单和进行工程量清单计价（不包括基础及土建部分）。屋面工程量计算见表4.17。

编制依据：施工图和有关标准图；《计价规范》。

1. 工程量计算

（1）建筑面积：$S=54.86×30.77=1688.77(m^2)$

（2）工程量计算：详见表4.18。

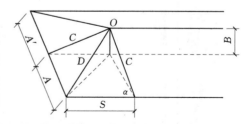

图4.69 屋面坡度系数示意图

注：1. $A=A'$，且$S=0$时，为等两坡屋面；$A=A'=S$时，为等四坡屋面。

2. 屋面斜铺屋面＝屋面水平投影面积×C。

3. 等两坡屋面山墙泛水斜长：$A×C$。

4. 等四坡屋面斜脊长度：$A×D$。

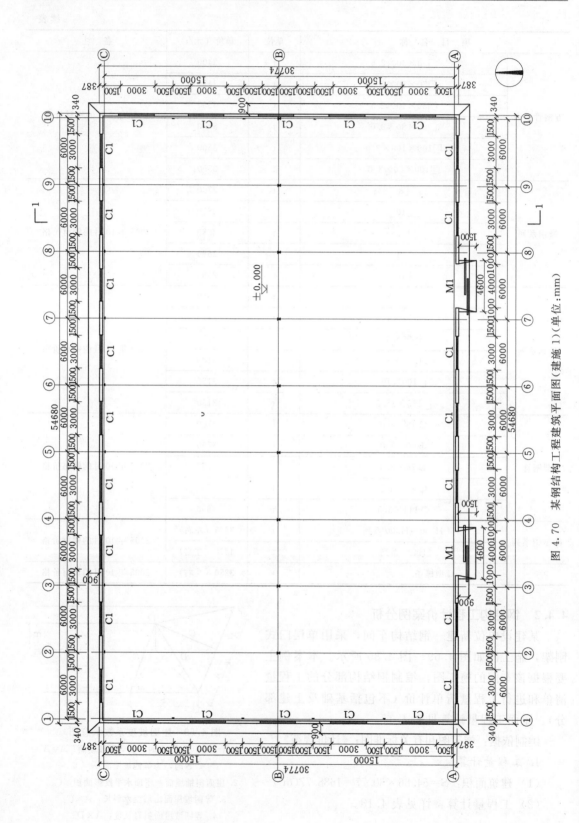

图 4.70　某钢结构工程建筑平面图（建施 1）（单位：mm）

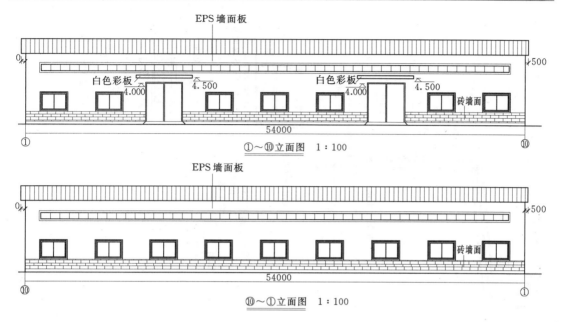

图 4.71 某钢结构工程建筑正立面图（建施 2）（高程单位：m；尺寸单位：mm）

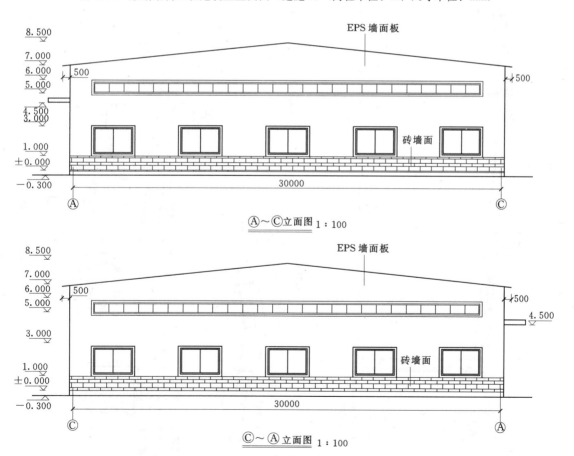

图 4.72 某钢结构工程的侧立面图（建施 3）（高程单位：m；尺寸单位：mm）

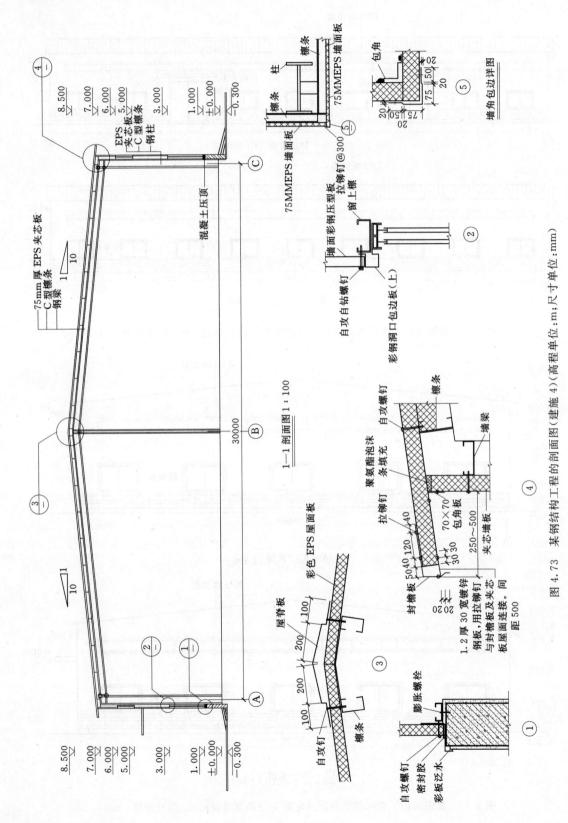

图 4.73 某钢结构工程的剖面图（建施 4）（高程单位：m；尺寸单位：mm）

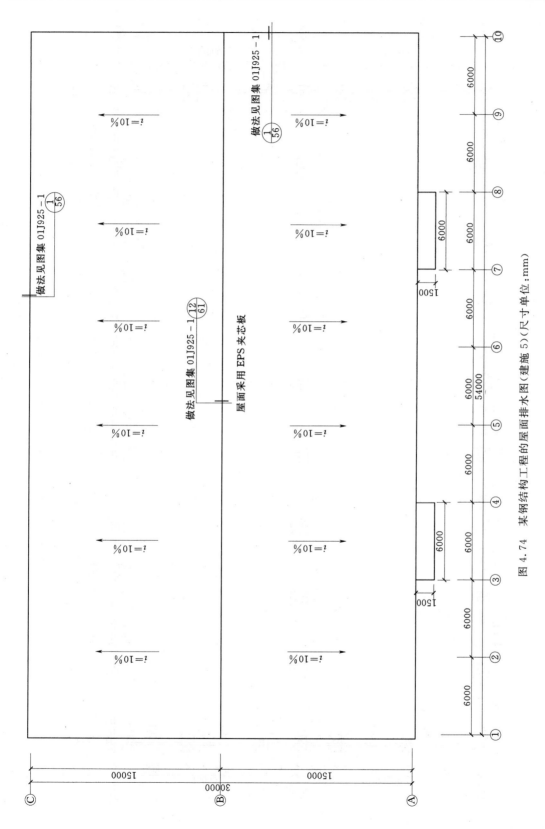

图4.74 某钢结构工程的屋面排水图(建施5)(尺寸单位:mm)

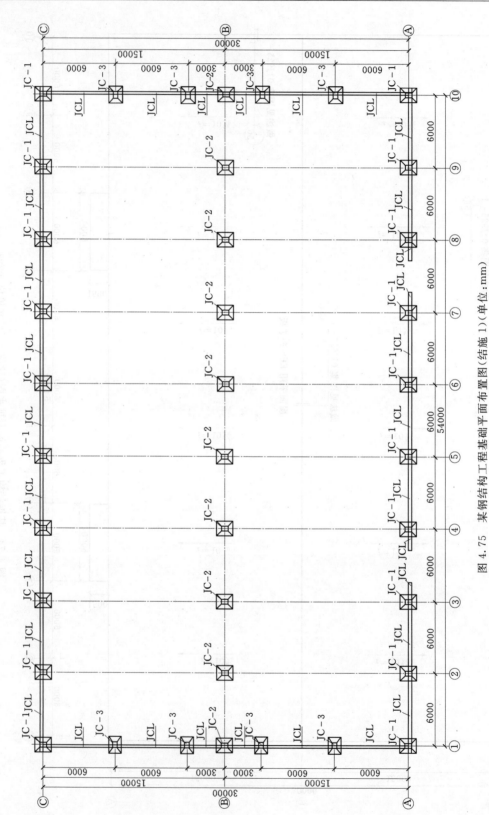

图 4.75　某钢结构工程基础平面布置图（结施 1）（单位：mm）

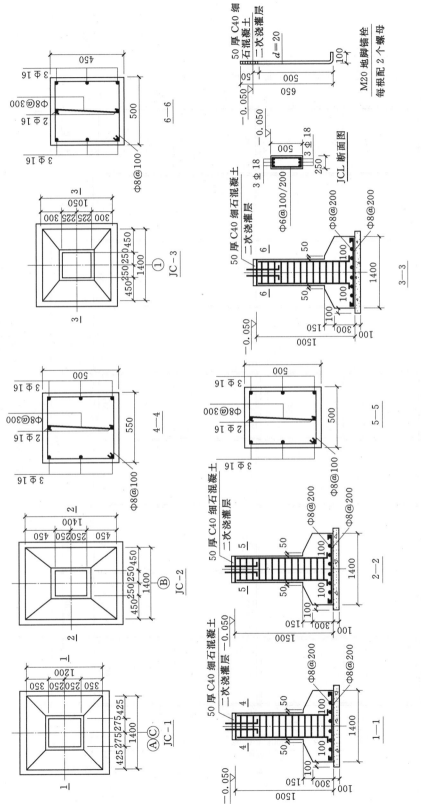

图4.76 某钢结构工程基础详图(结施2)(单位:mm)

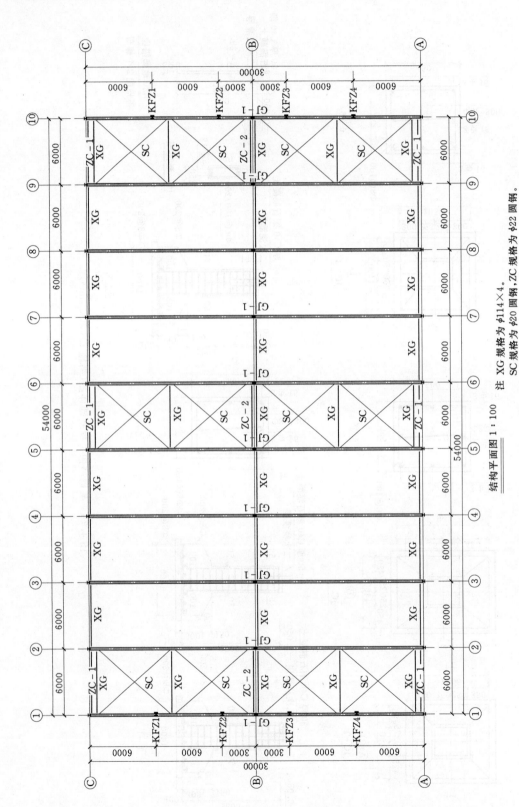

结构平面图图 1 : 100

注 XG 规格为 φ114×4。
SC 规格为 φ20 圆钢，ZC 规格为 φ22 圆钢。

图 4.77　某钢结构工程结构平面布置图（结施 3）（单位：mm）

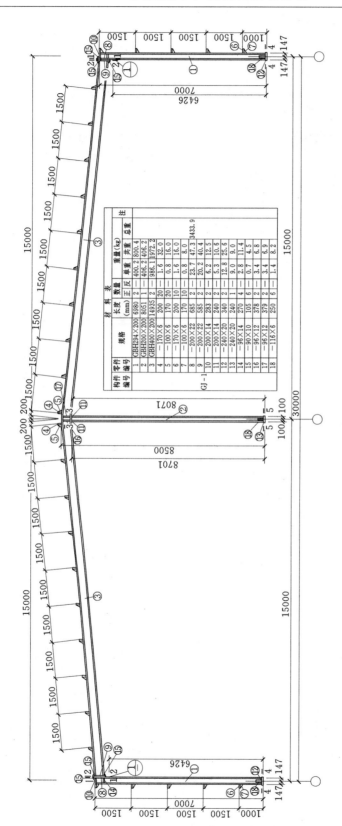

GJ—1 1:50

图 4.78 某钢结构工程刚架施工图(结施 4)(单位:mm)

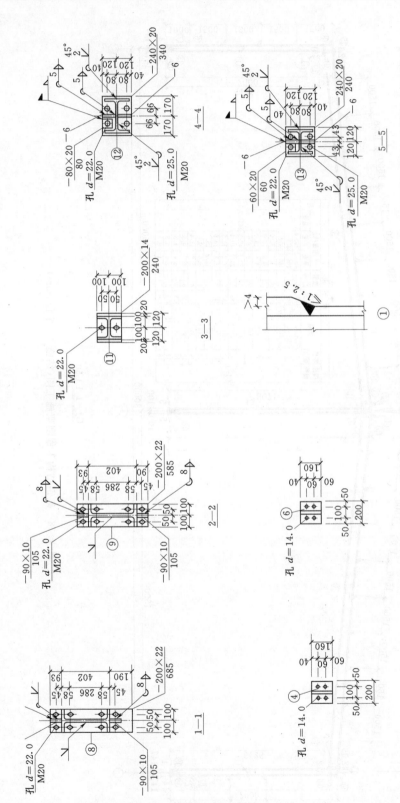

图 4.79 某钢结构工程刚架节点板详图（结施 5）（单位：mm）

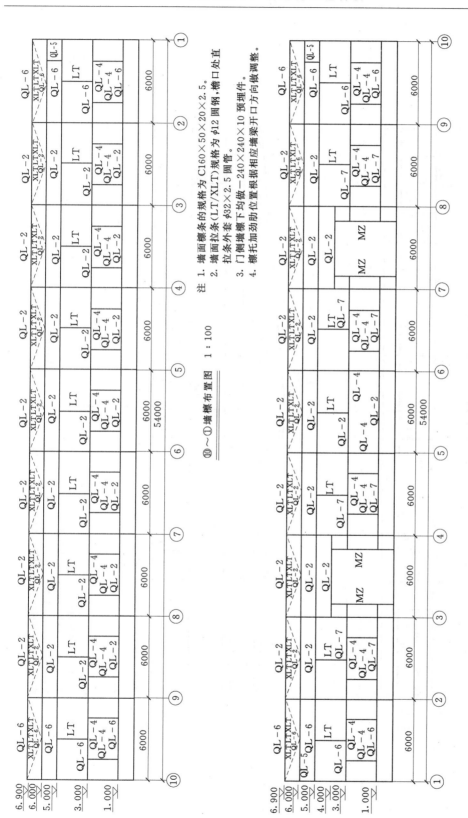

注 1. 墙面檩条的规格为 C160×50×20×2.5。
   2. 墙面拉条(LT/XLT)规格为 φ12 圆钢·檐口处直拉条外套 φ32×2.5 圆管。
   3. 门侧墙檩下均做一240×240×10 预埋件。
   4. 檩托加劲助位置根据相应墙梁开口方向做调整。

⑩~①墙檩布置图 1：100

①~⑩墙檩布置图(一)(结施 6)(单位：mm)

图 4.80 某钢结构工程墙檩布置图(一)(结施 6)(单位：mm)

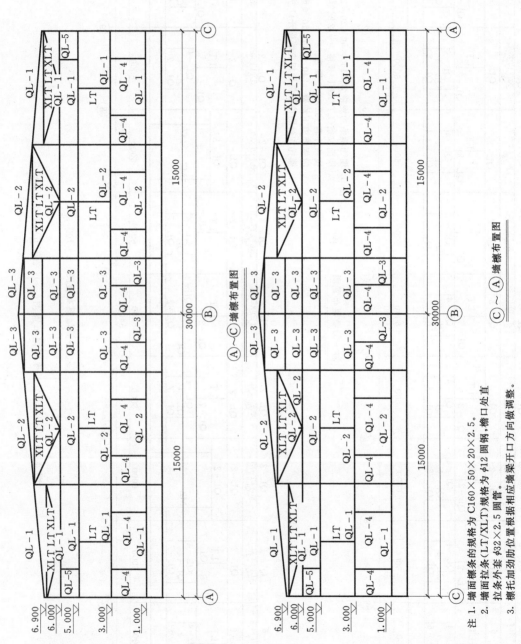

Ⓐ~Ⓒ墙檩布置图

Ⓒ~Ⓐ墙檩布置图

图 4.81　某钢结构工程墙檩布置图（二）（结施 7）（单位：mm）

注 1．墙面檩条的规格为 C160×50×20×2.5。
　　2．墙面拉条（LT/XLT）规格为 φ12 圆钢，槽口处直
　　　　拉条外套 φ32×2.5 圆管。
　　3．檩托加动助位置根据相应墙梁开口方向做调整。

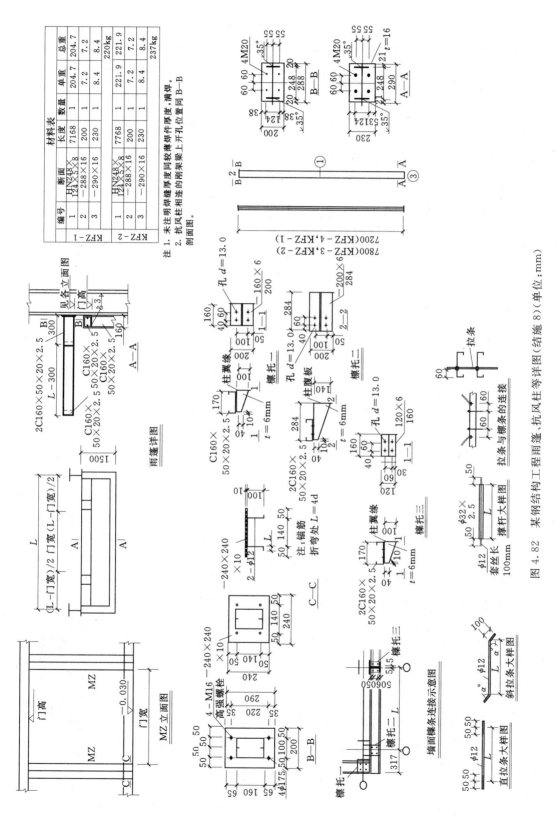

图4.82 某钢结构工程雨篷、抗风柱等详图(结施8)(单位:mm)

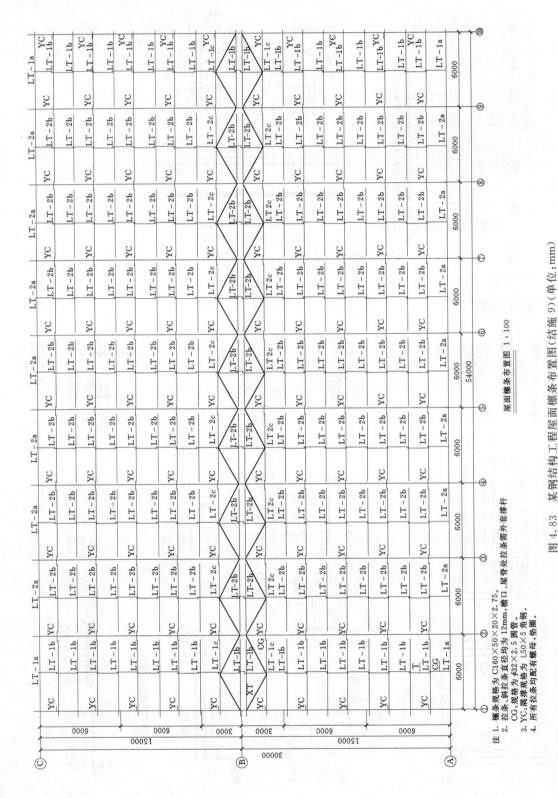

图 4.83　某钢结构工程屋面檩条布置图(结施 9)(单位 : mm)

屋面檩条布置图　1 : 100

注 1. 檩条规格为 C160×50×20×2.75。
2. 拉条,斜拉条直径均为 12mm,檐口,屋脊处拉条需外套撑杆。
3. YC,阴撑规格为 φ32×2.5 圆管; CG,撑杆规格为 L50×5 角钢。
4. 所有拉条均配有螺母,垫圈。

204

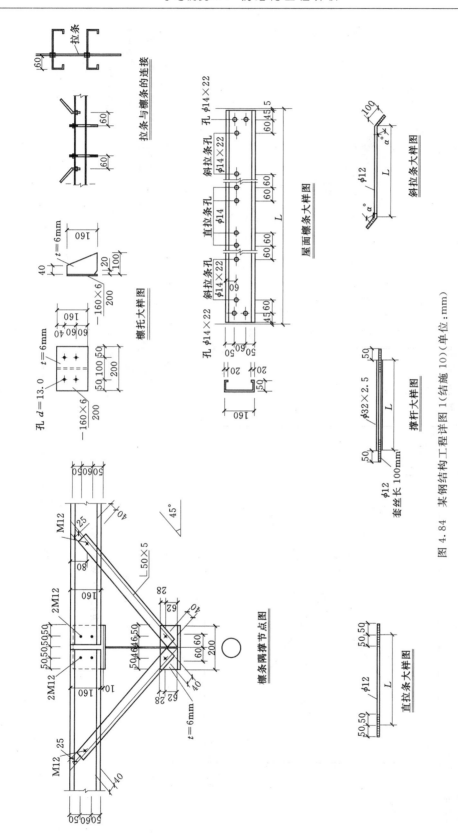

图 4.84 某钢结构工程详图 1（结施 10）（单位：mm）

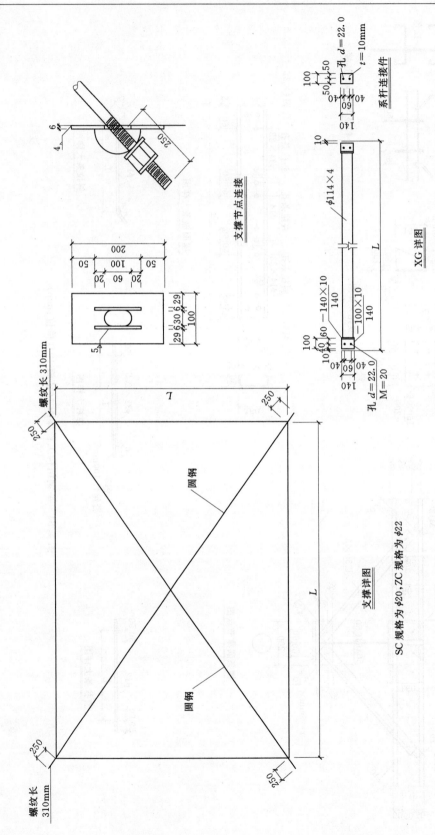

图 4.85　某钢结构工程详图 2（结施 11）（单位：mm）

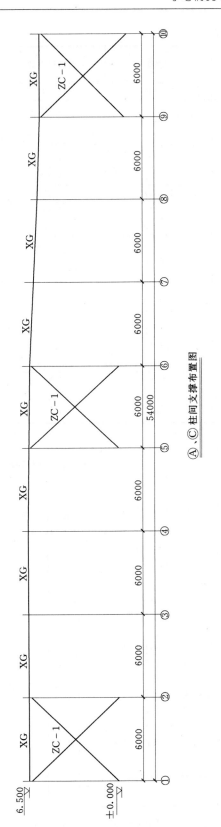

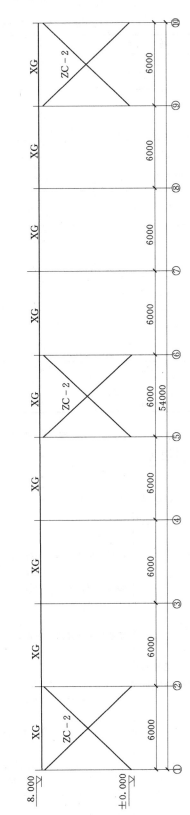

图4.86 某钢结构工程柱间支撑布置图(结施12)(单位:mm)

表 4.17 　　　　　　　　　　　　　　屋 面 坡 度 系 数 表

坡 度			延尺系数 C	隔延尺系数 D
$B/A(A=1)$	$B/2A$	角度 α		
1	1/2	45°	1.4142	1.7321
0.75		36°52′	1.2500	1.6008
0.70		35°	1.2207	1.5779
0.666	1/3	33°40′	1.2015	1.5620
0.65		33°01′	1.1926	1.5564
0.60		30°58′	1.1662	1.5362
0.577		30°	1.1547	1.5270
0.55		28°49′	1.1413	1.5170
0.50	1/4	26°34′	1.1180	1.5000
0.45		24°14′	1.0966	1.4839
0.40	1/5	21°48′	1.0770	1.4697
0.35		19°17′	1.0594	1.4569
0.30		16°42′	1.0440	1.4457
0.25		14°02′	1.0308	1.4362
0.20	1/10	11°19′	1.0198	1.4283
0.15		8°32′	1.0112	1.4221
0.125		7°8′	1.0078	1.4191
0.100	1/20	5°42′	1.0050	1.4177
0.083		4°45′	1.0035	1.4166
0.066	1/30	3°49′	1.0022	1.4157

表 4.18 　　　　　　　　　　　　　　工 程 量 计 算 书

单位工程名称：某钢结构车间　　　　　　　　　　　　　　　　建筑面积：1688.04m²

序号	各项工程名称	计 算 公 式	单位	数量
1	75mmEPS 夹芯墙板（参见建施图1、2、3）	$S=[(54.86+30.77)\times2]\times6+1/2\times30\times1.5-344$（门窗面积）$=706.06$	m²	706.06
2	墙板收边、包角（参见建施图4和标准图集01J925-1）	墙板外包边 $S=(0.075+0.02+0.05)\times2\times6\times4=6.96$ 墙板内包边 $S=(0.075+0.02+0.05)\times2\times6\times4=6.96$ 　　　　　（详见建施4详图⑤） 墙面与屋面处外包角板 $S=0.07\times2\times2\times\{54.69+2\times[(30.774)/2)^2+1.5^2]^{1/2}\}$ $=23.97$ 墙面与屋面处内包角板 $S=0.05\times2\times2\times\{(54.68-0.075\times2)+2\times\{[(30.774-0.075\times2)/2]^2+1.5^2\}^{1/2}\}=17.06$ 　　　　　（详见建施4详图④） 门窗口套折件 $S=\{[(0.02+0.02+0.1)\times2]+0.075+0.16\}\times$ $\{26\times[(3+2)\times2+4\times(0.075+0.16)]+$ $2\times[4\times4+4\times(0.075+0.16)]+2\times[(1+$ $51)\times2+4\times(0.075+0.16)]\}$ $=0.515\times\{284.44+33.88+209.88\}$ $=272.023$	m²	326.97
		小计：326.97		

续表

序号	各项工程名称	计 算 公 式	单位	数量
3	75mmEPS 夹芯屋面板(参见建施图 1、2、3、4)	$S=(30.774+0.5\times2)\times(54.68+0.5\times2)\times1.0198$ $=1804.206$ (1.0198 延尺系数,详见表 4.17 屋面坡度系数表)	m²	1804.206
4	屋面收边、包角(参见建施图 4 和标准图集 01J925-1)	封檐板 $S=(0.04+0.12+0.04+0.05+0.075+0.02+$ $0.03+0.03\times2+0.05+0.02)\times2\times\{54.68+2$ $\times[(30.774/2)^2+1.5^2]^{1/2}\}=86.46$ (详见建施 4 详图④) 屋脊盖板 $S=(0.1+0.2+0.02)\times2\times(54.68+0.5\times2)$ $=35.64$ 屋脊内托板 $S=0.1\times2\times(54.68-0.075\times2)=10.91$ (详见建施 4 详图③) 檐口堵头板 $S=[(30.774/2)^2+1.5^2]^{1/2}\times2\times2\times(0.03+$ $0.076+0.03)=8.41$ <div align="right">小计:141.42</div>	m²	141.42
5	75mmEPS 夹芯板雨篷(参见建施图 5)	$S=1.5\times6\times2=18$	m²	18
6	基础锚栓($d=20$mm)(参见结施图 1、2、4、5)	$N=4\times38=152$	个	152
7	钢梁、钢柱(含抗风柱)(参见结施图 3、4、5、8)	$G=10\times3.434+0.22\times4+0.237\times4=36.168$	t	36.168
8	檩条 墙檩(规格:160×50×20×2.5,5.88kg/m)(参见结施图 6、7)	长度统计:$QL_1=6\times5\times4=120$m $\qquad QL_2=6\times5\times4+6\times4\times8+6\times(3+4+3+5+3$ $+4+3)=462$m $\qquad QL_3=3\times6\times4=72$m $\qquad QL_4=2\times10\times2+2\times2\times16=104$m $\qquad QL_5=1\times2\times2+1\times2\times2=8$m $\qquad QL_6=6\times5\times3=90$m $\qquad QL_7=6\times(2+2+2+2)=48$m 小计:904m 质量统计:$904\times5.88/1000=5.316$t	t	12.549
	屋面檩条(规格:160×50×20×2.5,5.88kg/m)(参见结施图 9)	长度统计:$6\times22\times9=1188$m 质量统计:$G_2=1188\times5.88/1000=6.985$t		
	雨篷檩条(规格:160×50×20×2.5,5.88kg/m)(参见结施图 8)	长度统计:$6\times2+1.5\times2\times2=18$m 质量统计:$G_3=18\times5.88/1000=0.106$t		
	门框柱的檩条(规格:160×50×20×2.5,5.88kg/m)(参见结施图 8)	长度统计:$4\times2+4.03\times2\times2=24.12$m 质量统计:$G_4=24.12\times5.88/1000=0.142$t <div align="right">质量合计:12.549t</div>		

续表

序号	各项工程名称	计 算 公 式	单位	数量
9	拉条(LT) (规格:Φ12;0.888kg/m) 注:LT的长度计算规则是轴线长+2×50; XLT的长度计算规则是轴线长+2×100; (参见结施图6、7、8、9)	长度统计: $LT=[2+(0.05×2)]×16+[0.9+(0.05×2)]×18+[2+(0.05×2)]×4×2+[0.9+(0.05×2)]×2×2+[1.4+(0.05×2)]×2×2+[1.5+(0.05×2)]×20×9=366.4m$; $XLT=[(3^2+0.9^2)^{1/2}+(0.1×2)]×2×2×2+[(3^2+1.4^2)^{1/2}+(0.1×2)]×2×2×2+[(3^2+0.9^2)^{1/2}+(0.1×2)]×2×18+[(3^2+1.5^2)^{1/2}+(0.1×2)]×4×9=302.644m$; 小计:669.044m <hr>质量统计:$G=669.044×0.888/1000=0.594t$	t	0.594
10	隅撑(YC) (规格:L50×5;3.77kg/m) (参见结施图9、10)	长度统计:$9×10×2×[(0.4+0.16)^2×2]^{1/2}=142.55m$ 质量统计:$G=142.55×3.77/1000=0.537t$	t	0.537
11	系杆(XG) (规格:Φ114×4;10.85kg/m) 注:XG的长度计算规则是轴线长-2×10;(参见结施图3、11)	长度统计:$(6-0.01×2)×(9×3+3×2)=197.34m$ 质量统计:$G=197.34×10.85/1000=2.141t$	t	2.141
12	水平支撑(SC) (规格:Φ120;2.466kg/m) 注:SC的长度计算规则是轴线长+2×250 (参见结施图3、12)	长度统计:$[(15^2+1.5^2)^{1/2}-0.25×2]/2=7.29m$ $\{[(7.29^2+6^2)^{1/2}]+0.25×2\}×8×3=238.60m$ 质量统计:$G=238.60×2.466/1000=0.588t$	t	0.588
13	柱间支撑(ZC) (规格:Φ22;2.984kg/m) 注:ZC的长度计算规则是轴线长+2×250 (参见结施图11、12)	长度统计:$[(8-0.25)^2+6^2]^{1/2}×2×3+[(6.5-0.25)^2+6^2]^{1/2}×2×3×2=162.78m$ 质量统计:$G=162.78×2.984/1000=0.486t$	t	0.486
14	撑杆(CG) (规格:Φ32×2.5;1.82kg/m) (参见结施图6、7、9)	长度统计:$0.9×(9+9+4)+1.4×4+1.5×9×4=79.4m$ 质量统计:$G=79.4×1.82/1000=0.145t$;	t	0.145
15	节点板 (规格:6mm厚钢板)	门侧墙檩预埋件:$G_1=4×0.24×0.24×0.01×7.85=0.018t$; 雨篷处预埋件:$G_2=2×0.2×0.29×0.01×7.85=0.009t$ 门柱处预埋件:$G_3=2×0.24×0.24×0.01×7.85=0.009t$ 檩托板: 墙檩托板$1N_1=5×2×2=20$(个) 墙檩托板$2N_2=5×2×2=20$(个) 墙檩托板$3N_3=5×8×2=80$(个) 屋面檩托板$N=22×9=198$(个) $G_4=7.85×[20×0.16×0.2×0.006+20×0.2×0.284×0.006+80×0.12×0.16×0.006+198×(0.2×0.16×0.006+0.1×0.16×0.006)]=0.604t$ 系杆连接件:$G_5=2×0.14×0.1×0.006×7.82×[(9+9+4)+4+9×4]=0.082t$ 支撑节点板:$G_6=0.1×0.2×0.006×7.85×(4×3+4×3+16×3)=0.068t$ <div align="right">质量合计:0.79</div>	t	0.79

续表

序号	各项工程名称	计 算 公 式	单位	数量
16	高强度螺栓	(M20)$N=(8×2+2)×10=180$(个) (M16)$N=8$(个)(雨篷预埋件处高强度螺栓)	个	188
17	普通螺栓	(M12)(隔撑处)$N=8×10×9=720$(个) (M20)(系杆处)$N=4×[(9+9+4)+4+9×4]=248$(个) (M12)(檩托处)$N=4×20+4×20+4×80+4×198$ $=1272$(个)	个	2240
18	锚筋 (规格:Φ12;0.888kg/m)	长度统计:$(0.14+4×0.012×2)×2×2=0.944$m; 质量统计:$G=0.944×0.888/1000=0.001$t	t	0.001

2. 工程计价

在上述工程量计算过程中，没有考虑材料的损耗，只是根据图纸计算了构成工程实体的材料用量，即材料的净用量。钢结构工程计价时，肯定要考虑材料的损耗。目前门式刚架工程的材料损耗率比较认可的在 5% 左右，钢结构公司可以根据自己企业的具体情况，在 3%~6% 之间选择。钢结构工程计价选择定额计价的方式不多，主要采用市场价格，目前报价形式主要有两种：一是按照《计价规范》计价。这种报价方式在逐渐增加，是目前积极推广的报价方式，国家正在进行造价管理工作的改革，适应市场经济的发展需求，推行清单计价，争取早日实现与国际惯例接轨。若要选用此种方式计价，工程量必须是材料的净用量，其损耗在材料的综合单价中考虑，且工程量的计算规则及报价格式必须按《计价规范》的规定执行；二是各钢结构公司自定格式报价，得到社会的普遍认可，表 4.19 是某钢结构公司的报价单格式，这种报价一般将材料损耗考虑在工程量中，即钢材用量=材料的净用量+损耗量，按其费用分别包括直接费、间接费、利润和税金。

本案例材料损耗率定为 5%。

表 4.19　　　　　　　　　　　　　　某钢结构车间报价单

序号	项目		分项工程	单位	工程量	单价	分项造价(元)	备　注
1	主次钢构	1	梁、柱	t	37.976	6300.00	239248.80	单价包括材料费、加工费、安装费
		2	附件	t	5.546	5100.00	28284.60	附件包括拉条、隔撑、系杆、节点板、撑杆、支撑、锚筋
		3	檩条	t	13.176	3600.00	47433.60	
2	屋面系统	1	屋面板	m²	1804.206	65.00	117273.39	
		2	安装费	m²	1804.206	20.00	36084.12	
3	围护系统	1	墙面板(含雨篷板)	m²	724.06	65.00	47063.90	
		2	安装费	m²	724.06	25.00	18101.50	
4	建筑附件	1	包角、收边	m²	1688.04	15.00	25320.60	
		2	自攻钉、拉铆钉	m²	1688.04	3.00	5064.12	按建筑面积、根据工程经验估算
		3	结构胶、防水胶	m²	1688.04	2.00	3376.08	按建筑面积、根据工程经验估算
5	螺栓	1	高强度螺栓	套	188	20.00	3760.00	
		2	普通螺栓	套	2240	5.00	11200.00	
		3	柱脚锚栓	套	152	36.00	5472.00	

序号	项目		分项工程	单位	工程量	单价	分项造价（元）	备　注
6	门窗	1	复合板推拉门	m²	0	—	0	
		2	铝合金窗	m²	0	—	0	
7	基础	1	基础垫层（C10）	m²	0	—	0	
		2	基础混凝土（C20）	m³	0	—	0	
		3	基础土方	m³	0	—	0	
		4	地面	m²	0	—	0	
		5	基础钢筋	t				
8	墙体	1	砖墙	m²	0	—	0.00	
		2	踢脚	m²	0	—	0.00	
		3	抹灰	m²	0	—	0.00	
9	室外	1	坡道	m²	0	—	0.00	
		2	散水	m²	0	—	0.00	
10	费用	1	运输吊装费	m²	1688.04	20.00	33760.80	按建筑面积、根据工程经验估算
		2	检测	m²	1688.04	3.00	5064.12	按建筑面积、根据工程经验估算
		3	设计费	元	1688.04	10	16880.40	按建筑面积、根据工程经验估算
		4	管理费	5.00%	—		32169.40	以上费用合计×5%
		5	利润	5.00%	—		33777.87	以上费用合计×5%
		6	税金	3.41%	—		24188.33	以上费用合计×3.41%
11	合　计			元		733523.63		（1~10）之和

注　1. 报价不包括土建及门窗部分。

2. 没有考虑运输费用。

3. 没有考虑防火涂料的费用。

（1）表 4.19 计价分析。表 4.19 中的主次钢构工程量均是由表 4.18 中的工程量加上 5%的损耗计算得来的。该工程所用的是热轧 H 型钢。其价格与截面规格有关系。目前小规格的 H 型钢一般为 3700~3800 元/t，大规格的 H 型钢价格为 4200~4600 元/t。本工程热轧 H 型钢截面规格是：H400×200 占绝大部分比例，H200×200 和 H294×200 只有很少的量，所以主钢构报价按大规格 H 型钢报价，材料费定为 4500 元/t；加工费目前的价格一般为 600~1200 元/t，规模较小的钢结构公司一般的加工费是 600~800 元/t，大公司因为管理费较高、设备投入很大一般取在 800~1200 元/t，本案例加工费定为 1000 元/t；安装费的价格一般是 600~1000 元/t，由工程施工的难易程度、施工现场的条件、工期等多种因素取定，本案例安装费取 800 元/t。这样，主钢构的单价就是 4500+1000+800=6300 元/t。

附件的工程量包括拉条、隔撑、系杆、节点板、撑杆、支撑、锚筋，分别由圆钢、角钢、钢板、钢管等原材料加工而成，材料价格不同，如拉条、支撑所用的圆钢，价格为 3500 元/t；角钢∟50×5，价格为 3200 元/t；钢板的价格与板厚有关，6mm 厚的钢板为 20 元/t，20mm 厚的钢板为 3520 元/t。根据以上原材料的价格分析和这些材料在附件中所占的比例，附件的材料费价格取 3500 元/t，加工费 800 元/t，安装费 800 元/t，合计 5100 元/t。

檩条运到工地的成品价格目前在 3200 元/t 左右，安装费 400 元/t，合计 3600 元/t。屋面板和墙板，一般根据设计长度、板型，折合成面积报价，其价格与夹芯的厚度、夹芯材料的容重、顶板与底板的板厚关系较大，本案例是 EPS75mm 厚夹芯板，夹芯材料的容重 l2kg/m³，顶、底板厚 0.425mm，目前的价格在 65 元/m²。安装费 20 元/m²。由于墙板安装过程中，要留门窗洞口，所以一般墙板比屋面板的安装费要高 5～10 元/m²，所以，屋面板的报价是 85 元/m²，，墙板是 90 元/m²。由于板材是根据图纸尺寸定做的，除非板太长不便运输，一般板长即图纸尺寸，所以不考虑屋面板和墙板的损耗。墙板和屋面板安装过程中，要用到不同的折件，根据表 4.18 中的统计，折件的展开面积总和是：373.81＋141.41 ＝515.22m²。这部分报价有两种方式：一是按展开面积计价，0.425mm 厚的折件材料费是 28 元/m²，安装费取 20 元/m²，折件的费用是：48×515.22＝24730.56 元；二是按建筑面积报价，将折件的总费用 24730.56 元除以建筑面积 1688.04m²，得到 14.65 元/m，取整数即 15 元/m²。本案例按第二种方式报价。

雨篷板由于檩条的费用已计入檩条的总费用中，雨篷只报板的费用，按墙板计算，包括材料费、安装费。

运输费用可单独考虑。在钢构件的报价中，加工费中已包含一遍普通防锈漆的费用，若有特殊要求，另计费用；防火涂装要看图纸设计。由钢构件的设计涂装厚度决定其费用。涂装工程量的计算详见 4.3.3。

费用完全根据公司的具体情况自定费率，但税金除外，这是国家规定的，任何人不得变动。其实，在表 4.19 中的各项报价里，都含有一定的利润，在费用计算中，又取 5％ 的利润，已有重复计算的嫌疑，在投标报价时，可根据具体的情况灵活处理。如议标时可提出让利百分之几、投标说明时可浮动百分之几等。不过一般报价时，这项费用砍下来的情况不多，这也算一种报价技巧吧！

（2）《计价规范》清单计价见表 4.20。

表 4.20　　　　　　　　　　分部分项工程量清单计价表

工程名称：某钢结构车间　　　　　　　　　　　　　　　　　　　　第　页　共　页

序号	项目编码	项 目 名 称	计量单位	工程数量	单价（元）	合价（元）
1	010603001001	实腹柱 Q235B，热轧 H 型钢； 每根重 0.46t； 安装高度：7.00m； 涂 C53-35 红丹醇酸防锈底漆一道 25μm	t	16.508	9000	148572.00
2	010604001001	钢梁 Q235B，标准 H 型钢； 每根重 1.97t； 安装高度：8.00m； 涂 C53-35 红丹醇酸防锈底漆一道 25μm	t	19.66	9000	176940.00
3	010605002001	压型钢板墙板（含雨篷板） 板型：外板、内板均为 0.425mm 厚，中间为 75mm 厚的 EPS 夹芯板； 安装在 C 型檩条上	m²	724.06	155	112229.30

序号	项目编码	项　目　名　称	计量单位	工程数量	单价（元）	合价（元）
4	010606001001	钢支撑 采用 ϕ20、ϕ22 的钢支撑； 涂 C53-35 红丹醇酸防锈底漆一道 25μm	t	1.074	6270	6733.98
5	010606002001	钢檩条 包括屋面檩条和墙面檩条； 型号：C160×50×20×2.5； 涂 C53-35 红丹醇酸防锈底漆一道 25μm	t	13.176	4620	60873.12
6	010606012001	零星钢构件 包括：钢拉条、埋件、屋面和墙面的撑杆、系杆、隅撑等； 涂 C53-35 红丹醇酸防锈底漆一道 25μm	t	4.208	6270	26384.16
7	010701002001	型材屋面 板型：外板、内板均为 0.425mm 厚，中间为 75mm 厚的 EPS 夹芯板； 安装在 C 型檩条上	m²	1804.206	107	193050.04
		合　　　计	元			724782.60

注　1. 报价不包括土建及门窗部分。

2. 没有考虑运输费用。

3. 没有考虑防火涂料的费用。

表 4.20 中的工程量，均是构成工程实体的净用量，不包括材料的损耗，材料的损耗费用在综合单价中考虑。由于钢梁、钢柱的综合单价组成要素相同，所以我们合起来计算它们的综合单价。先计算总费用，再求单价，管理费、利润各取 5%。钢梁、钢柱的总费用计算如下：

1）材料费：$(16.508+19.66) \times (1+5\%) \times 4500 = 170893.80$（元）；

2）加工费和安装费：$(16.508+19.66) \times (1+5\%) \times (1000+800) = 68357.52$（元）；

3）高强螺栓的费用：$188 \times 20 = 3760$（元）；

4）柱脚锚栓的费用：$152 \times 36 = 5472$（元）；

5）吊装费：$1688.04 \times 15 = 25320.60$（元）；

6）检测费：$1688.04 \times 3 = 5064.12$（元）；

7）设计费：$1688.04 \times 10 = 16880.40$（元）；

以上费用合计：295748.44 元；单价：$295748.44/(16.508+19.66) = 8177.07$（元/t）。

其综合单价：$8177.07 \times (1+5\%+5\%) = 8994.78$（元/t），取整数 9000 元/t。

屋面板、墙板的单价中应考虑折件、钉子、胶的费用，计算理论一样，以屋面板计算为例，计算过程如下：

1）材料费、安装费：$1804.206 \times (65+20) = 153357.51$（元）；

2）折件、钉子、胶的费用：$141.41 \times (28+20) + (25320.60+5064.12)/2 = 21980.04$（元）；

（屋面折件的展开面积是 141.41m²，见表 4.18；钉子和胶的费用分别是 25320.60 元 、5064.12 元，见表 4.20；屋面、墙面各分担 50%）。

以上费用合计：175337.55 元；单价：175337.55/1804.206＝97.18(元/m²)。

其综合单价：97.18×(1＋5%＋5%)＝106.90(元/m²)，取整数：107 元/m²。

墙板的综合单价：{ [(706.06＋18)×(65＋25)＋373.81×(28＋20)＋(25320.60＋5064.2)/2]/706.06}×(1＋5% ＋5%)＝153.15(元/ m²)，取整数：155 元/ m²。

檩条的综合单价计算过程如下：

1）檩条的材料费、安装费：3.176×(3200＋400)＝47433.60(元)；

2）普通螺栓的费用：将普通螺栓的费用 11200 元（见表 4.19）平分到檩条和零星钢构件、钢支撑中。

$$[111200＋(13.176＋5.546)]×13.176＝7882.23(元)$$

以上费用合计：55315.83 元；单价：55315.83/13.176＝ 4198.23(元/ t)。

其综合单价：4198.23×(1＋5%＋5%)＝4618.05(元/t)，取整数：4620 元/t。

零星钢构件、钢支撑的综合单价一样，计算过程如下：

① 材料费/加工费/安装费：5.546×(3500＋800＋800)＝28284.60(元)；

②普通螺栓的费用：11200/(13.176＋5.546)×5.546＝3317.77(元)；

以上费用合计：31602.37 元；单价：31602.37＋5.546＝5698.23(元/t)。

其综合单价：5698.23×(1＋5%＋5%)＝6268.05(元/t)，取整数：6270 元/t。

从以上报价分析中可看出，清单计价单价很综合，不仅仅是费用综合，施工工序也是综合的。所以，报价时一定要考虑周全，不漏项是报价的关键，费用计算也要搞清楚，特别是计量单位的折算一定要搞明白。本案例没有考虑措施费，若工程需要，在措施项目清单中考虑；其他费用如总承包服务费、零星工作等，在其他项目清单中考虑；规费和税金在单位工程费汇总表中考虑。

项 目 小 结

本项目主要讲述了一般工业与民用建筑工程中常见的钢结构工程清单计量规则，摘录了常见项目的清单项目列表，并结合本地区定额内容介绍了计价工程量计算规则及计价方法。通过案例的引导，分析了定额计价与清单计价的内在关系。

习 题

一、思考题

1. 钢结构工程的结构形式有哪些？

2. 钢结构工程包括哪些清单子目？

二、填空题

1. 金属结构制作按图示钢材尺寸以＿＿＿＿＿＿计算，不扣除＿＿＿＿＿＿＿＿＿＿＿重量。

2. 在计算不规则或多边形钢板重量时，以其＿＿＿＿＿＿＿＿＿＿＿＿＿＿＿的面积计算。

3. 实腹柱、吊车梁、H 型钢的制作工程量按图示尺寸计算，其中腹板及翼板宽度按每边增加_____计算。

4. 钢漏斗制作工程量，依附漏斗的_____并入漏斗重量内计算。

5. 某车间柱间钢支撑每架制作重量 15.50kg，共 35 架，运距 10km。求运输及安装工程量。

项目 5 措施项目计量与计价

学习目标：通过本项目的学习，掌握脚手架工程、模板工程、材料二次搬运等措施项目费的计算规则。

学习情境 5.1 措 施 项 目 计 量

5.1.1 概述

措施项目清单是指为完成工程项目施工，发生于该工程施工前和施工过程中技术、生活、安全等方面的非工程实体项目，将发生的项目名称列入表格中。

在工程量清单报价中，措施项目是以费用的形式反映的项目。《计价规范》没有规定措施项目计算规则。通常，措施项目清单以项为计量单位，相应数量为1。

5.1.2 措施项目清单项目摘要

措施项目清单项目设置见表5.1。

表 5.1 措 施 项 目 一 览 表

序号	项 目 名 称	序号	项 目 名 称
1 通用项目		1 通用项目	
1.1	安全文明施工（含环境保护、文明施工、安全施工、临时设施）	1.9	已完工程及设备保护
		2 建筑工程	
		2.1	混凝土、钢筋混凝土模板及支架
1.2	夜间施工	2.2	脚手架
1.3	二次搬运	2.3	垂直运输机械
1.4	冬雨季施工	3 装饰装修	
1.5	大型机械设备进出场及安拆	3.1	脚手架
1.6	施工排水	3.2	垂直运输机械
1.7	施工降水		
1.8	地上、地下设施，建筑物的临时保护设施	3.3	室内空气污染测试

5.1.3 措施项目清单项目解析

（1）环境保护。它指施工现场为达到环保部门的要求所做的工作。

（2）文明施工。它指施工现场文明施工所做的工作。

（3）安全施工。它指施工现场安全施工所做的工作。

（4）临时设施。它指企业为进行建筑安装工程施工所必须搭设的生活和生产用的临时建筑物、构筑物和其他临时设施等。

（5）夜间施工。它指因夜间施工所发生的夜班补助、夜间施工降效、夜间施工照明设备摊销及照明用电等。

（6）二次搬运。它指因施工场地狭小等特殊情况而发生的二次搬运。

（7）大型机械设备进出场及安拆。它指机械整体或分体自停放场地运至施工现场或由一个施工地点运至另一个施工地点，所发生的机械进出场运输转移及机械在施工现场进行安装、拆卸所需的人工、材料、机械试运转和安装所需的辅助设施。

（8）混凝土、钢筋混凝土模板及支架。它指混凝土施工过程中需要的各种钢模板、木模板、支架等的支、拆、运输及模板、支架的摊销（或租赁）量。

（9）脚手架。它指施工需要的各种脚手架搭、拆、运输及脚手架的摊销（或租赁）量。

（10）已完工程及设备保护。它指对已完工程及设备进行保护所做的工作。

（11）施工排水、降水。它指为确保工程在正常条件下施工，采取各种排水、降水措施所做的工作。

（12）垂直运输机械。它指工程施工需要的垂直运输机械。

（13）室内空气污染测试。它指为保证正常的室内空气而做的空气污染测试检测工作。

影响措施项目设置的因素较多，在措施项目一览表中不能一一列出，因情况不同而出现表中未列的措施项目，工程量清单编制人可作补充。补充项目应列在清单项目最后，并在序号栏中以"补"字示之。

5.1.4 措施项目清单案例

【例5.1】 某五层框架结构教学楼，现浇钢筋混凝土有梁板，板厚均为120mm。施工组织设计中，内、外脚手架均为钢管脚手架；有梁板采用组合钢模板、木支撑；垂直运输采用塔吊施工。试列出本工程涉及的措施项目清单。

【解】 措施项目清单见表5.2。

表5.2   措 施 项 目 清 单

序号	项目名称	计量单位	数量
1	脚手架	项	1
2	混凝土、钢筋混凝土模板及支架	项	1
3	垂直运输机械	项	1

学习情境5.2 措 施 项 目 计 价

5.2.1 文明施工措施费

文明施工措施费（包括环境保护、安全施工），以直接工程费合计（直接工程费合计是指分部分项工程工程量清单计价表的人工费、材料费和施工机械费合计）为基数乘以相应系数计算，系数根据工程类别参照表5.3确定。当计算结果超过表5.3规定的最高限额时，应执行其最高限额。文明施工费中的人工费均占本项的16%。

按上述方法计算的文明施工措施费中未计取管理费和规费，管理费按该项措施费中的所含人工费的26.1%计算，投标时施工企业也可自主确定计算方法。规费以人工费为基数，费率按 43.72% 计算。

表 5.3   文明施工措施费系数表

工程类别		系数（%）	最高限额（元）
建筑工程	住宅 框架结构	1.16	26.48
	住宅 砖混结构	1.23	28.35
	住宅 其他结构	1.13	25.67
	公建	1.09	24.61
	工业厂房	0.71	14.46
装饰装修工程		0.10	2.65

5.2.2 临时设施措施费

临时设施措施费以直接工程费为计算基数乘以临时设施措施费费率 1.38% 计算。

5.2.3 夜间施工措施费

夜间施工措施费可参照以下方法以"元"计算：

$$夜间施工措施费＝[(工期定额－合同工期)/工期定额工期]$$
$$×工程所需总工日×每工日夜间施工费$$

每工日夜间施工费可按 9.90 元计算。

5.2.4 二次搬运措施费

二次搬运措施费按现场总面积与新建工程首层建筑面积的比例，以预算基价中材料费合计为基数乘以相应的二次搬运措施费费率计算。二次搬运费措施费费率见表 5.4。

表 5.4   二次搬运措施费费率

序号	施工现场总面积/新建工程首层建筑面积	二倒费费率（%）	序号	施工现场总面积/新建工程首层建筑面积	二倒费费率（%）
1	＞4.5	0.0	4	1.5～2.5	3.1
2	3.5～4.5	1.3	5	＜1.5	4.0
3	2.5～3.5	2.2	—	—	—

5.2.5 大型机械设备进出场及安拆措施费

大型机械设备进出场及安拆措施费按批准的施工组织设计确定工程量，按预算基价计价。工程量计算规则如下。

1. 大型机械场外包干运费

（1）包干运费按施工方案以台次计算。

（2）自行式压路机的场外运费，按实际场外开行台班计算。

2. 塔式起重机基础及轨道铺拆费

（1）轨道式塔吊路基碾压、铺垫、铺道安装费，按塔轨的实际长度以米计算。

（2）固定式基础预算基价子目适用于混凝土在 10m² 以内的塔吊基础，如超过者，固定式基础混凝土体积按照设计图示尺寸以立方米计算。

3. 大型机械安拆费

（1）机械安拆费是安装、拆卸的一次性费用，按施工方案规定的次数计算。

（2）塔吊分两次立的，按相应项目的按拆费乘以系数1.2。自升塔安拆费是以45m确定的，如塔高超过45m时，每增高10m安拆费增加20%。

5.2.6　混凝土、钢筋混凝土模板及支架措施费

混凝土、钢筋混凝土模板及支架措施费根据工程量套用预算基价计算此费用。工程量计算规则如下：

（1）混凝土、钢筋混凝土模板及支架按照设计图示混凝土体积计算。

（2）混凝土滑模设备的安拆费及场外运费按建筑物标准层的建筑面积以平方米计算。

（3）浇筑高度超过3.6m的增价是以混凝土柱、梁、板、墙的图示体积以立方米计算，分别套用基价子目。

5.2.7　脚手架措施费

脚手架措施费是指施工需要的各种脚手架搭、拆、运输费用及脚手架的摊销（或租赁）费用，计取方法根据工程量套用预算基价。工程量计算规则如下：

（1）综合脚手架按建筑面积以平方米计算。综合脚手架基价中包括内外墙砌筑脚手架、墙面粉饰脚手架及框架结构的混凝土浇捣用脚手架。综合脚手架包括单层建筑综合脚手架、多层建筑综合脚手架和地下室脚手架。

1）凡单层建筑，执行单层建筑综合脚手架基价；二层及二层以外的建筑执行多层建筑综合脚手架基价；地下室部分执行地下室脚手架基价。

2）单层综合脚手架适用于槽高20m以内的单层建筑工程，多层综合脚手架适用于槽高在140m以内的多层建筑工程。

3）单层综合脚手架包括顶棚装饰脚手架，不论室内净高多少，均不得增加顶棚装饰脚手架；多层综合脚手架包括层高在3.6m以内的顶棚装饰用脚手架，当建筑物层高超过3.6m时，可另行增加顶棚装饰用脚手架。

（2）建筑物的檐高应以设计室外地坪至檐口滴水的高度为准，如有女儿墙者，其高度算至女儿墙顶面；带挑檐者，其高度算至挑檐下皮；多跨建筑物如高度不同时，应分别按不同高度计算。同一建筑物有不同结构时，应以建筑面积比重较大者为准，前后檐高度不同时，以较高的高度为准。

（3）执行综合脚手架基价的工程，其中另列单项脚手架基价计算的项目，按下列计算方法执行：

1）满堂基础及高度（指垫层上皮至基础顶面）超过1.2m的混凝土或钢筋混凝土基础的脚手架按槽底面积计算，套用钢筋混凝土基础脚手架基价。

2）多层建筑室内净高超过3.6m的顶棚或顶板抹灰的脚手架，按满堂脚手架基价执行。

3）室内净高超过3.6m的屋面板勾缝，油漆或喷浆的脚手架按主墙面的面积计算，执行活动脚手架（无露明屋架者）或悬空脚手架（有露明屋架者）基价。

4）砌筑高度超过1.2m的屋顶烟囱，按外围周长另加3.6m乘以烟囱出顶高度以面积计算，执行里脚手架基价。

5）砌筑高度超过1.2m的管沟墙及基础，按砌筑长度乘高度以面积计算，执行里脚手

架基价。

6）水平防护架，按建筑物临街长度另加 10m，乘搭设宽度，以平方米计算。

7）垂直防护架，按建筑物临街长度乘以建筑物檐高，以平方米计算。

8）电梯安装脚手架按座计算。

（4）凡不适宜使用综合脚手架基价的建筑物，可按预算基价规定计算工程量，执行单项脚手架基价。

5.2.8　施工降水、排水措施费

施工排水、降水措施费按预算基价计价，基础排水包括排水井和抽水机抽水，排水井分集水井和大口井两种。基础集水井以座计算，大口井按累计井深以米计算，抽水机抽水以台班计算。昼夜连续作业时，一昼夜按 3 台班计算。

5.2.9　垂直运输费

垂直运输费是指工程施工时必须使用的垂直运输机械费，按预算基价计价。

（1）建筑物垂直运输按不同檐高，以基价子目中不带"（ ）"的总工日计算，凡基价子目的工日有"（ ）"者不计算。多跨建筑物当高度不同时，按其高跨（或低跨）建筑物的不带"（ ）"的总工日分别执行不同的基价子目。檐高 3.6m 以内的单层建筑，不计算垂直运输费。

（2）地下工程垂直运输系指自设计室外地坪至槽底的深度超过 3m，且该项基价中人工工日又带有"（ ）"的混凝土及砌筑工程。工程量按设计室外地坪以下的全部混凝土与砌体的体积，以立方米为单位分别计算。地下工程垂直运输预算基价子目由包括混凝土材料和不包括混凝土材料两部分组成，其中不包括混凝土材料的垂直运输子目，适用于使用混凝土输送泵的工程。

5.2.10　超高工程附加费

超高工程附加费是指建筑物槽高超过 20m 施工时，由于人工、机械降效所增加的费用，按预算基价计价。超高工程附加费以首层地面以上全部建筑面积计算。地下室工程位于设计室外地坪以上部分超过层高一半者，其建筑面积可并入计取超高工程附加费的总面积中。多跨建筑物檐高不同时，应分别计算建筑面积；前后檐高度不同时，以较高的檐高为准。同一个建筑物由多种结构组成，应以建筑面积较大的为准。

项　目　小　结

本项目主要讲述了一般工业与民用建筑工程中措施项目工程清单计量规则，结合本地区定额内容介绍了计价工程量计算规则及计价方法。

习　题

一、思考题

1. 垂直运输费如何计算？

2. 施工降水、排水措施费如何计算？

二、填空题

1. 文明施工措施费（包括环境保护、安全施工），以＿＿＿＿＿＿＿＿为基数乘以相应系数计算。

2. 综合脚手架按＿＿＿＿＿＿＿以平方米计算。综合脚手架基价中包括＿＿＿＿＿＿＿脚手架、＿＿＿＿＿＿＿脚手架及框架结构的混凝土浇捣用脚手架。综合脚手架包括＿＿＿＿＿＿＿综合脚手架、＿＿＿＿＿＿＿综合脚手架和地下室脚手架。

附录 1 型 钢 规 格 表

普 通 工 字 钢

符号 h—高度；
b—宽度；
t_w—腹板厚度；
t—翼缘平均厚度；
I—惯性矩；
W—截面模量；
i—回转半径；
S_x—半截面的面积矩。

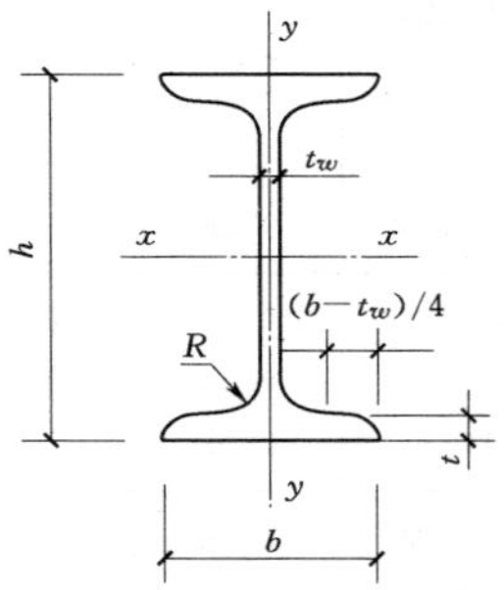

长度：
型号 10～18，长 5～19m；
型号 20～63，长 6～19m。

附图 1.1 普通工字钢尺寸

附表 1.1 普通工字钢规格

型号	尺寸 mm					截面积 A cm²	质量 g kg/m	x—x轴				y—y轴		
	h	b	t_w	t	R			I_x cm⁴	W_x cm³	i_x cm	I_x/S_x cm	I_y cm⁴	W_y cm³	i_y cm
10	100	68	4.5	7.6	6.5	14.3	11.2	245	49	4.14	8.69	33	9.6	1.51
12.6	126	74	5.0	8.4	7.0	18.1	14.2	488	77	5.19	11.0	47	12.7	1.61
14	140	80	5.5	9.1	7.5	21.5	16.9	712	102	5.75	12.2	64	16.1	1.73
16	160	88	6.0	9.9	8.0	26.1	20.5	1127	141	6.57	13.9	93	21.1	1.89
18	180	94	6.5	10.7	8.5	30.7	24.1	1699	185	7.37	15.4	123	26.2	2.00
20 a	200	100	7.0	11.4	9.0	35.5	27.9	2369	237	8.16	17.4	158	31.6	2.11
20 b	200	102	9.0	11.4	9.0	39.5	31.1	2502	250	7.95	17.1	169	33.1	2.07
22 a	220	110	7.5	12.3	9.5	42.1	33.0	3406	310	8.99	19.2	226	41.1	2.32
22 b	220	112	9.5	12.3	9.5	46.5	36.5	3583	326	8.78	18.9	240	42.9	2.27

续表

型号	h	b	t_w	t	R	截面积 A	质量 g	I_x	W_x	i_x	I_x/S_x	I_y	w_y	i_y
		mm				cm²	kg/m	cm⁴	cm³	cm	cm	cm⁴	cm³	cm
25 a	250	116	8.0	13.0	10.0	48.5	38.1	5017	401	10.2	21.7	280	48.4	2.40
25 b		118	10.0			53.5	42.0	5278	422	9.93	21.4	297	50.4	2.36
28 a	280	122	8.5	13.7	10.5	55.4	43.5	7115	508	11.3	24.3	344	56.4	2.49
28 b		124	10.5			61.0	47.9	7481	534	11.1	24.0	364	58.7	2.44
32 a	320	130	9.5	15.0	11.5	67.1	52.7	11080	692	12.8	27.7	459	70.6	2.62
32 b		132	11.5			73.5	57.7	11626	727	12.6	27.3	484	73.3	2.57
32 c		134	13.5			79.9	62.7	12173	761	12.3	26.9	510	76.1	2.53
36 a	360	136	10.0	15.8	12.0	76.4	60.0	15796	878	14.4	31.0	555	81.6	2.69
36 b		138	12.0			83.6	65.6	16574	921	14.1	30.6	584	84.6	2.64
36 c		140	14.0			90.8	71.3	17351	964	13.8	30.2	614	87.7	2.60
40 a	400	142	10.5	16.5	12.5	86.1	67.6	21714	1086	15.9	34.4	660	92.9	2.77
40 b		144	12.5			94.1	73.8	22781	1139	15.6	33.9	693	96.2	2.71
40 c		146	14.5			102	80.1	23847	1192	15.3	33.5	727	99.7	2.67
45 a	450	150	11.5	18.0	13.5	102	80.4	32241	1433	17.7	38.5	855	114	2.89
45 b		152	13.5			111	87.4	33759	1500	17.4	38.1	895	118	2.84
45 c		154	15.5			120	94.5	35278	1568	17.1	37.6	938	122	2.79
50 a	500	158	12.0	20.0	14.0	119	93.6	46472	1859	19.7	42.9	1122	142	3.07
50 b		160	14.0			129	101	48556	1942	19.4	42.3	1171	146	3.01
50 c		162	16.0			139	109	50639	2026	19.1	41.9	1224	151	2.96
56 a	560	166	12.5	21.0	14.5	135	106	65576	2342	22.0	47.9	1366	165	3.18
56 b		168	14.5			147	115	68503	2447	21.6	47.3	1424	170	3.12
56 c		170	16.5			158	124	71430	2551	21.3	46.8	1485	175	3.07
63 a	630	176	13.0	22.0	15.0	155	122	94004	2984	24.7	53.8	1702	194	3.32
63 b		178	15.0			167	131	98171	3117	24.2	53.2	1771	199	3.25
63 c		780	17.0			180	141	102339	3249	23.9	52.6	1842	205	3.20

尺 寸　　　　x—x 轴　　　　y—y 轴

普 通 槽 钢

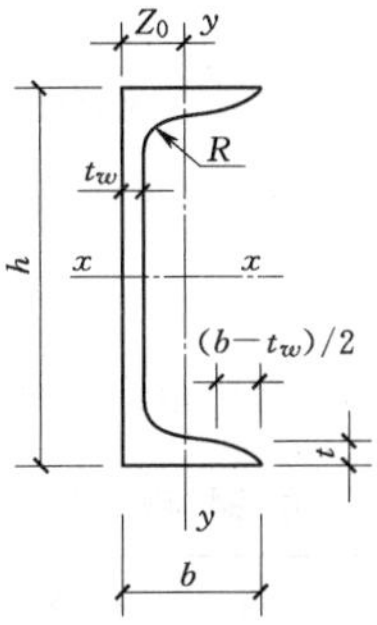

符号：同普通工字钢。但 W_y 为
对应翼缘肢尖的截面模量。

长度：

型号 5～8，长 5～12m；

型号 10～18，长 5～19m；

型号 20～20，长 6～19m。

附图 1.2　普通槽钢尺寸

附表 1.2　　　　　　　　普 通 槽 钢 规 格

型号	尺　　寸						截面积 A	质量 g	$x-x$ 轴			$y-y$ 轴			y_1-y_1 轴	Z_0
	h	b	t_w	t	R				I_x	W_x	i_x	I_y	W_y	i_y	I_{y1}	
	mm						cm²	kg/m	cm⁴	cm³	cm	cm⁴	cm³	cm	cm⁴	cm
5	50	37	4.5	7.0	7.0		6.92	5.44	26	10.4	1.94	8.3	3.5	1.10	20.9	1.35
6.3	63	40	4.8	7.5	7.5		8.45	6.63	51	16.3	2.46	11.9	4.6	1.19	28.3	1.39
8	80	43	5.0	8.0	8.0		10.24	8.04	101	25.3	3.14	16.6	5.8	1.27	37.4	1.42
10	100	48	5.3	8.5	8.5		12.74	10.00	198	39.7	3.94	25.6	7.8	1.42	54.9	1.52
12.6	126	53	5.5	9.0	9.0		15.69	12.31	389	61.7	4.98	38.0	10.3	1.56	77.8	1.59
14 a	140	58	6.0	9.5	9.5		18.51	14.53	564	80.5	5.52	53.2	13.0	1.70	107.2	1.71
14 b	140	60	8.0	9.5	9.5		21.31	16.73	609	87.1	5.35	61.2	14.1	1.69	120.6	1.67
16 a	160	63	6.5	10.0	10.0		21.95	17.23	866	108.3	6.28	73.4	16.3	1.83	144.1	1.79
16 b	160	65	8.5	10.0	10.0		25.15	19.75	935	116.8	6.10	83.4	17.6	1.82	160.8	1.75
18 a	180	68	7.0	10.5	10.5		25.69	20.17	1273	141.4	7.04	98.6	20.0	1.96	189.7	1.88
18 b	180	70	9.0	10.5	10.5		29.29	22.99	1370	152.2	6.84	111.0	21.5	1.95	210.1	1.84
20 a	200	73	7.0	11.0	11.0		28.83	22.63	1780	178.0	7.86	128	24.2	2.11	244.0	2.01
20 b	200	75	9.0	11.0	11.0		32.83	25.77	1914	191.4	7.64	143.6	25.9	2.09	268.4	1.95
22 a	200	77	7.0	11.5	11.5		31.84	24.99	2394	217.6	8.67	157.8	28.2	2.23	298.2	2.10
22 b	200	79	9.0	11.5	11.5		36.24	28.45	2571	233.8	8.42	176.5	30.1	2.21	326.3	2.03
25 a	250	78	7.0	12.0	12.0		34.91	27.40	3359	268.7	9.81	175.9	30.7	2.24	324.8	2.07
25 b	250	80	9.0	12.0	12.0		39.91	31.33	3619	289.6	9.52	196.4	32.7	2.22	355.1	1.99
25 c	250	82	11.0	12.0	12.0		44.91	35.25	3880	310.4	9.30	215.9	34.6	2.19	388.6	1.96
28 a	280	82	7.5	12.5	12.5		40.02	31.42	4753	339.5	10.90	217.9	35.7	2.33	393.3	2.09
28 b	280	84	9.5	12.5	12.5		45.62	35.81	5118	365.6	10.59	241.5	37.9	2.30	428.5	2.02
28 c	280	86	11.5	12.5	12.5		51.22	40.21	5484	391.7	10.35	264.1	40.0	2.27	467.3	1.99
32 a	320	88	8.0	14.0	14.0		48.50	38.07	7511	469.4	12.44	304.7	46.4	2.51	547.5	2.24
32 b	320	90	10.0	14.0	14.0		54.90	43.10	8057	503.5	12.11	335.6	49.1	2.47	592.9	2.16
32 c	320	92	12.0	14.0	14.0		61.30	48.12	8603	537.7	11.85	365.0	51.6	2.44	642.7	2.13
36 a	360	96	9.0	16.0	16.0		60.89	47.80	11874	659.7	13.96	455.0	63.6	2.73	818.5	2.24
36 b	360	98	11.0	16.0	16.0		68.09	53.45	12652	702.9	13.63	496.7	66.9	2.70	880.5	2.37
36 c	360	100	13.0	16.0	16.0		75.29	59.10	13429	746.1	13.36	536.6	70.0	2.67	948.0	2.34
40 a	400	100	10.5	18.0	18.0		75.04	58.91	17578	878.9	15.30	592.0	78.8	2.81	1057.9	2.49
40 b	400	102	12.5	18.0	18.0		83.04	65.19	18644	932.2	14.98	640.6	82.6	2.78	1135.8	2.44
40 c	400	104	14.5	18.0	18.0		91.04	71.47	19711	985.6	14.71	687.8	86.2	2.76	1220.3	2.42

等 边 角 钢

附图 1.3 等边角钢尺寸

附表 1.3 　　　　　　等 边 角 钢 规 格

型号	圆角 R	重心距 Z_0	截面积 A	质量 q	惯性矩 I_x	截面模量 $W_{x\max}$	$W_{x\min}$	回转半径 i_x	i_{x_0}	i_{y_0}	i_y，当 a 为下列数值 6mm	8mm	10mm	12mm	14mm
	mm		cm²	kg/m	cm⁴	cm³		cm			cm				
$\llcorner 20 \times \frac{3}{4}$	3.5	6.0	1.13	0.89	0.40	0.66	0.29	0.59	0.75	0.39	1.08	1.17	1.25	1.34	1.43
		6.4	1.46	1.15	0.50	0.78	0.36	0.58	0.73	0.38	1.11	1.19	1.28	1.37	1.43
$\llcorner 25 \times \frac{3}{4}$	3.5	7.3	1.43	1.12	0.82	1.12	0.46	0.76	0.95	0.49	1.27	1.36	1.44	1.53	1.61
		7.6	1.86	1.46	1.03	1.34	0.59	0.74	0.93	0.48	1.30	1.38	1.47	1.55	1.64
$\llcorner 30 \times \frac{3}{4}$	4.5	8.5	1.75	1.37	1.46	1.72	0.68	0.91	1.15	0.59	1.47	1.55	1.63	1.71	1.80
		8.9	2.28	1.79	1.84	2.08	0.87	0.90	1.13	0.58	1.49	1.57	1.65	1.74	1.82
$\llcorner 36 \times 4$ 3	4.5	10.0	2.11	1.66	2.58	2.59	0.99	1.11	1.39	0.71	1.70	1.78	1.86	1.94	2.03
4		10.4	2.76	2.16	3.29	3.18	1.28	1.09	1.38	0.70	1.73	1.80	1.89	1.97	2.05
5		10.7	2.38	2.65	3.95	3.68	1.56	1.08	1.36	0.70	1.75	1.83	1.91	1.99	2.08
$\llcorner 40 \times 4$ 3	5	10.9	2.36	1.85	3.59	3.28	1.23	1.23	1.55	0.79	1.86	1.94	2.01	2.09	2.18
4		11.3	3.09	2.42	4.60	4.05	1.60	1.22	1.54	0.79	1.88	1.96	2.04	2.12	2.20
5		11.7	3.79	2.98	5.53	4.72	1.96	1.21	1.52	0.78	1.90	1.98	2.06	2.14	2.23
$\llcorner 45 \times$ 3	5	12.2	2.66	2.09	5.17	4.25	1.58	1.39	1.76	0.90	2.06	2.14	2.21	2.29	2.37
4		12.6	3.49	2.74	6.65	5.29	2.05	1.38	1.74	0.89	2.08	2.16	2.24	2.32	2.40
5		13.0	4.29	3.37	8.04	6.20	2.51	1.37	1.72	0.88	2.10	2.18	2.26	2.34	2.42
6		13.3	5.08	3.99	9.33	6.99	2.95	1.36	1.71	0.88	2.12	2.20	2.28	2.36	2.44
$\llcorner 50 \times$ 3	5.5	13.4	2.97	2.33	7.18	5.36	1.96	1.55	1.96	1.00	2.26	2.33	2.41	2.48	2.56
4		13.8	3.90	3.06	9.26	6.70	2.56	1.54	1.94	0.99	2.28	2.36	2.43	2.51	2.59
5		14.2	4.80	3.77	11.21	7.90	3.13	1.53	1.92	0.98	2.30	2.38	2.45	2.53	2.61
6		14.6	5.69	4.46	13.05	8.95	3.68	1.51	1.91	0.98	2.32	2.40	2.48	2.56	2.64
$\llcorner 56 \times$ 3	6	14.8	3.34	2.62	10.19	6.86	2.48	1.75	2.20	1.13	2.50	2.57	2.64	2.72	2.80
4		15.3	4.39	3.45	13.18	8.63	3.24	1.73	2.18	1.11	2.52	2.59	2.67	2.74	2.82
5		15.7	5.42	4.25	16.02	10.22	3.97	1.72	2.17	1.10	2.54	2.61	2.69	2.77	2.85
8		16.8	8.37	6.57	23.63	14.06	6.03	1.68	2.11	1.09	2.60	2.67	2.75	2.83	2.91
4	7	17.0	4.98	3.91	19.03	11.22	4.13	1.96	2.46	1.26	2.79	2.87	2.94	3.02	3.09
5		17.4	6.14	4.82	23.17	13.33	5.08	1.94	2.45	1.25	2.82	2.89	2.96	3.04	3.12
$\llcorner 63 \times 6$		17.8	7.29	5.72	27.12	15.26	6.00	1.93	2.43	1.24	2.83	2.91	2.98	3.06	3.14
8		18.5	9.51	7.47	34.45	18.59	7.75	1.90	2.39	1.23	2.87	2.95	3.03	3.10	3.18
10		19.3	11.66	9.15	41.09	21.34	9.39	1.88	2.36	1.22	2.91	2.99	3.07	3.15	3.23
4	8	18.6	5.57	4.37	26.39	14.16	5.14	2.18	2.74	1.40	3.07	3.14	3.21	3.29	3.36
5		19.1	6.88	5.40	32.21	16.89	6.32	2.16	2.73	1.39	3.09	3.16	3.24	3.31	3.39
$\llcorner 70 \times 6$		19.5	8.16	6.41	37.77	19.39	7.48	2.15	2.71	1.38	3.11	3.18	3.26	3.33	3.41
7		19.9	9.42	7.40	43.09	21.68	8.59	2.14	2.69	1.38	3.13	3.20	3.28	3.36	3.43
8		20.3	10.67	8.37	48.17	23.79	9.68	2.13	2.68	1.37	3.15	3.22	3.30	3.38	3.46

型号	圆角 R	重心距 Z_0	截面积 A	质量 q	惯性矩 I_x	截面模量 $W_{x\max}$	$W_{x\min}$	回转半径 i_x	i_{x_0}	i_{y_0}	i_y，当 a 为下列数值 6mm	8mm	10mm	12mm	14mm
	mm	mm	cm²	kg/m	cm⁴	cm³	cm³	cm	cm	cm	cm				
5		20.3	7.41	5.82	39.96	19.73	7.30	2.32	2.92	1.50	3.29	3.36	3.43	3.50	3.58
6		20.7	8.80	6.91	46.91	22.69	8.63	2.31	2.91	1.49	3.31	3.38	3.45	3.53	3.60
∟75×7 7	9	21.1	10.16	7.98	53.57	25.42	9.93	2.30	2.89	1.48	3.33	3.40	3.47	3.55	3.63
8		21.5	11.50	9.03	59.96	27.93	11.20	2.28	2.87	1.47	3.35	3.42	3.50	3.57	3.65
10		22.2	14.13	11.09	71.98	32.40	13.64	2.26	2.84	1.46	3.38	3.46	3.54	3.61	3.69
5		21.5	7.91	6.21	48.79	22.70	8.34	2.48	3.13	1.60	3.49	3.56	3.63	3.71	3.78
6		21.9	9.40	7.38	57.35	26.16	9.87	2.47	3.11	1.59	3.51	3.58	3.65	3.73	3.80
∟80×7 7	9	22.3	10.86	8.53	65.58	29.38	11.37	2.46	3.10	1.58	3.53	3.60	3.67	3.75	3.83
8		22.7	12.30	9.66	73.50	32.36	12.83	2.44	3.08	1.57	3.55	3.62	3.70	3.77	3.85
10		23.5	15.13	11.87	88.43	37.68	15.64	2.42	3.04	1.56	3.58	3.66	3.74	3.81	3.89
6		24.4	10.64	8.35	82.77	33.99	12.61	2.79	3.51	1.80	3.91	3.98	4.05	4.12	4.20
7		24.8	12.30	9.66	94.83	38.28	14.54	2.78	3.50	1.78	3.93	4.00	4.07	4.14	4.22
∟90×8 8	10	25.2	13.94	10.95	106.5	42.30	16.42	2.76	3.48	1.78	3.95	4.02	4.09	4.17	4.24
10		25.9	17.17	13.48	128.6	49.57	20.07	2.74	3.45	1.76	3.98	4.06	4.13	4.21	4.28
12		26.7	20.31	15.94	149.2	55.93	23.57	2.71	3.41	1.75	4.02	4.09	4.17	4.25	4.32
6		26.7	11.93	9.37	115.0	43.04	15.68	3.10	3.91	2.00	4.30	4.37	4.44	4.51	4.58
7		27.1	13.80	10.83	131.0	48.57	18.10	3.09	3.89	1.99	4.32	4.39	4.46	4.53	4.61
8		27.6	15.64	12.28	148.2	53.78	20.47	3.08	3.88	1.98	4.34	4.41	4.48	4.55	4.63
∟100×10 10	12	28.4	19.26	15.12	179.5	63.29	25.06	3.05	3.84	1.96	4.38	4.45	4.52	4.60	4.67
12		29.1	22.80	17.90	208.9	71.72	29.47	3.03	3.81	1.95	4.41	4.49	4.56	4.64	4.71
14		29.9	26.26	20.61	236.5	79.19	33.73	3.00	3.77	1.94	4.45	4.53	4.60	4.68	4.75
16		30.6	29.63	23.26	262.5	85.81	37.82	2.98	3.74	1.93	4.49	4.56	4.64	4.71	4.80
7		29.6	15.20	11.93	177.2	59.78	22.05	3.41	4.30	2.20	4.72	4.79	4.86	4.94	5.01
8		30.1	17.24	13.53	199.5	66.36	24.95	3.40	4.28	2.19	4.74	4.81	4.88	4.96	5.03
∟110×10 10	12	30.9	21.26	16.69	242.2	78.48	30.60	3.38	4.25	2.17	4.78	4.85	4.92	5.00	5.07
12		31.6	25.20	19.78	282.6	89.34	36.05	3.35	4.22	2.15	4.82	4.89	4.96	5.04	5.11
14		32.4	29.06	22.81	320.7	99.07	41.31	3.32	4.18	2.14	4.85	4.93	5.00	5.08	5.15
8		33.7	19.75	15.50	297.0	88.20	32.52	3.88	4.88	2.50	5.34	5.41	5.48	5.55	5.62
∟125× 10	14	34.5	24.37	19.13	361.7	104.8	39.97	3.85	4.85	2.48	5.38	5.45	5.52	5.59	5.66
12		35.3	28.91	22.70	423.2	119.9	47.17	3.83	4.82	2.46	5.41	5.48	5.56	5.63	5.70
14		36.1	33.37	26.19	481.7	133.6	54.16	3.80	4.78	2.45	5.45	5.52	5.59	5.67	5.74
10		38.2	27.37	21.49	514.7	134.6	50.58	4.34	5.46	2.78	5.98	6.05	6.12	6.20	6.27
∟140× 12	14	39.0	32.51	25.52	603.7	154.6	59.80	4.31	5.43	2.77	6.02	6.09	6.16	6.23	6.31
14		39.8	37.57	29.49	688.8	173.0	68.75	4.28	5.40	2.75	6.06	6.13	6.20	6.27	6.34
16		40.6	42.54	33.39	770.2	189.9	77.46	4.26	5.36	2.74	6.09	6.16	6.23	6.31	6.38
10		43.1	31.50	24.73	779.5	180.8	66.70	4.97	6.27	3.20	6.78	6.85	6.92	6.99	7.06
∟160× 12	16	43.9	37.44	29.39	916.6	208.6	78.98	4.95	6.24	3.18	6.82	6.89	6.96	7.03	7.10
14		44.7	43.30	33.99	1048	234.4	90.95	4.92	6.20	3.16	6.86	6.93	7.00	7.07	7.14
16		45.5	49.07	38.52	1175	258.3	102.6	4.89	6.17	3.14	6.89	6.96	7.03	7.10	7.18
12		48.9	42.24	33.16	1321	270.0	100.8	5.59	7.05	3.58	7.63	7.70	7.77	7.84	7.91
∟180× 14	16	49.7	48.90	38.38	1514	304.6	116.3	5.57	7.02	3.57	7.67	7.74	7.81	7.88	7.95
16		50.5	55.47	43.54	1701	336.9	131.4	5.54	6.98	3.55	7.70	7.77	7.84	7.91	7.98
18		51.3	61.95	48.63	1881	367.1	146.1	5.51	6.94	3.53	7.73	7.80	7.87	7.95	8.02

续表

型号	圆角 R	重心距 Z_0	截面积 A	质量 q	惯性矩 I_x	截面模量		回转半径			i_y，当 a 为下列数值				
						$W_{x\max}$	$W_{x\min}$	i_x	i_{x_0}	i_{y_0}	6mm	8mm	10mm	12mm	14mm
	mm		cm²	kg/m	cm⁴	cm³		cm			cm				
14		54.6	54.64	42.89	2104	385.1	144.7	6.20	7.82	3.98	8.47	8.54	8.61	8.67	8.75
16		55.4	62.01	48.68	2366	427.0	163.7	6.18	7.79	3.96	8.50	8.57	8.64	8.71	8.78
L 200×18	18	56.2	69.30	54.40	2621	466.5	182.2	6.15	7.75	3.94	8.53	8.60	8.67	8.75	8.82
20		56.9	76.50	60.06	2867	503.6	200.4	6.12	7.72	3.93	8.57	8.64	8.71	8.78	8.85
24		58.4	90.66	71.17	3338	571.5	235.8	6.07	7.64	3.90	8.63	8.71	8.78	8.85	8.92

不 等 边 角 钢

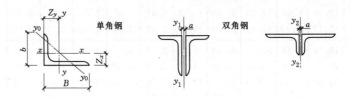

单角钢　　双角钢

附图 1.4　不等边角钢尺寸

附表 1.4　　　　　　　　　　　不 等 边 角 钢 规 格

角钢型号 $B \times b \times t$ (mm)	圆角 R	重心距		截面积 A	质量 q	回转半径			i_{y1}，当 a 为下列数值				i_{y0}，当 a 为下列数值			
		Z_x	Z_y			i_x	i_y	i_{y0}	6mm	8mm	10mm	12mm	6mm	8mm	10mm	12mm
	mm			cm²	kg/m	cm			cm				cm			
L 25×16×3	3.5	4.2	8.6	1.16	0.91	0.44	0.78	0.34	0.84	0.93	1.02	1.11	1.40	1.48	1.57	1.65
L 25×16×4		4.6	9.0	1.50	1.18	0.43	0.77	0.34	0.87	0.96	1.05	1.14	1.42	1.51	1.60	1.68
L 32×20×3	3.5	4.9	10.8	1.49	1.17	0.55	1.01	0.43	0.97	1.05	1.14	1.23	1.71	1.79	1.88	1.96
L 32×20×4		5.3	11.2	1.94	1.52	0.54	1.00	0.43	0.99	1.08	1.16	1.25	1.74	1.82	1.90	1.99
L 40×25×3	4	5.9	13.2	1.89	1.48	0.70	1.28	0.54	1.13	1.21	1.30	1.38	2.07	2.14	2.23	2.31
L 40×25×4		6.3	13.7	2.47	1.94	0.69	1.26	0.54	1.16	1.24	1.32	1.41	2.09	2.17	2.25	2.34
L 45×28×3	5	6.4	14.7	2.15	1.69	0.79	1.44	0.61	1.23	1.31	1.39	1.47	2.28	2.36	2.44	2.52
L 45×28×4		6.8	15.1	2.81	2.20	0.78	1.43	0.60	1.25	1.33	1.41	1.50	2.31	2.39	2.47	2.55
L 50×32×3	5.5	7.3	16.0	2.43	1.91	0.91	1.60	0.70	1.38	1.45	1.53	1.61	2.49	2.56	2.64	2.72
L 50×32×4		7.7	16.5	3.18	2.49	0.90	1.59	0.69	1.40	1.47	1.55	1.64	2.51	2.59	2.67	2.75
L 56×36×3	6	8.0	17.8	2.74	2.15	1.03	1.80	0.79	1.51	1.59	1.66	1.74	2.75	2.82	2.90	2.98
L 56×36×4		8.5	18.2	3.59	2.82	1.02	1.79	0.78	1.53	1.61	1.69	1.77	2.77	2.85	2.93	3.01
L 56×36×5		8.8	18.7	4.42	3.47	1.01	1.77	0.78	1.56	1.63	1.79	1.79	2.80	2.88	2.96	3.04
L 63×40×4	7	9.2	20.4	4.06	3.19	1.14	2.02	0.88	1.66	1.74	1.81	1.89	3.09	3.16	3.24	3.32
L 63×40×5		9.5	20.8	4.99	3.92	1.12	2.00	0.87	1.68	1.76	1.84	1.92	3.11	3.19	3.27	3.35
L 63×40×6		9.9	21.2	5.91	4.64	1.11	1.99	0.86	1.71	1.78	1.86	1.94	3.13	3.21	3.29	3.37
L 63×40×7		10.3	21.6	6.80	5.34	1.10	1.96	0.86	1.73	1.80	1.88	1.97	3.15	3.23	3.30	3.39
L 70×45×4	7.5	10.2	22.3	4.55	3.57	1.29	2.25	0.99	1.84	1.91	1.99	2.07	3.39	3.46	3.54	3.62
L 70×45×5		10.6	22.8	5.61	4.40	1.28	2.23	0.98	1.86	1.94	2.01	2.09	3.41	3.49	3.57	3.64
L 70×45×6		11.0	23.2	6.64	5.22	1.26	2.22	0.97	1.88	1.96	2.04	2.11	3.44	3.51	3.59	3.67
L 70×45×7		11.3	23.6	7.66	6.01	1.25	2.20	0.97	1.90	1.98	2.06	2.14	3.46	3.54	3.61	3.69

续表

角钢型号 $B×b×t$ (mm)	圆角 R	重心距		截面积 A	质量 q	回转半径			i_{y1}，当 a 为下列数值				i_{y0}，当 a 为下列数值			
		Z_x	Z_y			i_x	i_y	i_{y0}	6mm	8mm	10mm	12mm	6mm	8mm	10mm	12mm
	mm	mm		cm²	kg/m	cm			cm				cm			
$\llcorner$ 75×50× 5	8	11.7	24.0	6.13	4.81	1.43	2.39	1.09	2.06	2.13	2.20	2.28	3.60	3.68	3.76	3.83
6		12.1	24.4	7.26	5.70	1.42	2.38	1.08	2.08	2.15	2.23	2.30	3.63	3.70	3.78	3.86
8		12.9	25.2	9.47	7.43	1.40	2.35	1.07	2.12	2.19	2.27	2.35	3.67	3.75	3.83	3.91
10		13.6	26.0	11.6	9.10	1.38	2.33	1.06	2.16	2.24	2.31	2.40	3.71	3.79	3.87	3.96
$\llcorner$ 80×50× 5	8	11.4	26.0	6.38	5.00	1.42	2.57	1.10	2.02	2.09	2.17	2.24	3.88	3.95	4.03	4.10
6		11.8	26.5	7.56	5.93	1.41	2.55	1.09	2.04	2.11	2.19	2.27	3.90	3.98	4.05	4.13
7		12.1	26.9	8.72	6.85	1.39	2.54	1.08	2.06	2.13	2.21	2.29	3.92	4.00	4.08	4.16
8		12.5	27.3	9.87	7.75	1.38	2.52	1.07	2.08	2.15	2.23	2.31	3.94	4.02	4.10	4.18
$\llcorner$ 90×56× 5	9	12.5	29.1	7.21	5.66	1.59	2.90	1.23	2.22	2.29	2.36	2.44	4.32	4.39	4.47	4.55
6		12.9	29.5	8.56	6.72	1.58	2.88	1.22	2.24	2.31	2.39	2.46	4.34	4.42	4.50	4.57
7		13.3	30.0	9.88	7.76	1.57	2.87	1.22	2.26	2.33	2.41	2.49	4.37	4.44	4.52	4.60
8		13.6	30.4	11.2	8.78	1.56	2.85	1.21	2.28	2.35	2.43	2.51	4.39	4.47	4.54	4.62
$\llcorner$ 100×63× 6	10	14.3	32.4	9.62	7.55	1.79	3.21	1.38	2.49	2.56	2.63	2.71	4.77	4.85	4.92	5.00
7		14.7	32.8	11.1	8.72	1.78	3.20	1.37	2.51	2.58	2.65	2.73	4.80	4.87	4.95	5.03
8		15.0	33.2	12.6	9.88	1.77	3.18	1.37	2.53	2.60	2.67	2.75	4.82	4.90	4.97	5.05
10		15.8	34.0	15.5	12.1	1.75	3.15	1.35	2.57	2.64	2.72	2.79	4.86	4.94	5.02	5.10
$\llcorner$ 100×80× 6	10	19.7	29.5	10.6	8.35	2.40	3.17	1.73	3.31	3.38	3.45	3.52	4.54	4.62	4.69	4.76
7		20.1	30.0	12.3	9.66	2.39	3.16	1.71	3.32	3.39	3.47	3.54	4.57	4.64	4.71	4.79
8		20.5	30.4	13.9	10.9	2.37	3.15	1.71	3.34	3.41	3.49	3.56	4.59	4.66	4.73	4.81
10		21.3	31.2	17.2	13.5	2.35	3.12	1.69	3.38	3.45	3.53	3.60	4.63	4.70	4.78	4.85
$\llcorner$ 110×70× 6	10	15.7	35.3	10.6	8.35	2.01	3.54	1.54	2.74	2.81	2.88	2.96	5.21	5.29	5.36	5.44
7		16.1	35.7	12.3	9.66	2.00	3.53	1.53	2.76	2.83	2.90	2.98	5.24	5.31	5.39	5.46
8		16.5	36.2	13.9	10.9	1.98	3.51	1.53	2.78	2.85	2.92	3.00	5.26	5.34	5.41	5.49
10		17.2	37.0	17.2	13.5	1.96	3.48	1.51	2.82	2.89	2.96	3.04	5.30	5.38	5.46	5.53
$\llcorner$ 125×80× 7	11	18.0	40.1	14.1	11.1	2.30	4.02	1.76	3.11	3.18	3.25	3.33	5.90	5.97	6.04	6.12
8		18.4	40.6	16.0	12.6	2.29	4.01	1.75	3.13	3.20	3.27	3.35	5.92	5.99	6.07	6.14
10		19.2	41.4	19.7	15.5	2.26	3.98	1.74	3.17	3.24	3.31	3.39	5.96	6.04	6.11	6.19
12		20.0	42.2	23.4	18.3	2.24	3.95	1.72	3.21	3.28	3.35	3.43	6.00	6.08	6.16	6.23
$\llcorner$ 140×90× 8	12	20.4	45.0	18.0	14.2	2.59	4.50	1.98	3.49	3.56	3.63	3.70	6.58	6.65	6.73	6.80
10		21.2	45.8	22.3	17.5	2.56	4.47	1.96	3.52	3.59	3.66	3.73	6.62	6.70	6.77	6.85
12		21.9	46.6	26.4	20.7	2.54	4.44	1.95	3.56	3.63	3.70	3.77	6.66	6.74	6.81	6.89
14		22.7	47.4	30.5	23.9	2.51	4.42	1.94	3.59	3.66	3.74	3.81	6.70	6.78	6.86	6.93
$\llcorner$ 160×100× 10	13	22.8	52.4	25.3	19.9	2.85	5.14	2.19	3.84	3.91	3.98	4.05	7.55	7.63	7.70	7.78
12		23.6	53.2	30.1	23.6	2.82	5.11	2.18	3.87	3.94	4.01	4.09	7.60	7.67	7.65	7.82
14		24.3	54.0	34.7	27.2	2.80	5.08	2.16	3.91	3.98	4.05	4.12	7.64	7.71	7.64	7.86
16		25.1	54.8	39.3	30.8	2.77	5.05	2.15	3.94	4.02	4.09	4.16	7.68	7.75	7.68	7.90
$\llcorner$ 180×110× 10	14	24.4	58.9	28.4	22.3	3.13	5.81	2.42	4.16	4.23	4.30	4.36	8.49	8.56	8.63	8.71
12		25.2	59.8	33.7	26.5	3.10	5.78	2.40	4.19	4.26	4.33	4.40	8.53	8.60	8.68	8.75
14		25.9	60.6	39.0	30.6	3.08	5.75	2.39	4.23	4.30	4.37	4.44	8.57	8.64	8.72	8.79
16		26.7	61.4	44.1	34.6	3.05	5.72	2.37	4.26	4.33	4.40	4.47	8.61	8.68	8.76	8.84
$\llcorner$ 200×125× 12	14	28.3	65.4	37.9	29.8	3.57	6.44	2.75	4.75	4.82	4.88	4.95	9.39	9.47	9.54	9.62
14		29.1	66.2	43.9	34.4	3.54	6.41	2.73	4.78	4.85	4.92	4.99	9.43	9.51	9.58	9.66
16		29.9	67.0	49.7	39.0	3.52	6.38	2.71	4.81	4.88	4.95	5.02	9.47	9.55	9.62	9.70
18		30.6	67.8	55.5	43.6	3.49	6.35	2.70	4.85	4.92	4.99	5.06	9.51	9.59	9.66	9.74

注 一个角钢的惯性矩 $I_x=Ai_x^2$，$I_y=Ai_y^2$；一个角钢的截面模量 $W_{x\max}=I_x/Z_x$，$W_{x\min}=I_x/(b-Z_x)$；$W_{y\max}=I_y/Z_y$，$W_{y\min}=I_y/(B-Z_y)$。

H 型 钢

符号　h—高度；

　　　b—宽度；

　　　t_1—腹板厚度；

　　　t_2—翼缘厚度；

　　　I—惯性矩；

　　　W—截面模量；

　　　i—回转半径；

　　　S_x—半截面的面积矩。

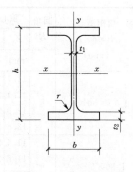

附图 1.5　H 型钢尺寸

附表 1.5　　　　　　　　　　　　　H 型 钢 规 格

类型	H 型钢规格 ($h \times b \times t_1 \times t_2$) (mm)	截面积 A cm²	质量 q kg/m	x—x 轴			y—y 轴		
				I_x cm⁴	W_x cm³	i_x cm	I_y cm⁴	W_y cm³	i_y cm
HW	100×100×6×8	21.90	17.2	383	76.5	4.18	134	26.7	2.47
	125×125×6.5×9	30.31	23.8	847	136	5.29	294	47.0	3.11
	150×150×7×10	40.55	31.9	1660	221	6.39	564	75.1	3.73
	175×175×7.5×11	51.43	40.3	2900	331	7.50	984	112	4.37
	200×200×8×12	64.28	50.5	4770	477	8.61	1600	160	4.99
	♯200×204×12×12	72.28	56.7	5030	503	8.35	1700	167	4.85
	250×250×9×14	92.18	72.4	10800	867	10.8	3650	292	6.29
	♯250×255×14×14	104.7	82.2	11500	919	10.5	3880	304	6.09
	♯294×302×12×12	108.3	85.0	17000	1160	12.5	5520	365	7.14
	300×300×10×15	120.4	94.5	20500	1370	13.1	6760	450	7.49
	300×305×15×15	135.4	106	21600	1440	12.6	7100	466	7.24
	♯344×348×10×16	146.0	115	33300	1940	15.1	11200	646	8.78
	350×350×12×19	173.9	137	40300	2300	15.2	13600	776	8.84
	♯388×402×15×15	179.2	141	49200	2540	16.6	16300	809	9.52
	♯394×398×11×18	187.6	147	56400	2860	17.3	18900	951	10.0
	400×400×13×21	219.5	172	66900	3340	17.5	22400	1120	10.1
	♯400×408×21×21	251.5	197	71100	3560	16.8	23800	1170	9.73
	♯414×405×18×28	296.2	233	93000	4490	17.7	31000	1530	10.2
	♯428×407×20×35	361.4	284	119000	5580	18.2	39400	1930	10.4
HM	148×100×6×9	27.25	21.4	1040	140	6.17	151	30.2	2.35
	194×150×6×9	39.76	31.2	2740	283	8.30	508	67.7	3.57
	244×175×7×11	56.24	44.1	6120	502	10.4	985	113	4.18
	294×200×8×12	73.03	57.3	11400	779	12.5	1600	160	4.69
	340×250×9×14	101.5	79.7	21700	1280	14.6	3650	292	6.00
	390×300×10×16	136.7	107	38900	2000	16.9	7210	481	7.26
	440×300×11×18	157.4	124	56100	2550	18.9	8110	541	7.18
	482×300×11×15	146.4	115	60800	2520	20.4	6770	451	6.80
	488×300×11×18	164.4	129	71400	2930	20.8	8120	541	7.03
	582×300×12×17	174.5	137	103000	3530	24.3	7670	511	6.63
	588×300×12×20	192.5	151	118000	4020	24.8	9020	601	6.85
	♯594×302×14×23	222.4	175	137000	4620	24.9	10600	701	6.90

类型	H型钢规格 $(h \times b \times t_1 \times t_2)$ (mm)	截面积 A cm²	质量 q kg/m	x—x轴 I_x cm⁴	W_x cm³	i_x cm	y—y轴 I_y cm⁴	W_y cm³	i_y cm
HN	$100 \times 50 \times 5 \times 7$	12.16	9.54	192	38.5	3.98	14.9	5.96	1.11
	$125 \times 60 \times 6 \times 8$	17.01	13.3	417	66.8	4.95	29.3	9.75	1.31
	$150 \times 75 \times 5 \times 7$	18.16	14.3	679	90.6	6.12	49.6	13.2	1.65
	$175 \times 90 \times 5 \times 8$	23.21	18.2	1220	140	7.26	97.6	21.7	2.05
	$198 \times 99 \times 4.5 \times 7$	23.59	18.5	1610	163	8.27	114	23.0	2.20
	$200 \times 100 \times 5.5 \times 8$	27.57	21.7	1880	188	8.25	134	26.8	2.21
	$248 \times 124 \times 5 \times 8$	32.89	25.8	3560	287	10.4	255	41.1	2.78
	$250 \times 125 \times 6 \times 9$	37.87	29.7	4080	326	10.4	294	47.0	2.79
	$298 \times 149 \times 5.5 \times 8$	41.55	32.6	6460	433	12.4	443	59.4	3.26
	$300 \times 150 \times 6.5 \times 9$	47.53	37.3	7350	490	12.4	508	67.7	3.27
	$346 \times 174 \times 6 \times 9$	53.19	41.8	11200	649	14.5	792	91.0	3.86
	$350 \times 175 \times 7 \times 11$	63.66	50.0	13700	782	14.7	985	113	3.93
	♯$400 \times 150 \times 8 \times 13$	71.12	55.8	18800	942	16.3	734	97.9	3.21
	$396 \times 199 \times 7 \times 11$	72.16	56.7	20000	1010	16.7	1450	145	4.48
	$400 \times 200 \times 8 \times 13$	84.12	66.0	23700	1190	16.8	1740	174	4.54
	♯$450 \times 150 \times 9 \times 14$	83.41	65.5	27100	1200	18.0	793	106	3.08
	$446 \times 199 \times 8 \times 12$	84.95	66.7	29000	1300	18.5	1580	159	4.31
	$450 \times 200 \times 9 \times 14$	97.41	76.5	33700	1500	18.6	1870	187	4.38
	♯$500 \times 150 \times 10 \times 16$	98.23	77.1	38500	1540	19.8	907	121	3.04
	$496 \times 199 \times 9 \times 14$	101.3	79.5	41900	1690	20.3	1840	185	4.27
	$500 \times 200 \times 10 \times 16$	114.2	89.6	47800	1910	20.5	2140	214	4.33
	♯$506 \times 201 \times 11 \times 19$	131.3	103	56500	2230	20.8	2580	257	4.43
	$596 \times 199 \times 10 \times 15$	121.2	95.1	69300	2330	23.9	1980	199	4.04
	$600 \times 200 \times 11 \times 17$	135.2	106	78200	2610	24.1	2280	228	4.11
	♯$606 \times 201 \times 12 \times 20$	153.3	120	91000	3000	24.4	2720	271	4.21
	♯$692 \times 300 \times 13 \times 20$	211.5	166	172000	4980	28.6	9020	602	6.53
	$700 \times 300 \times 13 \times 24$	235.5	185	201000	5760	29.3	10800	722	6.78

注　"♯"表示的规格为非常用规格。

部 分 T 型 钢

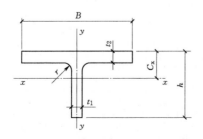

附图1.6　部分T型钢尺寸

附表 1.6   **部分 T 型钢规格（摘自 GB/T 11263—1998）**

类别	型号（高度）宽度（mm）	h	B	t_1	t_2	r	截面积（cm²）	理论质量（kg/m）	I_x	I_y	i_x	i_y	W_x	W_y	C_x	对应H型钢型号
TW	50×100	50	100	6	8	10	10.95	8.56	16.1	66.9	1.21	2.47	4.03	13.4	1.00	100×100
	62.5×125	62.5	125	6.5	9	10	15.16	11.9	35.0	147	1.52	3.11	6.91	23.5	1.19	125×125
	75×150	75	150	7	10	13	20.28	15.9	66.4	282	1.81	3.73	10.8	37.6	1.37	150×150
	87.5×175	87.5	175	7.5	11	13	25.71	20.2	115	492	2.11	4.37	15.9	56.2	1.55	175×175
	100×200	100	200	8	12	16	32.14	25.2	185	801	2.40	4.99	22.3	80.1	1.73	200×200
		#100	204	12	12	16	36.14	28.3	256	851	2.66	4.85	32.4	83.5	2.09	
	125×250	125	250	9	14	16	46.09	36.2	412	1820	2.99	6.29	39.5	146	2.08	250×250
		#125	255	14	14	16	52.34	41.1	589	1940	3.36	6.09	59.4	152	2.58	
	150×300	#147	302	12	12	20	54.16	42.5	858	2760	3.98	7.14	72.3	183	2.83	300×300
		150	300	10	15	20	60.22	47.3	798	3380	3.64	7.49	63.7	225	2.47	
		150	305	15	15	20	67.72	53.1	1110	3550	4.05	7.24	92.5	233	3.02	
	175×350	#172	348	10	16	20	73.00	57.3	1230	5620	4.11	8.78	84.7	323	2.67	350×350
		175	350	12	19	20	86.94	68.2	1520	6790	4.18	8.84	104	388	2.86	
	200×400	#194	402	15	15	24	89.62	70.3	2480	8130	5.26	9.52	158	405	3.69	400×400
		#197	398	11	18	24	93.80	73.6	2050	9460	4.67	10.0	123	476	3.01	
		200	400	13	21	24	109.7	86.1	2480	11200	4.75	10.1	147	560	3.21	
		#200	408	21	21	24	125.7	98.7	3650	11900	5.39	9.73	229	584	4.07	
		#207	405	18	28	24	148.1	116	3620	15500	4.95	10.2	213	766	3.68	
		#214	407	20	35	24	180.7	142	4380	19700	4.92	10.4	250	967	3.90	
TM	74×100	74	100	6	9	13	13.63	10.7	51.7	75.4	1.95	2.35	8.80	15.1	1.55	150×100
	97×150	97	150	6	9	16	19.88	15.6	125	254	2.50	3.57	15.8	33.9	1.78	200×150
	122×175	122	175	7	11	16	28.12	22.1	289	492	3.20	4.18	29.1	56.3	2.27	250×175
	147×200	147	200	8	12	20	36.52	28.7	572	802	3.96	4.69	48.2	80.2	2.82	300×200
	170×250	170	250	9	14	20	50.76	39.9	1020	1830	4.48	6.00	73.1	146	3.09	350×250
	200×300	195	300	10	16	24	68.37	53.7	1730	3600	5.03	7.26	108	240	3.40	400×300
	220×300	220	300	11	18	24	78.69	61.8	2680	4060	5.84	7.18	150	270	4.05	450×300
	250×300	241	300	11	15	28	73.23	57.5	3420	3380	6.83	6.80	178	226	4.90	500×300
		244	300	11	18	28	82.23	64.5	3620	4060	6.64	7.03	184	271	4.65	
	300×300	291	300	12	17	28	87.25	68.5	6360	3830	8.54	6.63	280	256	6.39	600×300
		294	300	12	20	28	96.25	75.5	6710	4510	8.35	6.85	288	301	6.08	
		#297	302	14	23	28	111.2	87.3	7920	5290	8.44	6.90	339	351	6.33	

类别	型号（高度）宽度（mm）	截面尺寸（mm）					截面积（cm²）	理论质量（kg/m）	截面特性							对应 H 型钢
									惯性矩（cm⁴）		回转半径（cm）		截面模量（cm³）		重心（cm）	型号
		h	B	t_1	t_2	r			I_x	I_y	i_x	i_y	W_x	W_y	C_x	
TN	50×50	50	50	5	7	10	6.079	4.79	11.9	7.45	1.40	1.11	3.18	2.98	1.27	100×50
	62.5×60	62.5	60	6	8	10	8.499	6.67	27.5	14.6	1.80	1.31	5.96	4.88	1.63	125×60
	75×75	75	75	5	7	10	9.079	7.11	42.7	24.8	2.17	1.65	7.46	6.61	1.78	150×75
	87.5×90	87.5	90	5	8	10	11.60	9.11	70.7	48.8	2.47	2.05	10.4	10.8	1.92	175×90
	100×100	99	99	4.5	7	13	11.80	9.26	94.0	56.9	2.82	2.20	12.1	11.5	2.13	200×100
		100	100	5.5	8	13	13.79	10.8	115	67.1	2.88	2.21	14.8	13.4	2.27	
	125×125	124	124	5	8	13	16.45	12.9	208	128	3.56	2.78	21.3	20.6	2.62	250×125
		125	125	6	9	13	18.94	14.8	249	147	3.62	2.79	25.6	23.5	2.78	
	150×150	149	149	5.5	8	16	20.77	16.3	395	221	4.36	3.26	33.8	29.7	3.22	300×150
		150	150	6.5	9	16	23.76	18.7	465	254	4.42	3.27	40.0	33.9	3.38	
	175×175	173	174	6	9	16	26.60	20.9	681	396	5.06	3.86	50.0	45.5	3.68	350×175
		175	175	7	11	16	31.83	25.0	816	492	5.06	3.93	59.3	56.3	3.74	
	200×200	198	199	7	11	16	36.08	28.3	1190	724	5.76	4.48	76.4	72.7	4.17	400×200
		200	200	8	13	16	42.06	33.0	1400	868	5.76	4.54	88.6	86.8	4.23	
	225×200	223	199	8	12	20	42.54	33.4	1880	790	6.65	4.31	109	79.4	5.07	450×200
		225	200	9	14	20	48.71	38.2	2160	936	6.66	4.38	124	93.6	5.13	
	250×200	248	199	9	14	20	50.64	39.7	2840	922	7.49	4.27	150	92.7	5.90	500×200
		250	200	10	16	20	57.12	44.8	3210	1070	7.50	4.33	169	107	5.96	
		♯253	201	11	19	20	65.65	51.5	3670	1290	7.48	4.43	190	128	5.95	
	300×200	298	199	10	15	24	60.62	47.6	5200	991	9.27	4.04	236	100	7.76	600×200
		300	200	11	17	24	67.60	53.1	5820	1140	9.28	4.11	262	114	7.81	
		♯303	201	12	20	24	76.63	60.1	6580	1360	9.26	4.21	292	135	7.76	

注 1. "♯"表示的规格为非常用规格。

2. 剖分 T 型钢的规格标记采用：高度 h×宽度 B×腹板厚度 t_1×翼缘厚度 t_2。

无 缝 钢 管

符号 I—截面惯性矩；

W—截面模量；

i—截面回转半径；

d—外径；

t—壁厚。

附图 1.7 无缝钢管尺寸

附表 1.7 无 缝 钢 管 规 格

尺寸（mm）		截面积 A	每米质量	截面特性			尺寸（mm）		截面积 A	每米质量	截面特性		
d	t	cm²	kg/m	I cm⁴	W cm³	i cm	d	t	cm²	kg/m	I cm⁴	W cm³	i cm
32	2.5	2.32	1.82	2.54	1.59	1.05	63.5	3.0	5.70	4.48	26.15	8.24	2.14
	3.0	2.73	2.15	2.90	1.82	1.03		3.5	6.60	5.18	29.79	9.38	2.12
	3.5	3.13	2.46	3.32	2.02	1.02		4.0	7.48	5.87	33.24	10.47	2.11
	4.0	3.52	2.76	3.52	2.20	1.00		4.5	8.34	6.55	36.50	11.50	2.09
38	2.5	2.79	2.19	4.41	2.32	1.26		5.0	9.19	7.21	39.60	12.47	2.08
	3.0	3.30	2.59	5.09	2.68	1.24		5.5	10.02	7.87	42.52	13.39	2.06
	3.5	3.79	2.98	5.70	3.00	1.23		6.0	10.84	8.51	45.28	14.26	2.04
	4.0	4.27	3.35	6.26	3.29	1.21	68	3.0	6.13	4.81	32.42	9.54	2.30
42	2.5	3.10	2.44	6.07	2.89	1.40		3.5	7.09	5.57	36.99	10.88	2.28
	3.0	3.68	2.89	7.03	3.35	1.38		4.0	8.04	6.31	41.34	12.16	2.27
	3.5	4.23	3.32	7.91	3.77	1.37		4.5	8.98	7.05	45.47	13.37	2.25
	4.0	4.78	3.75	8.71	4.15	1.35		5.0	9.90	7.77	49.41	14.53	2.23
45	2.5	3.34	2.62	7.56	3.36	1.51		5.5	10.84	8.48	53.14	15.63	2.22
	3.0	3.96	3.11	8.77	3.90	1.49		6.0	11.69	9.17	56.68	16.67	2.20
	3.5	4.56	3.58	9.89	4.40	1.47	70	3.0	6.31	4.96	35.50	10.14	2.37
	4.0	5.15	4.04	10.93	4.86	1.46		3.5	7.31	5.74	40.53	11.58	2.35
50	2.5	3.73	2.93	10.55	4.22	1.68		4.0	8.29	6.51	45.33	12.95	2.34
	3.0	4.43	3.48	12.28	4.91	1.67		4.5	9.26	7.27	49.89	14.26	2.32
	3.5	5.11	4.01	13.90	5.56	1.65		5.0	10.21	8.01	54.24	15.50	2.30
	4.0	5.78	4.54	15.41	6.16	1.63		5.5	11.14	8.75	58.38	16.68	2.29
	4.5	6.43	5.05	16.81	6.72	1.62		6.0	12.06	9.47	62.31	17.80	2.27
	5.0	7.07	5.55	18.11	7.25	1.60	73	3.0	6.60	5.18	40.48	11.09	2.48
54	3.0	4.81	3.77	15.68	5.81	1.81		3.5	7.64	6.00	46.26	12.67	2.46
	3.5	5.55	4.36	17.79	6.59	1.79		4.0	8.67	6.81	51.78	14.19	2.44
	4.0	6.28	4.93	19.76	7.32	1.77		4.5	9.68	7.60	57.04	15.63	2.43
	4.5	7.00	5.49	21.61	8.00	1.76		5.0	10.68	8.38	62.07	17.01	2.41
	5.0	7.70	6.04	23.34	8.64	1.74		5.5	11.66	9.16	66.87	18.32	2.39
	5.5	8.38	6.58	24.96	9.24	1.73		6.0	12.63	9.91	71.43	19.57	2.38
	6.0	9.05	7.10	26.46	9.80	1.71	76	3.0	6.88	5.40	45.91	12.08	2.58
57	3.0	5.09	4.00	18.81	6.53	1.91		3.5	7.97	6.26	52.50	13.82	2.57
	3.5	5.88	4.62	21.14	7.42	1.90		4.0	9.05	7.10	58.81	15.48	2.55
	4.0	6.66	5.23	23.52	8.25	1.88		4.5	10.11	7.93	64.85	17.07	2.53
	4.5	7.42	5.83	25.76	9.04	1.86		5.0	11.15	8.75	70.62	18.59	2.52
	5.0	8.17	6.41	27.86	9.78	1.85		5.5	12.18	9.56	76.14	20.04	2.50
	5.5	8.90	6.99	29.84	10.47	1.83		6.0	13.19	10.36	81.41	21.42	2.48
	6.0	9.61	7.55	31.69	11.12	1.82	83	3.5	8.74	6.86	69.19	16.67	2.81
60	3.0	5.37	4.22	21.88	7.29	2.02		4.0	9.93	7.79	77.64	18.71	2.80
	3.5	6.21	4.88	24.88	8.29	2.00		4.5	11.10	8.71	85.76	20.67	2.78
	4.0	7.04	5.52	27.73	9.24	1.98		5.0	12.25	9.62	93.56	22.54	2.76
	4.5	7.85	6.16	30.41	10.14	1.97		5.5	13.39	10.51	101.04	24.35	2.75
	5.0	8.64	6.78	32.94	10.98	1.95		6.0	14.51	11.39	108.22	26.08	2.73
	5.5	9.42	7.39	35.32	11.77	1.94		6.5	15.62	12.26	115.10	27.74	2.71
	6.0	10.18	7.99	37.56	12.52	1.92		7.0	16.71	13.12	121.69	29.32	2.70

尺寸（mm） d	t	截面积 A cm²	每米质量 kg/m	截面特性 I cm⁴	W cm³	i cm	尺寸（mm） d	t	截面积 A cm²	每米质量 kg/m	截面特性 I cm⁴	W cm³	i cm
89	3.5	9.40	7.38	86.05	19.34	3.03	127	5.0	19.16	15.04	357.14	56.24	4.32
	4.0	10.68	8.38	96.68	21.73	3.01		5.5	20.99	16.48	388.19	61.13	4.30
	4.5	11.95	9.38	106.92	24.03	2.99		6.0	22.81	17.09	418.44	65.90	4.28
	5.0	13.19	10.36	116.79	26.24	2.98		6.5	24.61	19.32	447.92	70.54	4.27
	5.5	14.43	11.33	126.29	28.38	2.96		7.0	26.39	20.72	476.63	75.06	4.25
	6.0	16.65	12.28	135.43	30.43	2.94		7.5	28.16	22.10	504.58	79.46	4.23
	6.5	16.85	13.22	144.32	32.41	2.93		8.0	29.91	23.48	531.80	83.75	4.22
	7.0	18.03	14.16	152.67	34.31	2.91	133	4.0	16.21	12.73	337.53	50.76	4.56
95	3.5	10.06	7.90	105.45	22.20	3.24		4.5	18.17	14.26	375.42	56.45	4.55
	4.0	11.14	8.98	118.60	24.97	3.22		5.0	20.11	15.78	412.40	62.02	4.53
	4.5	12.79	10.04	131.31	27.64	3.20		5.5	22.03	17.29	448.50	67.44	4.51
	5.0	14.14	11.10	143.58	30.23	3.19		6.0	23.94	18.79	483.72	72.74	4.50
	5.5	15.46	12.14	155.43	32.72	3.17		6.5	25.83	20.28	518.07	77.91	4.48
	6.0	16.78	13.17	166.86	35.13	3.15		7.0	27.71	21.75	551.58	82.94	4.46
	6.5	18.07	14.19	177.89	37.45	3.14		7.5	29.57	23.21	584.25	87.86	4.65
	7.0	19.35	15.19	188.51	39.69	3.12		8.0	31.42	24.66	616.11	92.65	4.43
102	3.5	10.83	8.50	131.52	25.79	3.48	140	4.5	19.16	15.04	440.12	62.87	4.79
	4.0	12.32	9.67	148.09	29.04	3.47		5.0	21.21	16.65	483.76	69.11	4.78
	4.5	13.78	10.82	164.14	32.18	3.45		5.5	23.24	18.24	526.40	75.20	4.76
	5.0	15.24	11.96	179.68	35.23	3.43		6.0	25.26	19.83	568.06	81.15	4.74
	5.5	16.67	13.09	194.72	38.18	3.42		6.5	27.26	21.40	608.76	86.97	4.73
	6.0	18.10	14.21	209.28	41.03	3.40		7.0	29.25	22.96	648.51	92.64	4.71
	6.5	19.50	15.31	223.35	43.79	3.38		7.5	31.22	24.51	687.32	98.19	4.69
	7.0	20.89	16.40	236.96	46.46	3.37		8.0	33.18	26.04	725.21	103.60	4.68
114	4.0	13.82	10.85	209.35	36.73	3.89		9.0	37.04	29.08	798.29	114.04	4.64
	4.5	15.48	12.15	232.41	40.77	3.87		10	40.84	32.06	867.86	123.98	4.61
	5.0	17.12	13.44	254.81	44.70	3.86	146	4.5	20.00	15.70	501.16	68.65	5.01
	5.5	18.75	14.72	276.58	48.52	3.84		5.0	22.15	17.39	551.10	75.49	4.99
	6.0	20.36	15.89	297.73	52.23	3.82		5.5	24.28	19.06	599.95	82.19	4.97
	6.5	21.95	17.23	318.26	55.84	3.81		6.0	26.39	20.72	647.73	88.73	4.95
	7.0	23.53	18.47	338.19	59.33	3.79		6.5	28.49	22.36	649.44	95.13	4.94
	7.5	25.09	19.70	357.58	62.73	3.77		7.0	30.57	24.00	740.12	101.39	4.92
	8.0	26.64	20.91	376.30	66.02	3.76		7.5	32.63	25.62	784.77	107.50	4.90
121	4.0	14.70	11.54	251.87	41.63	4.14		8.0	34.68	27.23	828.41	113.48	4.89
	4.5	16.47	12.93	279.83	46.25	4.12		9.0	38.74	30.41	912.71	125.03	4.85
	5.0	18.22	14.30	307.05	50.75	4.11		10	42.73	33.54	993.16	136.05	4.82
	5.5	19.96	15.67	333.54	55.13	4.09	152	4.5	20.85	16.37	567.61	74.69	5.22
	6.0	21.68	17.02	359.32	59.39	4.07		5.0	23.09	18.13	624.43	82.16	5.20
	6.5	23.38	18.35	384.40	63.54	4.05		5.5	25.31	19.87	680.06	89.48	5.18
	7.0	25.07	19.68	408.80	67.57	4.04		6.0	27.52	21.60	734.52	96.65	5.17
	7.5	26.74	20.99	432.51	71.49	4.02		6.5	29.71	23.32	787.82	103.66	5.15
	8.0	28.40	22.29	455.57	75.30	4.01		7.0	31.89	25.03	839.99	110.52	5.13
127	4.0	15.46	12.13	292.61	46.08	4.35		7.5	34.05	26.73	891.03	117.24	5.12
	4.5	17.32	13.59	325.29	51.23	4.33		8.0	36.19	28.41	940.97	123.81	5.10
								9.0	40.43	31.74	1037.59	136.53	5.07
								10	44.61	35.02	1129.99	148.68	5.03

尺寸（mm）		截面积 A	每米质量	截面特性			尺寸（mm）		截面积 A	每米质量	截面特性		
				I	W	i					I	W	i
d	t	cm²	kg/m	cm⁴	cm³	cm	d	t	cm²	kg/m	cm⁴	cm³	cm
159	4.5	21.84	17.15	652.27	82.05	5.46	203	8.0	49.01	38.47	2333.37	229.89	6.90
	5.0	24.19	18.99	717.88	90.30	5.45		9.0	54.85	43.06	2586.08	254.79	6.8
	5.5	26.52	20.82	782.18	98.39	5.43		10	60.63	47.60	2830.72	278.89	6.83
	6.0	28.84	22.64	845.19	106.31	5.41		12	72.01	56.62	3296.49	324.78	6.77
	6.5	31.14	24.45	906.92	114.08	5.40		14	83.13	65.25	3732.07	367.69	6.70
	7.0	33.43	26.24	967.41	121.69	5.38		16	94.00	73.79	4138.78	407.76	6.64
	7.5	35.70	28.02	1026.65	129.14	5.36	219	6.0	40.15	31.52	2278.74	208.10	7.53
	8.0	37.95	29.79	1084.67	136.44	5.35		6.5	43.39	34.06	2451.64	223.89	7.52
	9.0	42.41	33.29	1197.12	150.58	5.31		7.0	46.62	36.60	2622.04	239.46	7.50
	10	46.81	36.75	1304.88	164.14	5.28		7.5	49.83	39.12	2789.96	254.79	7.48
168	4.5	23.11	18.14	772.96	92.02	5.78		8.0	53.03	41.63	2955.43	269.90	7.47
	5.0	25.60	20.14	851.14	101.33	5.77		9.0	59.38	46.61	3279.12	299.46	7.43
	5.5	28.08	22.04	927.85	110.46	5.75		10	65.66	51.54	3593.29	328.15	7.40
	6.0	30.54	23.97	1003.12	119.42	5.73		12	78.04	61.26	4193.81	383.00	7.33
	6.5	32.98	25.89	1076.95	128.21	5.71		14	90.16	70.78	4758.50	434.57	7.26
	7.0	35.41	27.79	1149.36	136.83	5.70		16	102.04	80.10	5288.81	483.00	7.20
	7.5	37.82	29.69	1220.38	145.28	5.68	245	6.5	48.70	38.23	3465.46	282.89	8.44
	8.0	40.21	31.57	1290.01	153.57	5.66		7.0	52.34	41.08	3709.06	302.78	8.42
	9.0	44.96	35.29	1425.22	169.67	5.63		7.5	55.96	43.93	3949.52	322.41	8.40
	10	49.64	38.97	1555.13	185.13	5.60		8.0	59.56	46.76	4186.87	341.79	8.38
180	5.0	27.49	21.58	1053.17	117.02	6.19		9.0	66.73	52.38	4652.32	379.78	8.35
	5.5	30.15	23.67	1148.79	127.64	6.17		10	73.83	57.95	5105.63	416.79	8.32
	6.0	32.80	25.75	1242.72	138.08	6.16		12	87.84	68.95	5976.67	487.89	8.25
	6.5	35.43	27.81	1335.00	148.33	6.14		14	101.60	79.76	6801.68	555.24	8.18
	7.0	38.04	29.87	1425.63	158.40	6.12		16	115.11	90.36	7582.30	618.96	8.12
	7.5	40.64	31.91	1514.64	168.29	6.10	273	6.5	54.42	42.72	4834.18	354.15	9.42
	8.0	43.23	33.93	1602.04	178.00	6.09		7.0	58.50	45.92	5177.30	379.29	9.41
	9.0	48.35	37.95	1772.12	196.90	6.05		7.5	62.56	49.11	5516.47	404.14	9.39
	10	53.41	41.92	1936.01	215.11	6.02		8.0	66.60	52.28	5851.71	428.70	9.37
	12	63.33	49.72	2245.84	249.54	5.95		9.0	74.64	58.60	6510.56	476.96	9.34
194	5.0	29.69	23.31	1326.54	136.76	6.68		10	82.62	64.86	7154.09	524.11	9.31
	5.5	32.57	25.57	1447.86	149.26	6.67		12	98.39	77.24	8396.14	615.10	9.24
	6.0	35.44	27.82	1567.21	161.57	6.65		14	113.91	89.42	9579.75	701.81	9.17
	6.5	38.29	30.06	1684.61	173.67	6.63		16	129.18	101.41	10706.79	784.38	9.10
	7.0	41.12	32.28	1800.08	185.57	6.62	299	7.5	68.68	53.92	7300.02	488.30	10.31
	7.5	43.94	34.50	1913.64	197.28	6.60		8.0	73.14	57.41	7747.42	518.22	10.29
	8.0	46.75	36.70	2025.31	208.79	6.58		9.0	82.00	64.37	8628.09	577.13	10.26
	9.0	52.31	41.06	2243.00	231.25	6.55		10	90.79	71.27	9490.15	634.79	10.22
	10	57.81	45.38	2453.55	252.94	6.51		12	108.20	84.93	11159.52	746.46	10.16
	12	68.61	53.86	2853.25	294.15	6.45		14	125.35	98.40	12757.61	853.35	10.09
203	6.0	37.13	29.15	1803.07	177.64	6.97		16	142.25	111.67	14286.48	955.62	10.02
	6.5	40.13	31.50	1938.81	191.02	6.95							
	7.0	43.10	33.84	2027.43	204.18	6.93							
	7.5	46.06	36.16	2203.94	217.14	6.92							

尺寸（mm）		截面积 A	每米质量	截面特性			尺寸（mm）		截面积 A	每米质量	截面特性		
				I	W	i					I	W	i
d	t						d	t					
		cm²	kg/m	cm⁴	cm³	cm			cm²	kg/m	cm⁴	cm³	cm
325	7.5	74.81	58.73	9431.80	580.42	11.23	351	8.0	86.21	67.67	12684.36	722.76	12.13
	8.0	79.67	62.54	10013.92	616.24	11.21		9.0	96.70	75.91	14147.55	806.13	12.10
	9.0	89.35	70.14	11161.32	686.85	11.18		10	107.13	84.10	15584.62	888.01	12.06
	10	98.96	77.68	12286.52	756.09	11.14		12	127.80	100.32	18381.63	1047.39	11.99
	12	118.00	92.63	14471.45	890.55	11.07		14	148.22	116.35	21077.86	1201.02	11.93
	14	136.78	107.38	16570.98	1019.75	11.01		16	168.39	132.19	23675.75	1349.05	11.86
	16	155.32	121.93	18587.38	1143.84	10.94							

螺旋焊钢管的规格及截面特性（按 GB 9711—88，SY 5036～37—83 计算）

符号　I—截面惯性矩；

　　　W—截面抵抗矩；

　　　i—截面回转半径。

附图 1.8　螺旋焊钢管尺寸

附表 1.8　螺旋焊钢管的规格及截面特性（按 GB 9711—88，SY 5036～37—83 计算）

尺寸（mm）		截面积（cm²）	每米质量（kg/m）	截面特性			尺寸（mm）		截面积（cm²）	每米质量（kg/m）	截面特性		
				I	W	i					I	W	i
d	t						d	t					
				cm⁴	cm³	cm					cm⁴	cm³	cm
219.1	5	33.61	26.61	1988.54	176.04	7.57	406.4	6	75.44	59.75	15132.21	744.70	14.16
	6	40.15	31.78	2822.53	208.36	7.54		7	87.79	69.45	17523.75	862.39	14.12
	7	46.62	36.91	2266.42	239.75	7.50		8	100.09	79.10	19879.00	978.30	14.09
	8	53.03	41.98	2900.39	283.16	7.49		9	112.31	88.70	22198.33	1092.44	14.05
244.5	5	37.60	29.77	2699.28	220.80	8.47		10	124.47	98.26	24482.10	1204.83	14.02
	6	44.93	35.57	3199.36	261.71	8.44	426	6	79.13	62.65	17464.62	819.94	14.85
	7	52.20	41.33	3686.70	301.57	8.40		7	92.10	72.83	20231.72	949.85	14.82
	8	59.41	47.03	4611.52	340.41	8.37		8	105.00	82.97	22958.81	1077.88	14.78
273	6	50.30	39.82	4888.24	328.81	9.44		9	117.84	93.05	25646.28	1206.05	14.75
	7	58.47	46.29	5178.63	379.39	9.41		10	130.62	103.09	28294.52	1328.38	14.71
	8	66.57	52.70	5853.22	428.81	8.37	457	6	84.97	67.23	21623.66	946.33	15.95
323.9	6	59.89	47.41	7574.41	467.70	11.24		7	98.91	78.18	25061.79	1096.80	15.91
	7	69.65	55.14	8754.84	540.59	11.21		8	112.79	89.08	28453.67	1245.24	15.88
	8	79.35	62.82	9912.63	612.08	11.17		9	126.60	99.94	31799.72	1391.67	15.84
325	6	60.10	47.70	7653.29	470.97	11.28		10	140.36	110.74	35100.34	1536.12	15.81
	7	69.90	55.40	8846.29	544.39	11.25		11	154.05	121.49	38355.96	1678.60	15.77
	8	79.63	63.04	10016.50	616.40	11.21		12	167.68	132.19	41566.98	1819.12	15.74
377	6	69.90	55.40	11079.13	587.75	13.12	478	6	88.93	70.34	24786.71	1037.10	16.69
	7	81.33	64.37	13932.53	739.13	13.08		7	103.53	81.81	28736.12	1202.35	16.65
	8	92.69	73.30	15795.91	837.98	13.05		8	118.06	93.23	32634.79	1365.47	16.62
	9	104.00	82.18	17628.57	935.20	13.02							

尺寸(mm) d	t	截面积 (cm²)	每米质量 (kg/m)	截面特性 I cm⁴	W cm³	i cm
478	9	132.54	104.60	36483.16	1526.49	16.58
	10	146.95	115.92	40281.65	1685.43	16.55
	11	161.30	127.19	44030.71	1842.29	16.52
	12	175.59	138.41	47730.76	1997.10	16.48
508	6	94.58	74.78	29819.20	1173.98	17.75
	7	110.12	86.99	34583.38	1361.55	17.72
	8	125.60	99.15	39290.06	1546.85	17.67
	9	141.02	111.25	43939.68	1729.91	17.65
	10	156.37	123.31	48532.72	1910.74	17.61
	11	171.66	135.32	53069.63	2089.36	17.58
	12	186.89	147.29	57550.87	2265.78	17.54
529	6	98.53	77.89	33719.80	1274.85	18.49
	7	114.74	90.61	39116.42	1478.88	18.46
	8	130.88	103.29	44450.54	1680.55	18.42
	9	146.95	115.92	49722.63	1879.91	18.39
	10	162.9	128.49	54933.18	2076.87	18.35
	11	178.92	141.02	60082.67	2271.56	18.32
	12	194.81	153.50	65171.58	2463.95	18.28
	13	210.63	165.93	70200.39	2654.08	18.25
559	6	104.19	82.33	39861.10	1426.16	19.55
	7	121.33	95.79	46254.78	1654.91	19.52
	8	138.41	109.21	52578.45	1881.16	19.48
	9	155.43	122.57	58832.64	2104.92	19.45
	10	172.39	135.89	65017.85	2326.22	19.41
	11	189.28	149.16	71134.58	2545.07	19.39
	12	206.11	162.38	77183.36	2761.48	19.34
	13	222.88	175.55	83164.67	2975.48	19.31
610.0	6	113.79	89.87	51936.94	1702.85	21.36
	7	132.54	104.60	60294.82	1976.88	21.32
	8	151.22	119.27	68568.97	2248.16	21.29
	9	169.84	133.89	76759.97	2516.72	21.25
	10	188.40	148.47	84868.37	2782.57	21.22
	11	206.89	162.99	92894.73	3045.73	21.18
	12	225.33	177.47	100839.60	3306.22	21.15
	13	243.70	191.90	108703.55	3564.05	21.11
630.0	6	117.56	92.83	57268.61	1818.05	22.06
	7	136.94	108.05	66494.92	2110.95	22.03
	8	156.25	123.22	75631.80	2401.01	21.99
	9	175.50	138.33	84679.83	2688.25	21.96
	10	194.68	153.40	93639.59	2972.69	21.93
	11	213.80	168.42	102511.65	3254.34	21.89
	12	232.86	183.39	111296.59	3533.23	21.85
	13	251.86	198.31	119994.98	3809.36	21.82
660.0	6	123.21	97.27	65931.44	1997.92	23.12
	7	143.53	113.23	76570.06	2320.31	23.09

尺寸(mm) d	t	截面积 (cm²)	每米质量 (kg/m)	截面特性 I cm⁴	W cm³	i cm
660.0	8	163.78	129.13	87110.33	2639.71	23.05
	9	183.97	144.99	97552.85	2956.15	23.02
	10	204.1	160.80	107898.23	3269.64	22.98
	11	224.16	176.56	118147.08	3580.21	22.95
	12	244.17	192.27	128300.00	3887.88	22.91
	13	264.11	207.93	138357.58	4192.65	22.88
711.0	6	132.82	104.82	82588.87	2323.18	24.93
	7	154.74	122.03	95946.79	2698.93	24.89
	8	176.59	139.20	109190.20	3071.45	24.86
	9	198.39	156.31	122319.78	3440.78	24.82
	10	220.11	173.38	135336.18	3806.93	24.79
	11	241.78	190.39	148240.04	4169.90	24.75
	12	263.38	207.36	161032.02	4529.73	24.72
	13	284.92	224.28	173712.76	4886.44	24.68
720.0	6	134.52	106.15	85792.25	2382.12	25.25
	7	156.72	123.59	99673.56	2768.71	25.21
	8	177.85	140.97	113437.40	3151.04	25.17
	9	200.93	158.31	127084.44	3530.12	25.14
	10	222.94	175.60	140615.33	3965.98	25.11
	11	244.89	192.84	154030.74	4278.63	25.07
	12	266.77	210.02	167331.32	4648.09	24.04
	13	288.60	227.16	180517.74	5014.38	25.00
762.0	7	165.95	130.84	118344.40	3106.15	26.69
	8	189.40	149.26	134717.42	3535.90	26.66
	9	212.80	167.63	150959.68	3962.20	26.62
	10	236.13	185.95	167071.28	4385.07	26.59
	11	259.40	204.23	183053.12	4804.54	26.55
	12	282.60	222.45	198905.91	5220.63	26.52
	13	305.74	240.63	214630.33	5633.34	26.49
		328.82	258.76	230227.09	6024.71	26.45
813.0	7	177.16	139.64	143981.73	3541.99	28.50
	8	202.22	159.32	163942.66	4033.03	28.46
	9	227.21	178.85	183753.89	4520.39	28.43
	10	252.14	198.53	203416.16	5004.09	28.39
	11	277.01	218.06	222930.23	5484.14	28.36
	12	301.82	237.55	242296.83	5960.56	28.32
	13	326.56	256.98	261516.72	6433.38	28.29
	14	351.24	276.36	280590.63	6902.60	28.25
820.0	7	178.70	140.85	147765.60	3604.04	28.74
	8	203.97	160.70	168256.44	4103.82	28.71
	9	229.19	180.50	188594.94	4599.88	28.68
	10	254.34	200.26	208781.84	5092.24	28.64
	11	279.43	219.96	228817.91	5580.93	28.60
	12	304.45	239.62	248703.90	6065.95	28.57
	13	329.42	259.22	268440.55	6547.33	28.53
	14	354.32	278.78	288028.62	7025.09	28.50

尺寸(mm) d	t	截面积(cm²)	每米质量(kg/m)	I cm⁴	W cm³	i cm	尺寸(mm) d	t	截面积(cm²)	每米质量(kg/m)	I cm⁴	W cm³	i cm
820.0	15	379.16	298.29	307468.86	7499.24	28.47		14	442.24	347.83	559986.50	10980.13	35.57
	16	413.93	317.75	326766.02	7969.81	28.43	1020.0	15	473.36	372.27	598215.50	11729.72	35.53
								16	504.41	396.66	636213.50	12474.77	35.50
	8	227.59	179.25	233711.41	5114.04	32.03		8	279.33	219.89	432113.97	7716.32	39.32
	9	255.75	201.37	262061.17	5734.38	32.00		9	313.97	247.09	484824.62	8657.58	39.28
	10	283.86	223.44	290221.72	6350.58	31.96		10	348.54	274.24	537249.06	9593.73	39.25
	11	311.90	245.46	318193.90	6962.67	31.93		11	383.05	301.35	589388.32	10524.79	39.21
914.0	12	339.87	267.44	345978.57	7570.65	31.89	1120.0	12	417.49	328.40	641243.45	11450.78	39.18
	13	367.79	289.36	373576.55	8174.54	31.86		13	451.88	355.40	692815.48	12371.71	39.14
	14	395.64	311.23	400988.69	8774.37	31.82		14	486.20	382.36	744105.44	13287.60	39.11
	15	423.43	333.06	428215.82	9370.15	31.79		15	520.46	409.26	795114.35	14198.47	39.07
	16	451.16	354.84	455258.77	9961.90	31.75		16	554.65	436.12	845843.26	15104.34	39.04
	8	229.09	180.44	238385.26	5182.29	32.25		10	379.94	298.90	695916.69	11408.47	42.78
	9	257.45	202.70	267307.72	5811.04	32.21		11	417.59	328.47	763623.03	12518.41	42.75
	10	285.74	224.92	296038.43	6435.62	32.17		12	455.17	357.99	830991.12	13622.81	42.71
	11	313.97	247.06	324578.25	7056.05	32.14	1220.0	13	492.70	387.46	898022.09	14721.67	42.68
920.0	12	342.13	269.21	352928.00	7672.35	32.11		14	530.16	416.88	964717.06	15815.03	42.64
	13	370.24	291.28	381088.55	8284.53	32.07		15	567.56	446.26	1031077.17	16902.90	42.61
	14	398.28	313.31	409060.74	8892.62	32.04		16	604.89	475.57	1097103.53	17985.30	42.57
	15	426.26	335.23	436845.40	9496.64	32.00		10	442.74	348.23	1001160.59	15509.30	49.85
	16	454.17	357.20	464443.38	10096.60	31.97		11	486.67	382.73	1208714.17	17024.14	49.82
	8	254.21	200.16	325709.29	6386.46	35.78		12	530.53	417.18	1315807.13	18532.49	49.78
	9	285.71	229.89	365343.91	7163.61	35.75	1420.0	13	574.34	451.58	1422440.79	20034.38	49.75
1020.0	10	317.14	249.58	404741.91	7936.12	35.71		14	618.08	485.94	1528616.74	21529.81	49.71
	11	348.51	274.22	443904.22	8704.00	35.68		15	661.76	520.24	1634335.48	23018.81	49.68
	12	379.81	298.81	482831.80	9467.29	35.64		16	705.37	554.50	1739599.14	24501.40	49.64
	13	411.06	323.34	521525.58	10225.99	35.61							

方 钢 管

符号　I—截面惯性矩;

　　　W—截面抵抗矩;

　　　i—截面回转半径。

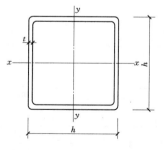

附图 1.9　方钢管尺寸

附表 1.9 　　　　　　　　　　　　方 钢 管 规 格

尺寸		截面积	质量	截面特征		
h	t			I_x	W_x	i_x
		cm²	kg/m	cm⁴	cm³	cm
mm	mm					
25	1.5	1.31	1.03	1.16	0.92	0.94
30	1.5	1.61	1.27	2.11	1.40	1.14
40	1.5	2.21	1.74	5.33	2.67	1.55
40	2.0	2.87	2.25	6.66	3.33	1.52
50	1.5	2.81	2.21	10.82	4.33	1.96
50	2.0	3.67	2.88	13.71	5.48	1.93
60	2.0	4.47	3.51	24.51	8.17	2.34
60	2.5	5.48	4.30	29.36	9.79	2.31
80	2.0	6.07	4.76	60.58	15.15	3.16
80	2.5	7.48	5.87	73.40	18.35	3.13
100	2.5	9.48	7.44	147.91	29.58	3.95
100	3.0	11.25	8.83	173.12	34.62	3.92
120	2.5	11.48	9.01	260.88	43.48	4.77
120	3.0	13.65	10.72	306.71	51.12	4.74
140	3.0	16.05	12.60	495.68	70.81	5.56
140	3.5	18.58	14.59	568.22	81.17	5.53
140	4.0	21.07	16.44	637.97	91.14	5.50
160	3.0	18.45	14.49	749.64	93.71	6.37
160	3.5	21.38	16.77	861.34	107.67	6.35
160	4.0	24.27	19.05	969.35	121.17	6.32
160	4.5	27.12	21.15	1073.66	134.21	6.29
160	5.0	29.93	23.35	1174.44	146.81	6.26

冷弯薄壁矩形钢管的规格及特征

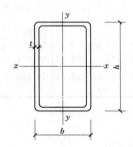

符号　I—截面惯性矩；

　　　W—截面抵抗矩；

　　　i—截面回转半径。

附图 1.10　冷弯薄壁矩形钢管尺寸

附表 1.10 　　　　　　　　冷弯薄壁矩形钢管的规格及特性

尺寸			截面积	每米质量	x—x 轴			y—y 轴		
h	b	t			I_x	i_x	W_x	I_y	i_y	W_y
			cm²	kg/m	cm⁴	cm	cm³	cm⁴	cm	cm³
mm										
30	15	1.5	1.20	0.95	1.28	1.02	0.85	0.42	0.59	0.57
40	20	1.6	1.75	1.37	3.43	1.40	1.72	1.15	0.81	1.15
40	20	2.0	2.14	1.68	4.05	1.38	2.02	1.34	0.79	1.34

尺　寸			截面积	每米质量	$x-x$ 轴			$y-y$ 轴		
h	b	t			I_x	i_x	W_x	I_y	i_y	W_y
mm			cm²	kg/m	cm⁴	cm	cm³	cm⁴	cm	cm³
50	30	1.6	2.39	1.88	7.96	1.82	3.18	3.60	1.23	2.40
50	30	2.0	2.94	2.31	9.54	1.80	3.81	4.29	1.21	2.86
60	30	2.5	4.09	3.21	17.93	2.09	5.80	6.00	1.21	4.00
60	30	3.0	4.81	3.77	20.50	2.06	6.83	6.79	1.19	4.53
60	40	2.0	3.74	2.94	18.41	2.22	6.14	9.83	1.62	4.92
60	40	3.0	5.41	4.25	25.37	2.17	8.46	13.44	1.58	6.72
70	50	2.5	5.59	4.20	38.01	2.61	10.86	22.59	2.01	9.04
70	50	3.0	6.61	5.19	44.05	2.58	12.58	26.10	1.99	10.44
80	40	2.0	4.54	3.56	37.36	2.87	9.34	12.72	1.67	6.36
80	40	3.0	6.61	5.19	52.25	2.81	13.06	17.55	1.63	8.78
90	40	2.5	6.09	4.79	60.69	3.16	13.49	17.02	1.67	8.51
90	50	2.0	5.34	4.19	57.88	3.29	12.86	23.37	2.09	9.35
90	50	3.0	7.81	6.13	81.85	2.24	18.19	32.74	2.05	13.09
100	50	3.0	8.41	6.60	106.45	3.56	21.29	36.05	2.07	14.42
100	60	2.6	7.88	6.19	106.66	3.68	21.33	48.47	2.48	16.16
120	60	2.0	6.94	5.45	131.92	4.36	21.99	45.33	2.56	15.11
120	60	3.2	10.85	8.52	199.88	4.29	33.31	67.94	2.50	22.65
120	60	4.0	13.35	10.48	240.72	4.25	40.12	81.24	2.47	27.08
120	80	3.2	12.13	9.53	243.54	4.48	40.59	130.48	3.28	32.62
120	80	4.0	14.95	11.73	294.57	4.44	49.09	157.28	3.24	39.32
120	80	5.0	18.36	14.41	353.11	4.39	58.85	187.75	3.20	46.94
120	80	6.0	21.63	16.98	406.00	4.33	67.67	214.98	3.15	53.74
140	90	3.2	14.05	11.04	384.01	5.23	54.86	194.80	3.72	43.29
140	90	4.0	17.35	13.63	466.59	5.19	66.66	235.92	3.69	52.43
140	90	5.0	21.36	16.78	562.61	5.13	80.37	283.32	3.64	62.96
150	100	3.2	15.33	12.04	488.18	5.64	65.09	262.26	4.14	52.45

卷 边 槽 形 冷 弯 型 钢

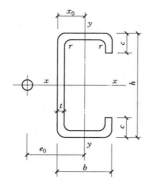

附图 1.11　卷边槽形冷弯型钢尺寸

附表 1.11

卷边槽形冷弯型钢规格

序号	截面代号	截面尺寸 (mm)				截面积 A	质量 g	x_0	$x-x$ 轴			$y-y$ 轴				y_1-y_1 轴	e_0	I_t	I_w	k	W_{w1}	W_{w2}
		H	B	c	t	cm^2	kg/m	cm	I_x cm^4	i_x cm	W_x cm^3	I_y cm^4	i_y cm	W_{ymax} cm^3	W_{ymin} cm^3	I_{y1} cm^4	cm	cm^4	cm^4	cm^{-1}	cm^4	cm^4
1	C140×2.0	140	50	20	2.0	5.27	4.14	1.590	154.03	5.41	22.00	18.56	1.88	11.68	5.44	31.86	3.87	0.0703	794.79	0.0058	51.34	52.22
2	C140×2.2	140	50	20	2.2	5.76	4.52	1.590	167.40	5.39	23.91	20.03	1.87	12.62	5.87	34.53	3.84	0.0929	852.46	0.0065	55.98	56.84
3	C140×2.5	140	50	20	2.5	6.48	5.09	1.580	186.78	5.39	26.68	22.11	1.85	13.96	6.47	38.38	3.80	0.1351	931.89	0.0075	62.56	63.56
4	C160×2.0	160	60	20	2.0	6.07	4.76	1.850	236.59	6.24	29.57	29.99	2.22	16.02	7.23	50.83	4.52	0.0809	1596.28	0.0044	76.92	71.30
5	C160×2.2	160	60	20	2.2	6.64	5.21	1.850	257.57	6.23	32.20	32.45	2.21	17.53	7.82	55.19	4.50	0.1071	1717.82	0.0049	83.82	77.55
6	C160×2.5	160	60	20	2.5	7.48	5.87	1.850	288.13	6.21	36.02	35.96	2.19	19.47	8.66	61.49	4.45	0.1559	1887.71	0.0056	93.87	86.63
7	C180×2.0	180	70	20	2.0	6.87	5.39	2.110	343.93	7.08	38.21	45.18	2.57	21.37	9.25	75.87	5.12	0.0916	2934.34	0.0035	109.50	95.22
8	C180×2.2	180	70	20	2.2	7.52	5.90	2.110	374.90	7.06	41.66	48.97	2.15	23.19	10.02	21.49	5.14	0.1213	3165.62	0.0038	119.44	103.58
9	C180×2.5	180	70	20	2.5	8.48	6.66	2.110	320.20	7.04	46.69	54.42	2.53	25.82	11.12	92.06	5.10	0.1767	3492.15	0.0044	113.99	115.73
10	C200×2.0	200	70	20	2.0	7.27	5.71	2.000	440.04	7.78	44.00	46.71	2.54	23.32	9.35	75.88	4.96	0.0969	3672.33	0.0032	126.74	106.15
11	C200×2.2	200	70	20	2.2	7.96	6.25	2.000	479.87	7.77	47.99	50.64	2.52	25.31	10.13	82.49	4.93	0.1284	3963.82	0.0035	138.26	115.74
12	C200×2.5	200	70	20	2.5	8.98	7.05	2.000	538.21	7.74	53.82	56.27	2.50	2818	11.25	92.09	4.89	0.1871	4376.18	0.0041	115.14	129.75
13	C220×2.2	220	75	20	2.2	7.87	6.18	2.080	574.45	8.54	52.22	56.88	2.69	27.35	10.50	90.93	5.18	0.1049	5313.52	0.0028	158.43	127.32
14	C220×2.2	220	75	20	2.2	8.62	6.77	2.080	626.85	8.53	56.99	61.71	2.68	29.70	11.38	98.91	5.15	0.1391	5742.07	0.0031	172.92	138.93
15	C220×2.5	220	75	20	2.5	9.73	7.64	2.074	703.76	8.50	63.98	68.66	2.66	33.11	12.65	110.51	5.11	0.2028	6351.05	0.0035	194.18	155.94
16	C250×2.0	250	75	20	2.0	8.43	6.62	1.932	771.01	9.56	61.68	58.46	2.63	30.25	10.50	89.95	4.90	0.1125	6944.92	0.0025	190.93	146.73
17	C250×2.2	250	75	20	2.2	9.26	7.27	1.933	844.08	9.55	67.53	63.68	2.62	32.94	11.44	98.27	4.87	0.1493	7545.39	0.0028	208.66	160.20
18	C250×2.5	250	75	20	2.5	10.48	8.23	1.934	952.33	9.53	76.19	71.31	2.69	36.86	12.81	110.53	4.84	0.2184	8415.77	0.0032	2334.81	180.01

卷 边 Z 形 冷 弯 型 钢

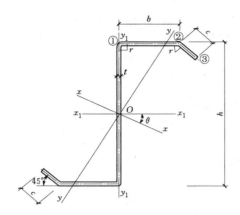

附图 1.12 卷边 Z 形冷弯型钢尺寸

附表 1.12 卷边 Z 形冷弯型钢的截面特性

序号	截面代号	截面尺寸（mm）				截面积 A（cm²）	质量 q（kg/m）	θ（°）	x_1-x_1 轴		
		H	B	c	t				I_{x_1}（cm⁴）	i_{x_1}（cm）	W_{x_1}（cm³）
1	Z140×2.0	140	50	20	2.0	5.392	4.233	21.986	162.065	5.482	23.152
2	Z140×2.2	140	50	20	2.2	5.909	4.638	21.998	176.813	5.470	25.259
3	Z140×2.5	140	50	20	2.5	6.676	5.240	22.018	198.446	5.452	28.349
4	Z160×2.0	160	60	20	2.0	6.192	4.861	22.104	246.830	6.313	30.854
5	Z160×2.2	160	60	20	2.2	6.789	5.329	22.113	269.592	6.302	33.699
6	Z160×2.5	160	60	20	2.5	7.676	6.025	22.128	303.090	6.284	37.886
7	Z180×2.0	180	70	20	2.0	6.992	5.489	22.185	356.620	7.141	39.624
8	Z180×2.2	180	70	20	2.2	7.669	6.020	22.193	389.835	7.130	43.315
9	Z180×2.5	180	70	20	2.5	8.676	6.810	22.205	438.835	7.112	48.759
10	Z200×2.0	200	70	20	2.0	7.392	5.803	19.305	455.430	7.849	45.543
11	Z200×2.2	200	70	20	2.2	8.109	6.365	19.309	498.023	7.837	49.802
12	Z200×2.5	200	70	20	2.5	9.176	7.203	19.314	560.921	7.819	56.092
13	Z220×2.0	220	75	20	2.0	7.992	6.274	18.300	592.787	8.612	53.890
14	Z220×2.2	220	75	20	2.2	8.769	6.884	18.302	648.520	8.600	58.956
15	Z220×2.5	220	75	20	2.5	9.926	7.792	18.305	730.926	8.581	66.448
16	Z250×2.0	250	75	20	2.0	8.592	6.745	15.389	799.640	9.647	63.791
17	Z250×2.2	250	75	20	2.2	9.429	7.402	15.387	875.145	9.634	70.012
18	Z250×2.5	250	75	20	2.5	10.676	8.380	15.385	986.898	9.615	78.952

压型钢板的型号、截面形状及尺寸

附表1.13 压型钢板规格

序号	型号	截面基本尺寸（mm）	展开宽度（mm）
1	YX21－180－900		1100
2	YX28－100－800（Ⅰ）		1200
3	YX28－100－800（Ⅱ）		1200
4	YX28－150－750（Ⅰ）		1000
5	YX28－150－750（Ⅱ）		1000
6	YX28－150－900（Ⅰ）		1200
7	YX28－150－900（Ⅱ）		1200

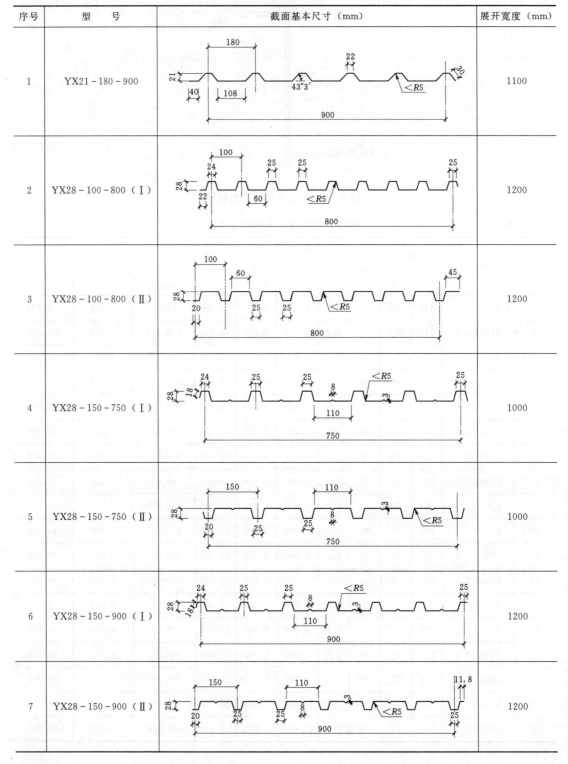

序号	型　　号	截面基本尺寸（mm）	展开宽度（mm）
8	YX28－200－600（Ⅰ）		1000
9	YX28－200－600（Ⅱ）		1000
10	YX28－300－900（Ⅰ）		1200
11	YX28－300－900（Ⅱ）		1200
12	YX35－115－677		914
13	YX35－115－690		914
14	YX35－125－750		1000
15	YX35－187.5－750（Ⅰ）		1000

续表

序号	型　　号	截面基本尺寸（mm）	展开宽度（mm）
16	YX35－187.5－750（Ⅱ） （U－188）	187.5　30　30　30　35　R3.5　R2.5　6　132　750　15　8	1000
17	YX38－175－700	22.5　175　64　38　64　R12.5　700　22.5	1000
18	YX51－250－750	250　135　51　12　＜R5　30　50　12　40　750	960
19	YX70－200－600	200　130　130　130　70　42　50　＜R6　50　15.6　600	1000
20	YX75－200－600	200　112　112　112　75　9　20　58　＜R5　58　58　25　600	1000
21	YX75－210－840	210　61　61　75　14.5　61　61　R12.5　61　14.5　840	1250
22	YX75－230－690（Ⅰ）	230　112　112　112　75　25　4　＜R5　24　20　88　88　88　25　690	1100
23	YX75－230－690（Ⅱ）	230　112　112　112　75　＜R5　24　20　88　88　88　25　690	1100

序号	型 号	截面基本尺寸（mm）	展开宽度（mm）
24	YX130 - 275 - 550		914
25	YX130 - 300 - 600		1000
26	YX173 - 300 - 300		610

压型钢板的有效截面特征

附表 1.14　　　　　　　　　压型钢板的有效截面特征

序号	压型钢板型号	板厚 t (mm)	有效截面特性	
			$I(\times 10^4)$ (mm^4/m)	$W(\times 10^4)$ (mm^3/m)
1	YX21 - 180 - 900	0.6	4.81	3.19
		0.8	6.41	4.22
		1.0	8.01	5.25
2	YX28 - 100 - 800（Ⅰ）	0.6	11.58	6.62
		0.8	15.44	8.78
		1.0	19.30	10.92
3	YX28 - 100 - 800（Ⅱ）	0.6	9.69	6.11
		0.8	14.63	8.45
		1.0	18.79	10.60
4	YX28 - 150 - 750（Ⅰ）	0.6	9.71	4.90
		0.8	12.59	6.50
		1.0	16.19	3.09
5	YX28 - 150 - 750（Ⅱ）	0.6	6.72	4.26
		0.8	9.84	5.83
		1.0	13.65	7.50

序号	压型钢板型号	板厚 t (mm)	有效截面特性	
			$I(\times 10^4)$ (mm⁴/m)	$W(\times 10^4)$ (mm³/m)
6	YX28 - 150 - 900（Ⅰ）	0.6	9.58	4.82
		0.8	12.77	6.39
		1.0	15.97	7.95
7	YX28 - 150 - 900（Ⅱ）	0.6	6.74	4.20
		0.8	9.86	5.76
		1.0	13.64	7.39
8	YX28 - 200 - 600（Ⅰ）	0.6	12.93	7.70
		0.8	17.24	10.21
		1.0	21.65	12.69
9	YX28 - 200 - 600（Ⅱ）	0.6	10.45	6.99
		0.8	14.63	9.42
		1.0	19.30	11.93
10	YX28 - 300 - 900（Ⅰ）	0.6	9.58	4.82
		0.8	12.77	6.39
		1.0	15.97	7.95
11	YX28 - 300 - 900（Ⅱ）	0.6	6.15	4.07
		0.8	8.76	5.52
		1.0	11.60	7.00
12	YX35 - 115 - 677	0.6	13.39	7.44
		0.8	17.85	9.86
		1.0	22.31	12.26
13	YX35 - 115 - 690	0.6	13.55	7.29
		0.8	18.13	9.69
		1.0	22.67	12.05
14	YX35 - 125 - 750	0.6	13.85	7.48
		0.8	18.83	10.00
		1.0	23.54	12.44
15	YX35 - 187.5 - 750（Ⅰ）	0.6	13.47	5.16
		0.8	17.97	6.85
		1.0	22.46	8.53
16	YX35 - 187.7 - 750（Ⅱ）（U - 188）	0.7	12.57	5.22
		0.8	14.35	5.95
		1.0	17.89	7.38
		1.2	21.41	8.79

序号	压型钢板型号	板厚 t (mm)	有效截面特性	
			$I(\times 10^4)$ (mm⁴/m)	$W(\times 10^4)$ (mm³/m)
17	YX38 – 175 – 700	0.6	16.99	8.37
		0.8	24.44	12.56
		1.0	32.94	16.11
18	YX51 – 250 – 750	0.8	44.23	14.59
		1.0	56.21	18.28
		1.2	67.88	21.91
19	YX70 – 200 – 600	0.8	76.57	20.31
		1.0	100.64	27.37
		1.2	128.19	35.96
20	YX75 – 200 – 600	0.8	89.90	21.95
		1.0	119.30	29.99
		1.2	151.84	39.39
21	YX75 – 210 – 840	0.8	94.33	24.59
		1.0	123.73	31.26
		1.2	150.91	37.66
22	YX75 – 230 – 690 （Ⅰ）	0.8	121.93	31.53
		1.0	154.42	39.47
		1.2	186.15	47.32
23	YX75 – 230 – 690 （Ⅱ）	0.8	89.31	20.10
		1.0	118.76	27.44
		1.2	151.48	36.01
24	YX130 – 275 – 550	0.8	273.14	39.77
		1.0	349.44	50.22
		1.2	421.12	60.30
25	YX130 – 300 – 600	0.8	275.99	41.5
		1.0	358.09	52.71
		1.2	441.34	63.95
26	YX173 – 300 – 300	0.8	560.52	57.90
		1.0	728.45	73.71
		1.2	903.60	89.81

注 1. 有效截面特性值系按压型钢板基材为 Q235 钢计算。

   2. 表中 I（mm⁴/m）、W（mm³/m）系指 1m 宽压型钢板的有效截面惯性矩及有效截面模量。

附录2 螺栓、锚栓及栓钉规格

六角头螺栓（C级）规格

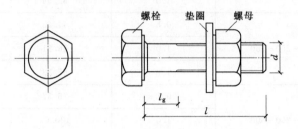

附图 2.1　六角头螺栓（C级）的尺寸

附表 2.1　　　　六角头螺栓（C级）规格

螺栓直径 d (mm)	螺距 p (mm)	有效直径 d_e (mm)	有效面积 A_e (mm²)	公称长度 l (mm)		夹紧长度 l_g (mm)	
				最小值	最大值	最小值	最大值
16	2	14.12	156.6	50	160	17	116
18	2.5	15.65	192.5	80	180	38	132
20	2.5	17.65	244.8	65	200	19	148
22	2.5	19.65	303.4	90	220	40	151
24	3	21.19	352.5	80	240	26	167
27	3	24.19	459.4	100	260	40	181
30	3.5	26.72	560.6	90	300	24	215
33	3.5	29.72	693.6	130	320	52	229
36	4	32.25	816.7	110	300	32	203
39	4	35.25	975.8	150	400	60	297
42	4.5	37.78	1120.0	160	400	70	291
45	4.5	40.78	1306.0	180	440	78	325
48	5	43.31	1473.0	180	480	72	354
52	5	47.31	1758.0	200	500	84	371
56	5.5	50.84	2030.0	220	500	83	363
60	5.5	54.84	2362.0	240	500	95	355

大六角头高强度螺栓规格

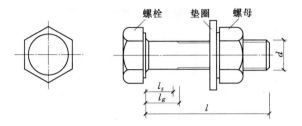

附图 2.2 大六角头高强度螺栓的尺寸

附表 2.2 　　　　　　大六角头高强度螺栓的长度 　　　　　　单位：mm

螺纹规格 d	M16		M20		M22		M24		M27		M30	
公称长度 l	l_s	l_g	l_s	l_g	l_s	l_g	l_s	l_g	l_s	l_g	l_s	l_g
45	9	15										
50	14	20	7.5	15								
55	14	20	12.5	20	7.5	15						
60	19	25	17.5	25	12.5	20	6	15				
65	24	30	17.5	25	17.5	25	11	20	6	15		
70	29	35	22.5	30	17.5	25	16	25	11	20	4.5	15
75	34	40	27.5	35	22.5	30	16	25	16	25	9.5	20
80	39	45	32.5	40	27.5	35	21	30	16	25	14.5	25
85	44	50	37.5	45	32.5	40	26	35	21	30	14.5	25
90	49	55	42.5	50	37.5	45	31	40	26	35	19.5	30
95	54	60	47.5	55	42.5	50	36	45	31	40	24.5	35
100	59	65	52.5	60	47.5	55	41	50	36	45	29.5	40
110	69	75	62.5	70	57.5	65	51	60	46	55	39.5	50
120	79	85	72.5	80	67.5	75	61	70	56	65	49.5	60
130	89	95	82.5	90	77.5	85	71	80	66	75	59.5	70
140			92.5	100	87.5	95	81	90	76	85	69.5	80
150			102.5	110	97.5	105	91	100	86	95	79.5	90
160			112.5	120	107.5	115	101	110	96	105	89.5	100
170					117.5	125	111	120	106	115	99.5	110
180					127.5	135	121	130	116	125	109.5	120
190					137.5	145	131	140	126	135	119.5	130
200					147.5	155	141	150	136	145	129.5	140
220					167.5	175	161	170	156	165	149.5	160
240							181	190	179	185	169.5	180
260									196	205	189.5	200

注 l_s 为无纹螺杆长度，l_g 为最大夹紧长度，见附图 2.2。

扭剪型高强度螺栓规格

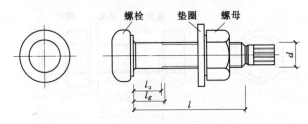

附图 2.3 扭剪型高强度螺栓的尺寸

附表 2.3 扭剪型高强度螺栓的长度 单位：mm

螺纹规格 d	M16		M20		M22		M24	
公称长度 l	l_s	l_g	l_s	l_g	l_s	l_g	l_s	l_g
40	4	10						
45	9	15	2.5	10				
50	14	20	7.5	15	2.5	10		
55	14	20	12.5	20	7.5	15	1	10
60	19	25	17.5	25	12.5	20	6	15
65	24	30	17.5	25	17.5	25	11	20
70	29	35	22.5	30	17.5	25	16	25
75	34	40	27.5	35	22.5	30	16	25
80	39	45	32.5	40	27.5	35	21	30
85	44	50	37.5	45	32.5	40	26	35
90	49	55	42.5	50	37.5	45	31	40
95	54	60	47.5	55	42.5	50	36	45
100	59	65	52.5	60	47.5	55	41	50
110	69	75	62.5	70	57.5	65	51	60
120	79	85	72.5	80	67.5	75	61	70
130	89	95	82.5	90	77.5	85	71	80
140			92.5	100	87.5	95	81	90
150			102.5	110	97.5	105	91	100
160			112.5	120	107.5	115	101	110
170					117.5	125	111	120
180					127.5	135	121	130

注 l_s 为无纹螺杆长度，l_g 为最大夹紧长度，见附图 2.3。

锚 栓 规 格

附表 2.4　　　　　　　　　　　　　　　　　锚 栓 规 格

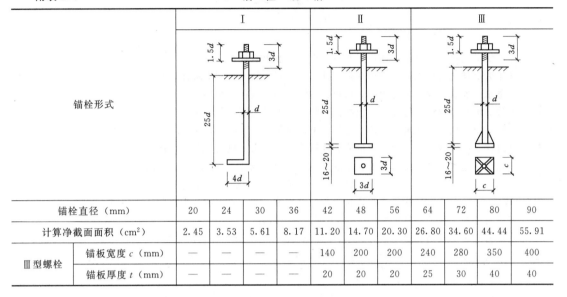

	Ⅰ				Ⅱ			Ⅲ			
锚栓直径（mm）	20	24	30	36	42	48	56	64	72	80	90
计算净截面面积（cm²）	2.45	3.53	5.61	8.17	11.20	14.70	20.30	26.80	34.60	44.44	55.91
Ⅲ型螺栓　锚板宽度 c（mm）	—	—	—	—	140	200	200	240	280	350	400
锚板厚度 t（mm）	—	—	—	—	20	20	20	25	30	40	40

圆 柱 头 栓 钉 规 格

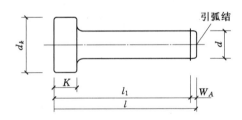

附图 2.4　圆柱头栓钉的尺寸

附表 2.5　　　　　　　　　　　圆柱头栓钉的规格和尺寸　　　　　　　　　单位：mm

公称直径	13	16	19	22
栓钉杆直径 d	13	16	19	22
大头直径 d_k	22	29	32	35
大头厚度（最小值）K	10	10	12	12
熔化长度（参考值）W_A	4	5	5	6
熔后公称长度 l_1	80、100、120		80、100、120 130、150、170	80、100、120、130 150、170、200

参 考 文 献

[1] 徐秀维. 建筑工程计量与计价. 北京：机械工业出版社，2011.

[2] 邵正荣. 建筑工程工程量清单计量与计价. 郑州：黄河水利出版社，2010.

[3] 陶继水. 建筑工程定额与预算. 郑州：黄河水利出版社，2010.

[4] 何俊. 城镇工程计量与计价. 合肥：合肥工业大学出版社，2010.

[5] 焦红. 钢结构工程计量与计价. 北京：中国建筑工业出版社，2006.

[6] 高继伟. 图解钢结构工程工程量清单计算手册. 北京：机械工业出版社，2009.

[7] 黄伟典. 建筑工程计量与计价. 北京：中国电力出版社，2007.

[8] GB 50500—2008. 建设工程工程量清单计价规范. 北京：中国计划出版社，2008.

[9] GB/T 50353—2005. 建筑工程建筑面积计算规范. 北京：中国计划出版社，2005.

[10] 安徽省建筑工程消耗量定额. 北京：中国计划出版社.

[11] 安徽省建筑工程消耗量定额综合单价. 合肥：安徽省建设工程造价总站.

[12] 安徽省建设工程清单计价费用定额. 北京：中国计划出版社.